U0175203

机器学习算法
入门与编程实践

（基于Python·微课视频版）

唐四薪◎等编著

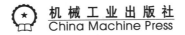

机械工业出版社
China Machine Press

图书在版编目（CIP）数据

机器学习算法入门与编程实践：基于Python：微课视频版 / 唐四薪等编著. —北京：机械工业出版社，2021.10

ISBN 978-7-111-69354-3

Ⅰ．①机… Ⅱ．①唐… Ⅲ．①机器学习－算法 ②软件工具－程序设计 Ⅳ．①TP181 ②TP311.561

中国版本图书馆CIP数据核字（2021）第207638号

机器学习算法入门与编程实践（基于Python·微课视频版）

出版发行：机械工业出版社（北京市西城区百万庄大街 22 号 邮政编码：100037）

责任编辑：刘立卿   责任校对：姚志娟

印　　刷：中国电影出版社印刷厂   版　　次：2021 年 11 月第 1 版第 1 次印刷

开　　本：186mm×240mm　1/16   印　　张：18

书　　号：ISBN 978-7-111-69354-3   定　　价：69.80 元

客服电话：（010）88361066　88379833　68326294   投稿热线：（010）88379604

华章网站：www.hzbook.com   读者信箱：hzjsj@hzbook.com

随着人工智能技术的兴起，机器学习在各行各业的应用越来越广。工信部印发的《促进新一代人工智能产业发展三年行动计划（2018—2020年）》中指出：当前，新一轮科技革命和产业变革正在萌发，大数据的形成、理论算法的革新、计算能力的提升及网络设施的演进驱动人工智能发展进入新阶段，智能化成为技术和产业发展的重要方向。人工智能具有显著的溢出效应，将进一步带动其他技术的进步，推动战略性新兴产业总体突破，正在成为推进供给侧结构性改革的新动能、振兴实体经济的新机遇、建设制造强国和网络强国的新引擎。

对于初学者而言，机器学习是一门难度较大的学科，其难点大致体现在以下三个方面：

首先，机器学习的大部分算法复杂难懂，这些算法对于初学者来说结构复杂，概念抽象，特别是一些大型机器学习模型（如人工神经网络），很难将模型的所有细节一一呈现，学习难度较大，学习门槛较高。因此学术界认为，随着模型越来越复杂，机器学习模型的可解释性（Interpretability）也会越来越差。例如，很多深度神经网络模型人类已无法完全理解，需要读者从黑盒的层面进行理解。

其次，用机器学习方法解决某个实际应用的过程是烦琐且枯燥的。如收集数据、特征提取、数据标准化和数据降维等，这些数据预处理工作都很烦琐且耗时，初学者如果对机器学习理解得不透彻，就很难坚持下去。

再次，模型的选择、训练和评估需要考虑影响实际问题的各种因素，并要调整参数，避免欠拟合和过拟合，这使得整个操作过程非常复杂。如果初学者对涉及的理论和方法掌握不到位，理解不透彻，就很容易出现问题，导致得到的机器学习模型性能太差而无法使用。

目前市面上有很多机器学习类图书，这些图书根据侧重点不同大致可以分为两类：第一类以讲解机器学习的算法理论为主，而对机器学习的编程实现讲述较少；第二类以讲解机器学习编程为主，而对机器学习的算法理论讲述较少。由于机器学习模型比较复杂，读者如果不了解编程实现，往往在将理论应用于实践去解决实际问题时会有困难；相应地，读者如果不了解机器学习的理论，那么对编程思想及各种参数的含义就很难理解，从而导致难以独立编写程序去解决实际问题。为了解决这些问题，让机器学习变得更加通俗易懂，笔者编写了本书。本书将机器学习的算法原理与编程实现结合起来讲述，可以帮助读者在理解算法的基础上动手实践，从而降低学习的门槛。

本书特色

- **提供微课视频**：笔者为本书的重点内容录制了 11 段微课配套教学视频，帮助读者高效、直观地学习。读者可以用手机或其他终端设备扫描书中的二维码进行在线观看，也可以直接将视频下载到本地计算机上观看。
- **立体化教学支持**：本书各章都设置了大量的习题，涵盖选择题、填空题、问答题和实践题等，并提供源代码、教学 PPT、习题参考答案、考试试卷、教学大纲和实验指导等完善的立体化教学资料。
- **注重案例教学**：本书第 3～8 章各提供一个综合案例，帮助读者了解机器学习算法是如何处理各种细节问题的。掌握机器学习的目的是解决实际问题，因此要将相关算法用于实际案例。虽然人们开发了一些机器学习算法库，即便不了解算法的具体细节，也能编写机器学习程序，但是要用这些算法解决实际问题，如果不了解算法细节，则很难编写出有实用价值的程序。
- **内容重点突出**：本书以面向初学者的视角详细讲述机器学习算法原理，展现机器学习的难点，注重解决读者学习时容易"掉坑"的问题。
- **降低学习门槛**：本书详细介绍如何使用 sklearn 编写机器学习程序。sklearn 是一个封装好的机器学习算法库，简单易学，学习该算法库可以帮助读者加深对机器学习相关概念和模型的理解，为进一步学习 TensorFlow 深度学习算法打下基础。
- **内容实用性强**：本书对所有的 sklearn 程序均使用 Matplotlib 库实现数据分析的可视化，这使得本书内容具有较强的实用性。

本书内容

本书共 8 章，包括机器学习概述、Python 机器学习与可视化、关联规则与推荐算法、聚类、分类、回归与逻辑回归、人工神经网络、支持向量机。

本书读者对象

本书既可作为高等院校相关专业机器学习和人工智能概论等课程的教材，也可作为机器学习算法入门读者的自学读物，还可作为人工智能、机器学习研究者和从业者的参考书。

配套教学资料获取

本书涉及的源代码、微课教学视频、教学 PPT、习题参考答案、考试试卷、教学大纲和实验指导等配套资料的下载网址为 https://mooc1.chaoxing.com/course/218580397.html。读者也可以在华章公司的网站（www.hzbook.com）上搜索到本书，然后单击"资料下载"

按钮，即可在本书页面上找到下载链接进行下载。

本书作者

本书是湖南省普通高等学校教学改革研究项目（HNJG-2020-0687）的成果。本书由唐四薪主笔编写，唐金娟参与编写了本书第 1 章。

售后支持

本书在编写的过程中参考了其他专家、学者和机器学习爱好者的相关资料，笔者已尽可能地在参考文献中列出，在此表示感谢！有部分资料未能查到原作者而没有罗列，在此表示歉意，但同时也表示感谢！

因笔者水平和教学经验所限，书中可能还会存在一些错漏和不足之处，敬请广大读者和同行批评指正。联系我们请发电子邮件到 tangsix@163.com 或 hzbook2017@163.com。

唐四薪

目录

第 1 章 机器学习概述

近年来，人工智能和机器学习技术发展迅速，应用广泛，已经对人们的生活产生了越来越大的影响。那么，人工智能和机器学习二者是什么样的关系呢？实际上，机器学习是实现人工智能的主要的方法之一。目前，主流的人工智能是数据驱动的人工智能，而数据驱动的人工智能的核心实际上就是机器学习。

机器学习是通过模型和算法让计算机从数据中进行学习的科学（和艺术）。需要明确的是，从数据中进行学习并不是说让计算机存储这些数据，而是从这些数据中提炼出规则。

1.1 机器学习的概念和步骤

机器学习一词翻译自英文 Machine Learning。要理解机器学习的含义，关键是要理解学习（Learning）的含义。人们一听到"学习"，马上就会联想到"读书学习"，在学校里学习等场景。但在英文中，Learning 并不是读书学习的意思（读书学习在英文中叫作 Study）。机器学习中的学习实际上是指从经验中学习，即 Learn from Experience。什么是从经验中学习呢？用一句俗语来说就是"吃一堑，长一智"。可见，从经验中学习就是指不需要看书，从事例中学习的意思。

机器学习的基本概念

机器学习就是一门"从事例中学习"的技术。不过一个机器学习任务通常需要从大量的事例中学习，相当于"吃十堑，长一智"（此处"十"泛指很多）。因此，机器学习中的"学习"是从事例实践中进行领悟式学习的意思，不是指死记硬背的记忆式学习，是从实践经验中学习，不是从书本资料中学习，是直接经验而不是间接经验。

举例来说，张三喜欢用石头打狗，他打过 10 次狗，其中被狗咬伤过 8 次。于是他从这些事例中总结出规则："如果用石头打狗，那么狗是会咬人的"。若将这里的"张三"看成"机器"，那这就是机器学习。

再举一个例子，李四听老人说："不能用石头打狗，否则狗是会咬人的"，于是李四经过简单推理，得出规则"如果用石头打狗，那么狗是会咬人的"。将"李四"看成"机器"，则这并非是机器学习。首先，这里的知识是听人说的（间接经验），并非是从事例中总结得出；其次，简单的逻辑推理并不是机器学习。因此一般的计算机编程都不是机器学习，像传统的计算机下棋程序就属于逻辑推理，如果它不能从每次的下棋过程中自动改进规则，那么就不是机器学习。

1.1.1 机器学习的一般过程

在机器学习中，事例是以样本的形式表现出来的，每个事例就是一个样本，所有事例构成样本集。因此，要使用机器学习技术，第一步就是要收集足够多的相关样本，然后再用这些样本去构建一个机器学习模型（称为模型的训练）。机器学习的一般过程分为如下几步。

1．收集相关样本

例如，要让机器能自动分辨筷子和牙签这两种物品，那么首先应收集很多支筷子和牙签的样本，然后提取这些样本可分辨的特征属性。对于牙签和筷子来说，显然长度、重量和材质等是它们可分辨的特征。

例如，收集牙签和筷子的样本并提取它们的特征值，如表 1-1 所示。

表 1-1　收集的样本及提取的特征

序　　号	长度（cm）	质量（g）	材　　质	类　　别
1	25	8	竹	筷子
2	23	7	竹	筷子
3	20	4	木	筷子
4	6	0.1	竹	牙签
5	5	0.08	竹	牙签
6	5.8	0.09	竹	牙签
……				

🔔提示：在传统的机器学习方法中，样本的特征是需要人工选取的。

2．特征提取

观察表 1-1 可以发现，要分辨筷子和牙签，只需要根据长度和质量这两个特征来区分即可，材质这个特征对区分筷子和牙签的作用不明显。因此可以在所有特征属性中只提取长度和质量这两个特征，而将材质这个特征删除，这个过程称为特征提取，特征提取后的样本如表 1-2 所示。

表 1-2 特征提取后的样本

序 号	长 度	质 量	类 别
1	25	8	筷子
2	23	7	筷子
3	20	4	筷子
4	6	0.1	牙签
5	5	0.08	牙签
6	5.8	0.09	牙签
……			

3. 构建模型

本实例中收集的样本共提取了两个特征属性，那么不妨将这两个特征看成 x 轴和 y 轴坐标，则每个样本就成为二维平面上的一个点（样本点）。同理，如果样本有 3 个特征属性，则可将每个样本看成三维空间中的一个点；如果样本有 n 个特征属性，则可将每个样本看成 n 维空间中的一个点（n 维空间无法画出来，但可在脑海中想象一下）。可见，任何样本都可转换成 n 维空间中的点，这个 n 维空间称为特征空间。将样本转换成特征空间中的样本点，是构建大多数机器学习模型的首要步骤。

接下来就可以构建一个机器学习的分类模型，对这些样本进行分类。最简单的构建方法就是在这两类样本点之间绘制一条分类直线，如图 1-1 所示。

显然，只要求出这条分类线的方程，就能确定这条分类线。为此，可以假设该分类线的方程为 $ax+by+c=0$，然后通过某种算法，求出方程的参数 a、b、c，最终确定该分类直线为 $2x+3y-8=0$。

可以将这条直线的方程看成从数据中学得的模型。由此可见，分类模型实际上是一个函数，输入的是数据，输出的是类别。

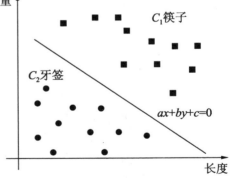

图 1-1 绘制分类线对样本进行分类

提示：从数据中学得模型的过程称为训练（Training）或学习（Learning），这个过程通过执行某个学习算法来完成。

4. 评估模型的有效性

使用数据训练出一个模型之后，一般需要评估该模型的效果，看能否满足实际问题的需要。为此，在收集了样本之后，一般不是把所有的样本都用来训练模型，而是先把样本分成两部分，把其中的一大部分样本拿出来训练模型，这部分样本称为训练集（Trainning set），另外一小部分样本拿来测试模型的有效性，这部分样本称为测试集（Testing set）。评估模型的有效性就是使用测试集对模型进行测试，评估输出的结果包括准确率等指标。

5. 使用模型预测新样本

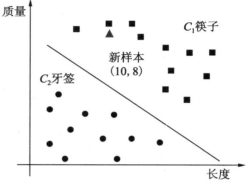

经过评估，如果模型的性能达到实际要求，就可以使用该模型预测任何新样本的类别。例如，假设有一个新样本，它的特征值是(10, 8)，如图 1-2 所示，则可将该样本的特征值作为 x 和 y 的值代入分类线的方程中。如果结果大于 0，则表明它属于筷子这一类，否则属于牙签这一类。

图 1-2　绘制分类线对样本进行分类

1.1.2　机器学习的定义

机器学习的定义：假设在任务 T 上有一个程序，随着经验 E 的增加，效果 P 也随之增加，则称这个程序可以从经验中学习（Tom M. Mitchell, 1997）。简而言之，机器学习是对能通过经验自动改进的计算机算法的研究。

机器学习又称为统计机器学习，它具有以下 3 个要素：

- 模型（Model）：在未进行训练前，模型可能的参数是多个甚至无穷的，因此可能的模型也是多个甚至无穷的，这些模型构成的集合就是假设空间。
- 策略（Strategy）：从假设空间中挑选出参数最优的模型的准则。模型的分类或预测结果与实际情况的误差（损失函数）越小，模型就越好，那么策略就是让误差最小。
- 算法（Algorithm）：从假设空间中挑选模型的方法（等同于求解最佳的模型参数）。机器学习的参数求解通常都会转化为最优化问题，因此学习算法通常是最优化算法。

一个不具有学习能力的智能系统很难称得上是一个真正的智能系统，早期的人工智能系统普遍缺少学习的能力。例如，它们遇到错误时不能自我校正，不会通过经验改善自身的性能，不会自动获取和发现所需要的知识，它们的推理仅限于演绎而缺少归纳。

1.1.3　机器学习的过程举例

机器学习的过程总结如下：

（1）获取大量和任务相关的数据集来构建模型。

（2）通过不断迭代模型在数据集上的误差，使误差最小来训练模型，从而得到对数据集拟合的合理模型。

（3）将训练好并调整好的模型应用到真实的场景中。

1. 机器学习程序和传统程序的区别

例如，要编写一个垃圾邮件识别与过滤程序，传统的方法如下：

（1）先观察一下垃圾邮件一般是什么样子，比如有一些词或短语（如 from、信用卡、免费、amazing）会在邮件主题中频繁出现，除此之外，也许发件人姓名、邮件正文格式等也存在异常。

（2）将观察到的规律写成一个检测程序，然后收集一些邮件（既有正常邮件，也有垃圾邮件）作为检测样本。如果程序在样本中检测到了这些规律，就将这些邮件标记为垃圾邮件。

（3）测试程序，根据样本调整规则，重复第（1）步和第（2）步，直到检测程序的准确率满足要求为止。

上述过程如图 1-3 所示。

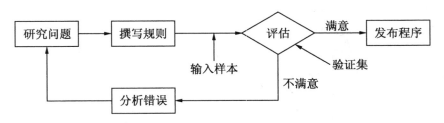

图 1-3　不使用机器学习的传统程序

在这个方法中，将输入的样本作为验证集和测试集，即前 $n-1$ 次作为验证集，第 n 次作为测试集。这个方法的缺点是程序中的规则库可能含有一长串很复杂的规则，而且经常需要根据实际变化人工修改这些规则，这就使得程序很难维护。

相反，基于机器学习技术的垃圾邮件识别程序会通过训练集数据自动学习哪个词或哪些短语是垃圾邮件的标识，这是通过与普通邮件比较，检测垃圾邮件中反常频次的词语列表来实现的。这种程序简短、更易于维护，预测也更准确。基于机器学习的方法如图 1-4 所示。

在机器学习方法中，输入样本的作用是作为训练集、验证集和测试集，即第 1 次作为训练集，第 2 到 $n-1$ 次作为验证集，第 n 次作为测试集。输入样本是由大量的正常邮件和垃圾邮件的特征和类别构成的。特征一般包含主题、发件人、收件人和内容等属性，类别包含正常和垃圾两个类别值。通过训练，机器学习模型能自动总结出垃圾邮件的识别规则，不需要人工手写这些识别规则。

这样做的好处是，假设最初的垃圾邮件主题中都含有 For U 这个特征词，通过手写规则虽然可把含有 For U 的邮件判定为垃圾邮件，但不久后，当垃圾邮件发送者发现所有包含 For U 的邮件都被屏蔽时，可能会转而使用 4 U 这个特征词，使用传统方法的垃圾邮件过滤器需要手动更新规则以标记 4 U 这个特征词。如果垃圾邮件发送者持续地更改特征词，则开发者就需要被动地不停写入新规则。

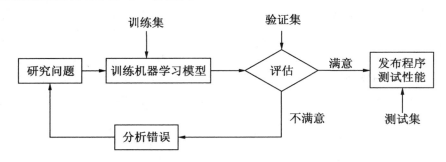

图 1-4　基于机器学习的方法

相反，基于机器学习的垃圾邮件过滤器会根据输入的样本自动总结出含有 For U 或 4 U 等词语的邮件都属于垃圾邮件，然后就能自动标记含有 For U 或 4 U 等词语的邮件为垃圾邮件，无须人工干预，如图 1-5 所示。这样，只要输入的样本足够新和丰富，就能自动适应各种垃圾邮件，因此对垃圾邮件的识别可达到很高的准确率。

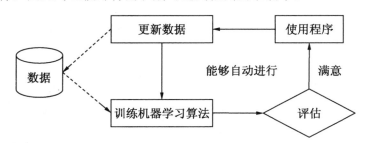

图 1-5　机器学习方法能自动适应数据的改变

最后，机器学习可以帮助人们进行学习：检查机器学习算法已经掌握了什么规律。例如，当垃圾邮件过滤器经过足够多的垃圾邮件训练后，就可以列出垃圾邮件预测值的单词和单词组合列表，而这些单词中有些是人们并没有发觉的，从而有助于人们更好地理解问题。

总结一下，机器学习的过程如下：

（1）研究数据。

（2）选择模型。

（3）用训练数据进行模型训练（即用算法搜寻模型的参数值，使代价函数最小）。

（4）使用训练好的模型对新案例（样本）进行预测（称为推断），如果这个模型的预测效果不错，那么就可以作为一个典型的机器学习项目。

2．训练集、验证集和测试集

本节的实例与 1.1.1 节中的实例相比不同点在于，输入样本被划分成训练集、验证集和测试集三部分，而在 1.1.1 节的实例中，输入样本只被划分为训练集和测试集。实际上，验证集是为了调整模型的参数。虽然验证集和测试集都会评估模型的效果（如输出预测的准确率），但它们的区别很明显，验证集是在模型训练的过程中评估模型，评估之后模型还会继续被修改。而测试集是在模型训练好之后评估模型，评估后模型不会再被修改。由于验证集也是在模型训练过程中使用数据，因此有时也把验证集看成训练集的一部分（如 sklearn），不再区分训练集和验证集。

有监督机器学习是从已有的样本中学习规律，并用来预测未知的样本。它是基于这样一个假设：已有样本和未知样本中蕴含相同的规律。同样，将已有的样本划分为训练集和测试集也是基于这样的假设，即训练集蕴含的规律与测试集蕴含的规律应该是一致的，因此可以用训练集来训练模型，用验证集来验证模型，当模型达到希望的效果后，再用测试集来评估模型的最终效果。

对于机器学习中的样本应保证几点：训练集的数据要尽可能充分且分布平衡（即每个类别的样本数量差不多），并符合一定的清洁度要求（即噪声不能过多），不充分或者分布不平衡的训练集可能不会训练出一个完整的模型；其次，验证集或测试集的样本也需要符合一定的平衡分布和清洁度要求，否则无法测试出一个准确的模型。此外，训练模型和测试模型使用的样本不能相同。

1.1.4　评估机器学习模型的效果

当模型训练出来后，需要使用测试集中的样本测试模型的准确率。那么，是不是模型对测试集样本的预测准确率越高越好呢？答案是不一定。因为建立机器学习模型的目的是对任何未知类别的实例（即新样本）进行预测，而不是对训练集和测试集中的样本进行预测，很多时候训练集中的样本并不能代表总体中的样本。

以 1.1.1 节中筷子和牙签的实例来说，假设在第一步收集样本时收集到了一个袖珍筷子的样本，如表 1-3 所示，那么是否需要为了能正确预测该样本而改变模型呢？答案是否定的。

表 1-3　收集的袖珍筷子样本

序　号	长　度	质　量	材　质	类　别
7	6	1	竹	筷子

如果为了适应这个特殊的样本而改变模型，则模型的分类准确率在训练集上会有所提高。例如，将图 1-1 中的分类线修改为如图 1-6 所示的曲线后，则模型能正确预测所有收集到的训练样本，似乎这样的模型效果更好。

但是将模型应用于新样本的预测中就会发现它对很多新样本（在图 1-7 中以倒三角形表示的是牙签的新样本）的预测结果都出错了，总体的预测准确率还不如原来的分类直线高，如图 1-7 所示。

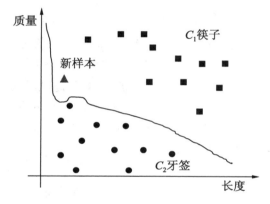

图 1-6　为适应特殊样本而修改分类线为曲线　　图 1-7　两种分类线的预测准确率对比

因此，训练模型的最终目的是提高模型对总体（含新样本）的预测准确率，而不是对已知样本的预测准确率，即模型的泛化（Generalization）能力好才是一个好模型，这是对机器学习模型优劣的最根本评价。

泛化能力是评价机器学习模型优劣的最根本的指标，然而模型的训练通常以最小化训练误差为标准。对于固定数量的训练样本，随着训练的不断进行，训练误差会不断降低甚至趋向于 0。如果模型训练误差过小，就会使训练出来的模型基本上完全适应训练样本。此时，训练模型不仅拟合了训练样本的共性特征，而且也拟合了训练样本的个性特征，这样反而降低了模型的泛化能力，使得泛化误差不断增大，如图 1-8 所示。这种同时拟合训练样本的共性特征和个性特征的现象称为模型的**过拟合**。

在分类算法中，通常将样本划分为训练集和测试集，用训练集去学习一个分类模型，用测试集去测试模型的准确率。分类算法的分类准确率与样本容量有关，当样本容量太小时，容易出现过拟合现象而导致误分类。举例来说，如果某人在生活中遇到的 5～10 个人都是坏人，那么他可能会认为这个世界上所有的人都是坏人。这种根据少数已知类别的样本将大量未知类别的样本都误分类的现象就称为过拟合，这是分类模型泛化能力不强的表现。所谓过拟合，是对已知类别的样本分类准确率高，而对未知类别的样本分类准确率低。与之相对的概念是欠拟合，即对已知类别的样本分类准确率低，而对未知类别的样本分类准确率也不高。所谓泛化能力是指模型对未知类别的新样本正确分类的能力。

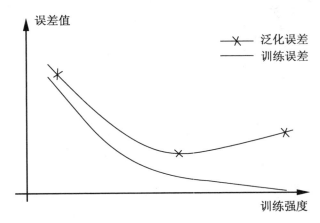

图 1-8　训练误差与泛化误差的关系

　　避免过拟合现象的一个有效方法是扩大训练样本的数量，从而尽可能降低样本在训练集和总体上的概率分布差异，以充分增强训练样本的共性特征，而弱化训练样本的个性特征。近年来随着各行各业不断涌现的大数据，使得通过增加训练样本数量以避免过拟合现象的措施变得可行，这正是机器学习在大数据时代得到迅猛发展的原因。例如百度图像识别程序，其训练集是将近 3000 万张各种图片组成的样本，而特斯拉的自动驾驶程序其训练集是包含上亿条各种路况的图片和视频组成的样本。

　　需要指出的是，除了增加样本数量能提高泛化能力，避免过拟合以外，正则化和凸优化也是提高泛化能力的两种有效手段。

1.2　机器学习的预处理环节

　　机器学习的基本思想是从样本数据中提取所需的特征来构造一个有效的模型，并根据所建模型完成分类、回归和聚类等具体的机器学习任务。使用机器学习方法求解具体问题需要经过一些基本环节。首先是样本特征的提取问题，即如何从样本中获取适当的信息以满足模型构造，从而完成机器学习任务的需要。其次是机器学习规则构造的问题：规则是机器学习模型的基本构件或具体表现形式，不同的机器学习方法会采用与之相适应的不同类型的规则。最后是模型的评估问题：对于已建立的机器学习模型，必须评估其性能以判定是否能满足任务的需求。

机器学习的工作流程如图 1-9 所示。其中，数据准备阶段是机器学习任务中烦琐、枯燥但又很重要的一个阶段。本节介绍该阶段需要做的一些工作。

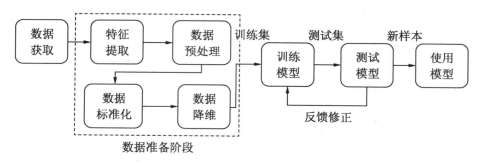

图 1-9　机器学习的工作流程

1.2.1　收集相关样本

机器学习的第一步是收集与学习任务相关的数据，这是最基础也是最重要的一步，一般很耗时。业界广泛流传这么一句话：数据和特征决定了机器学习的上限，而模型和算法只是逼近这个上限而已。因此数据比模型更重要。虽然现在是大数据时代，但对于一个给定的任务，要得到与之相关的数据有时却很困难。

在选择最优的机器学习模型时，一定要选择最有代表性的数据集，利用特征工程的方法选择最合适的属性作为特征才能保证机器学习项目能应用于实际。

特征工程，顾名思义，其本质是一项工程活动，使用专业的背景知识和技巧最大限度地从原始数据中提取并处理数据，使特征在机器学习的模型中能得到更好的发挥，从而直接影响机器学习的效果。

样本的集合称为样本集或样本，每个样本由特征或属性描述。特征描述了对象在某方面的性质。例如，在学生信息样本集中，每个学生是一个样本，在描述一个学生时，可将性别、年龄、民族、年级等作为这个学生（样本）的特征。每个特征可能会有多个值，如年龄的取值可能是 18、20 等，特征的取值称为特征值（Feature Value），因此特征可以看成由若干个特征值构成的向量，即特征向量。另外，样本也可以看成由多个特征值构成的向量。

1.2.2　数据预处理

获取样本数据之后，通常需要对数据进行预处理，这是因为收集的数据往往有数据量纲

（数量级）不一致、数据类型不一致等问题。数据预处理没有标准的流程，一般包括这几个步骤：去除唯一属性→处理缺失值→属性编码→数据标准化→特征选择→主成分分析等。

机器学习的样本信息通过一组特征数据来描述。表 1-4 是一个客户信息的样本数据集，为了使用机器学习方法对该数据集中的样本进行聚类，即根据客户之间的相似性将客户划分为几种类型，需要对数据集中的样本进行如下几步预处理，才能得到理想的机器学习样本数据集。

表 1-4　客户信息样本数据集

ID	姓　名	年　龄	年收入	性　别	学　历	消费额
01	张三	36	5万	男	本科	4.1万
02	李四	42	4.5万	女	本科	4万
03	王涛	23	3.1万	男	高中	
04	赵波	61	7万	男	本科	2万
05	钱图	38	2万	女	大专	1万

常见的数据预处理步骤如下。

1．去除唯一属性

唯一属性通常指 ID、姓名等属性，这些属性并不能刻画样本自身的分布规律，因此删除这些属性即可。

2．处理缺失值

在很多时候，收集的数据可能存在缺失值，例如表 1-4 中姓名为王涛的客户，由于收集数据时未能收集到他的消费额数据，导致存在缺失值。缺失值的处理方法有 3 种：直接使用含有缺失值的特征；删除含有缺失值的特征（该方法在包含缺失值的属性中含有大量缺失值而仅仅包含极少量有效值时是有效的）；缺失值补全。其中，缺失值补全是常见而稳妥的手段。

缺失值补全的方法有均值插补、同类均值插补、建模预测、高维映射、多重插补、极大似然估计、压缩感知和矩阵补全。

（1）均值插补：如果样本属性的距离是可度量的值，则使用该属性有效值的平均值来插补缺失的值；如果样本的距离是不可度量的，则使用该属性有效值的众数来插补缺失的值。

（2）同类均值插补：首先将样本进行分类或聚类，然后以该类中样本的均值来插补缺失值。这种方法可看成均值插补的改进版。例如表 1-4 中姓名为王涛的记录，经过聚类发现 ID 为 03、04、05 的客户应聚为一类，若采用同类均值插补法，则王涛的消费额属性值应补全为"1.5 万"。

3．数据定量化

在表 1-4 中，数据有定性的、定量的，并且计量单位不同。由于计算机只能处理数值型数据，因此非数值型数据都要先转换成数值型数据。在表 1-4 中，性别和学历都是非数值型数据，可按一定的方式转换成数值型数据：对定性指标采用模糊、人工评分等办法定量化，如将学历"大专"取 60 分，"本科"用 80 分代替；性别中的"男"表示为 1，女表示为 2。

经过以上几步的处理后，表 1-4 中的数据转换成表 1-5 所示的数据集。

表 1-5　经过数据预处理之后的客户信息样本数据集

年　　龄	年　收　入	性　　别	学　　历	消　费　额
36	50000	1	80	41000
42	45000	2	80	40000
23	31000	1	40	15000
61	70000	1	80	20000
38	20000	2	60	10000

1.2.3　数据标准化

经过转换，表 1-5 中的数据已经全部是定量数据了。但对于样本数据来说，必须消除定量数据之间不同数量级的影响。这是因为：第一，数量级的差异将导致数量级较大的属性占主导地位，比如样本中有两个属性（年龄、年收入），两个个体的属性值分别为（25、60000）和（55、61000），如果不进行数据的标准化，直接将两个属性的差异值（30、1000）作为个体的差异程度，就会得出年收入的差异远大于年龄差异的结果，而实际上却明显是年龄的差异远大于年收入的差异；第二，数量级的差异将导致迭代收敛速度减慢；第三，依赖于样本距离的算法对于数量级非常敏感。可见，对于定量数据，必须采用相对量进行处理。

数据标准化（Normalization）是将数据按比例缩放，使之落入一个小的特定区间，从而消除数据之间量纲的差异。通过标准化处理，可以使不同的特征具有相同的尺度（Scale）。在机器学习和某些比较、评价的指标处理中经常需要去除数据的单位限制，将其转化为无量纲的纯数值，便于不同单位或量级的指标进行比较和加权。

数据标准化就是用来消除不同量级的影响。常用的数据标准化方法有 min-max 归一化和 Z-score 标准化两种。

（1）min-max 标准化（归一化）：对于每个属性，设 $minA$ 和 $maxA$ 分别为属性 A 中的最小值和最大值，将 A 的一个原始值 x 通过 min-max 标准化映射成在区间[0,1]中的值 x'，其公式为新数据=（原数据−最小值）/（最大值−最小值），即：

$$x_i'=(x_i-minA)/(maxA-minA) \qquad (1-1)$$

这样标准化后，所有属性的值都将变成区间[0,1]中的值。例如，表 1-5 中的数据进行归一化后的结果如表 1-6 所示。

表 1-6　数据归一化后的客户信息样本数据集

年　龄	年　收　入	性　别	学　历	消　费　额
0.34	0.6	0	1	1
0.5	0.5	1	1	0.97
0	0.22	0	0	0.81
1	1	0	1	0.32
0.39	0	1	0.5	0

这种方法的缺陷是当有新数据加入时，可能会导致 max 和 min 的值发生变化，需要重新定义。其次，该方法对离群点敏感，因为离群点会导致最大值或最小值发生很大的变化，从而改变样本数据的统计分布规律。

（2）Z-score 标准化（规范化）：基于原始数据的均值（Mean）和标准差（Standard Deviation）进行数据的标准化。将 A 的原始值 x 使用 Z-score 标准化到 x'，Z-score 标准化方法适用于属性 A 总体的最大值和最小值未知的情况，或有超出取值范围的离群数据的情况。其公式为新数据=（原数据−均值）/标准差，即：

$$x'=(x-\mu)/\sigma \qquad (1-2)$$

例如，表 1-5 中的数据进行 Z-score 标准化后的结果如表 1-7 所示。

表 1-7　Z-score标准化后的客户信息样本数据集

年　龄	年　收　入	性　别	学　历	消　费　额
−0.33	0.40	−0.82	0.75	0.97
0.16	0.11	1.22	0.75	0.89
−1.38	−0.72	−0.82	−1.75	0.48
1.71	1.57	−0.82	0.75	0.75
−0.16	−1.36	1.22	−1.75	1.58

Z-score 标准化和 min-max 归一化的区别在于：Z-score 的均值和标准差都是在样本集中定义的，而不是在单个样本上定义的；Z-score 标准化是针对某个属性的，需要用到所有样本在该属性上的所有值，而 min-max 归一化只需要用到该属性的最大值和最小值。

Z-score 标准化要求样本属性值数据服从正态分布，这就要求样本数量足够多，样本数量太少时无法保证能达到此要求，因此不适合使用 Z-score 标准化。

1.2.4　数据降维

在机器学习中，所谓"维度"就是指样本集中特征属性的个数。例如表 1-7 中，有 5 个特征属性，就称数据的维度是 5，而表 1-2 中有 3 个特征属性，就称数据的维度是 3。降维算法中的"降维"，指的是降低特征矩阵中特征的数量。降维的目的是让模型的泛化能力更好，避免出现"维度灾难"（Curse of Dimensionality）。

维度灾难会导致分类器出现过拟合。这是因为在样本容量固定时，随着特征数量的增加，单位空间中的样本数量会变少。

举例来说，假设样本集是由圆形和三角形组成的 20 个样本，若这些样本只有一个特征，其取值范围为[0,20]，将这个范围平均分为 4 个部分，即[0,5)、[5,10)、[10,15)和[15,20]。假设这些样本均匀地分布在这 4 个区域，则每个区域的样本个数约为 5 个，这些样本的分布如图 1-10 所示。

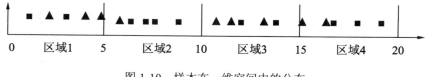

图 1-10　样本在一维空间中的分布

若样本的维数增加到二维，每维的取值范围仍然是[0,20]，则按上面的划分方式会得到 16 个区域，如图 1-11 所示。平均每个区域获得的样本数量大约是 20/16=1.25 个，这个数量明显小于一维的情形。因此可知，当样本数量固定时，随着特征维数的增加，会导致样本的统计特性发生改变。

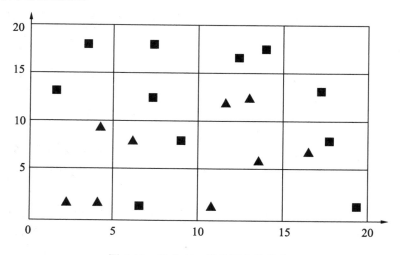

图 1-11　样本在二维空间中的分布

若希望在二维空间中每个区域的样本数量与一维时大致相等，则需要 400 个样本；若是三维空间，则需要 8000 个样本。通常情况下获取样本并不是一件容易的事情，因此为了减少高维数据带来的问题，需要降低样本的维数，这称为数据降维，也叫维数约简（Dimensionality Reduction）。

需要说明的是，模型也并非是维数越少越好。例如，对苹果和梨子进行分类，若只将形状作为特征，则容易出现误分类。若将大小作为特征，则可以减少误分类，若再将颜色作为特征，则可以进一步减少误分类。从该例可知，随着特征的增加，分类的效果有可能会更好。因此可总结出，维数太多或太少都不好，恰当的维数特征数对于机器学习模型非常重要。深度学习通过对样本的特征进行复杂的变换，得到对类别最有效的特征，从而提高机器学习的性能。

数据降维其实还有另一个好处：数据可视化。因为超过三维的数据就无法可视化了。数据降维最常用的方法是主成分分析。需要注意的是，数据降维是把多个特征合成为一个特征，而特征选择是在多个特征中选择某个特征，两者是完全不同的。

1.3　机器学习的类型

1.3.1　按完成的任务分类

从机器学习完成的任务来看，机器学习算法可分为聚类、分类、回归和标注等。

1．聚类

聚类（Clustering）：用于将样本数据按照某种相似性划分为多个簇，将相似的样本划分到同一个簇中。聚类属于无监督学习，它的训练数据没有标签，但经预测后的数据会被标记上标签，该标签就是它所属的簇号。

2．分类

分类是机器学习中应用最广泛的任务，用于将某个样本判定为预先设定的多个类别中的某一个。分类属于监督学习，数据的标签是预设的类别号，根据预设的类别数目，分类模型可分为二分类和多分类。例如，通过人脸识别系统预测某人是否和身份证上显示的一致，属于二分类问题，如果要通过人脸识别系统预测某人是否为逃犯库中的某个逃犯，则属于多分类问题。

机器学习的类型有多种分类方法，最常见的是根据学习方式的不同进行分类，可分为监督学习、无监督学习、半监督学习、强化学习和深度学习。

3．回归

回归最初是统计学中的一种方法，回归模型的预测结果不是看属于哪一类，而是看它是什么值，可以看作将分类模型的类别数无限增加，即标签值不再是几个离散值，而是连续的值。例如预测一套二手房的房价是多少，因为房价是一组连续的值，因此这是一个回归问题，回归也属于监督学习。

4．标注

标注模型用于处理前后有关联关系的序列问题。在预测时，标注模型的输入是一个观察序列，该观察序列的元素一般具有前后相关关系。标注模型的输出是一个标签序列。也就是说，标注模型的输出是一个向量，该向量中的每个元素都是一个标签，标签的值是有限的离散值。分类问题的输出是一个值，而标注问题的输出是一个向量，向量的每个值属于一种标记类型。标注模型常用于自然语言处理领域，因为一个文本句子中的词出现的位置是相关联的。可以认为标注模型是分类模型的一个推广，也属于监督学习范畴。标注常用的机器学习方法有隐马尔可夫模型和条件随机场。

1.3.2　按学习的过程分类

从学习的过程来看，机器学习算法可分为监督学习、无监督学习和半监督学习等。

1．监督学习

监督学习是机器学习中使用最广泛的方法，1.1.1 节中所举的实例就是监督学习的工作流程。监督学习是从带有类别标签（Label）的训练数据中学得一个模型，并基于此模型来预测新样本的标签。因此监督学习的训练样本包括特征属性和类别标签两部分。

2．无监督学习

无监督学习是另一大类机器学习方法，它能在无标签的训练集中发现数据规律。无监督学习与监督学习的主要区别在于无监督学习的样本没有标签，这使得无监督学习更具挑战性。无监督学习方法包括聚类分析、主成分分析、关联规则挖掘、降维、自编码器、生成对抗网络和隐语义分析等。

3．半监督学习

半监督学习（Semi-Supervised Learning，SSL）是将监督学习与无监督学习结合在一起的一种学习方法。半监督学习的训练数据由大量的未标记数据和少量的已标记数据混合而成。监督学习算法通常会面临标签训练样本数据不足的问题，通过在模型训练中引入未标记样本可以弥补训练样本的不足。

半监督学习方法包括半监督分类、半监督聚类、半监督回归和半监督降维等。半监督学习使用的模型有协同训练（Co-Training）和转导支持向量机（Transductive Support Vector Machine，TSVM）等。

4. 强化学习

强化学习是机器学习中一个较新的领域，它能根据环境而发生改变，从而取得最大的收益。强化学习的思想来源于心理学中的行为主义理论，即动物如何在环境给予的奖励和刺激下逐步形成对刺激的预期，从而产生能获得最大收益的习惯性行为。

强化学习与监督学习的区别在于强化学习并不需要训练样本和相应的类标记，它更加专注于在线规划，需要在未知的领域探索和利用现有知识之间找到平衡。强化学习任务包含两大主体：智能体和环境。智能体也称为学习器，它通过与环境进行交互来实现目标。

5. 深度学习

深度学习的概念来源于对人工神经网络的研究，包含多个隐含层的多层感知机是一种最初的深度学习结构。深度学习的最大优点是通过组合低层特征形成更加抽象的高级特征，从而发现数据的特征表示。随着抽象等级的增加，表现形式的等级也会增加。例如，使用深度学习识别图像时，这些抽象等级分别是像素→边缘→纹理→基元→主题→部分→对象。

深度学习主要用来学习特征，它被认为是表示学习的一个分支。表示学习通过计算机来学习特征，以便更好地表示数据，其得到的特征通常比手工设计的要好。

深度学习方法也分为监督学习和无监督学习。不同的学习框架所建立的学习模型不同。例如，卷积神经网络就是一种深度监督学习模型，而深度置信网络则是一种深度无监督学习模型。采用深度学习的好处是可以利用特征学习和分层特征提取出高效的算法来替代传统的手工提取特征。

1.4　机器学习的发展历史和应用领域

1.4.1　机器学习的发展历史

机器学习的模型可以分为轻量级模型（Lightweight Model）和重量级模型，对于初学者来说，可先学习轻量级模型，如 KNN、朴素贝叶斯和决策树模型等。而重量级模型主要指人工神经网络和支持向量机，以及在人工神经网络基础上发展而来的各种深度学习模型。

1. 重量级模型的发展历史

1957 年，Rosenblatt 提出了感知机（Perceptions）模型，标志着人工神经元数学模型的提出，这是人工神经网络的雏形。3 年后，Widrow 提出了 Delta 学习规则，这种规则可以用于线性神经网络的训练，后来被称为最小均方算法，这些工作引起了人工神经网络研究的第一次高潮。

1969 年，Marvin Minsky 和 Seymour Papert 在《感知机》一书中证明了感知机模型不能解决异或问题。异或问题是一个最基本的非线性分类问题，如果这个问题解决不了，那说明神经网络的学习能力非常有限，这直接使神经网络的研究陷入低潮。

进入 20 世纪 80 年代，对神经网络的研究开始复兴。1981 年，Werbos 基于反向传播算法提出了多层感知机模型，这种添加了隐含层的多层神经网络可以解决异或问题，即能解决非线性分类问题。1982 年，物理学家霍普菲尔德（Hopfield）提出了一种新的全连接反馈神经网络（即 BP 神经网络），1986 年，Rumelhart、Hinton 和 Williams 将 BP 算法用于训练多层神经网络模型，解决了多层神经网络的参数训练问题，BP 算法因此迅速流行，并掀起了神经网络研究的第 2 次高潮。从此以后，人工神经网络成为一种最强大、最通用的机器学习模型。

1995 年，Vpnik 提出了支持向量机（SVM）模型，与神经网络相比，SVM 拥有更加坚实的数学理论基础和很好的实验精度表现。2000 年，带有核函数支持的向量机的提出，使支持向量机具有强大的非线性分类能力，这让支持向量机成功地取代了神经网络，占据机器学习的主导地位，人工神经网络的研究也再次进入低潮。

2006 年，Hinton 提出了深度神经网络，这是一种在非监督数据集上建立多层神经网络的一个有效方法，具体分为两步：首先逐层构建单层神经元，这样每次都训练一个单层网络，当所有层训练完后，再使用 wake-sleep 算法进行调优。此后，卷积神经网络和循环神经网络等各种复杂的神经网络方法相继提出，使神经网络不仅在精度上有很大的提高，而且能自动提取特征。这使得对人工神经网络的研究进入一个新的前所未有的高潮，同时对支持向量机的研究陷入低潮。

尽管深度学习在欧氏空间中的数据研究取得了巨大的成功，但它在许多实际应用中仍是有局限性的。例如，在电子商务中，一个基于图的学习系统能够利用用户核产品之间的交互做出非常准确的推荐。人们开始研究用于处理图数据的神经网络结构，从而出现一个新的研究热点——图神经网络（Graph Neural Networks，GNN）。

神经网络的另一大优势是非常适合使用硬件来实现，这能显著提高神经网络的运算能力。目前，图形处理器（Graphics Processing Unit，GPU）被广泛用于加速深度学习模型的计算中，大模型、大数据和大计算是深度学习的三大特征。由于大量的标注数据难以获取，人们开始探索如何从无标注数据中学习。生成式对抗网络和对偶学习都提供了利用无标注数据进行端到端学习的有效方法。

2019 年，华为公司发布了麒麟（Kirin）CPU，这种 10 核的 CPU 中专门提供了 2 核用于 NPU（Neural Network Processing Unit，神经网络处理单元）运算，采用华为自研发的第二代达芬奇架构，2 大核+8 小核。NPU 是一种专用于神经元计算的独立处理单元。神经网络算法及机器学习涉及海量、高速的运算处理，而目前的 CPU 和 GPU 都无法达到如此高效的处理能力，因此需要有一个独立的处理芯片来完成这一功能。麒麟 970 芯片中的 NPU 主要用于手机中的图像识别（如人脸识别和指纹解锁）和用户行为学习。

2．轻量级模型的发展历史

在轻量级机器学习模型领域，1951 年 Fix 和 Hodges 提出了 K 近邻（K-Nearest Neighbor，KNN）算法，1967 年，Cover 和 Hart 正式证明了 KNN 的一些特性，如 KNN 的分类错误率不大于最佳贝叶斯分类器错误率的 2 倍。KNN 算法的核心思想是，如果一个样本与在特征空间中的 K 个近邻的样本中的大多数样本属于某一类别，则该样本也属于这个类别。KNN 算法易于理解和实现，并且不需要训练，在有些情况下表现也很好。

1986 年，昆兰提出了著名的 ID3 决策树分类算法，这是符号主义流派的突破点。决策树能够解决很多实际应用问题，由于其具有简洁的规则和清晰的推理，因此可解释性很强，这与黑盒的神经网络模型恰恰相反。自 ID3 算法提出后，研究者对该算法进行了多次不同的选择和改进，提出了 C4.5 和 CART 等决策树分类算法，这些算法至今仍然活跃在机器学习领域。

20 世纪 90 年代末，人们开始研究集成学习模型。所谓集成学习，就是将多个同质或异质的弱学习器（即简单模型，如决策树）组合成强学习器以提高学习的效果。1997 年，弗罗因德（Freund）提出了首个集成学习模型——提升（Boosting）算法，该模型利用多个弱分类器组合成强分类器实现自适应增强（Adaptive Boosting，AdaBoost）算法。AdaBoost 算法通过提高那些被前一轮弱分类器错误分类的样本权重，使得这些被错误分类的样本受到下一轮弱分类器更大的关注。该算法利用多个弱分类器提高了训练精度，在很多任务上（如人脸识别）表现优秀。

2001 年，布莱曼（Breiman）提出了另一种集成模型——随机森林（Random Forest）。随机森林集成了多棵决策树，其中，每一棵决策树都由样本的随机特征子集构建而成，每个节点都是从特征的随机子集中选择的。随机森林分类算法在抗过拟合方面具有很好的效果。1999 年，弗里曼（Friedman）提出了基于决策树的梯度提升（Gradient Boosting Decision Tree，GBDT）算法，他将模型学习视为一个数值优化问题，采用梯度下降方式，每次加入一个弱学习器拟合负梯度，这是集成学习的又一个优秀算法。2014 年，陈天奇开发了一套梯度提升的快速实现算法——极端梯度提升（eXtreme Gradient Boosting，XGBoost）算法，由于其性能好、速度快，迅速成为大数据分析领域的"神器"。

3．统计学中模型的发展历史

机器学习的另一条发展道路是统计学中相关模型的发展。例如，回归本来是统计学中的一个经典问题，而目前它已成为机器学习中的一个重要任务，统计学中的线性回归和多项式线性回归在机器学习中有着广泛的应用。在线性回归的基础上人们还提出了逻辑回归模型，这是一种利用线性回归思想做分类预测的分类模型。

利用概率论中的贝叶斯公式，人们提出了朴素贝叶斯分类算法（Naive Bayes Classifier，NBC），这种算法发源于古典数学理论，有着坚实的数学基础及稳定的分类效率。同时，NBC 模型所需估计的参数很少，对缺失数据不太敏感，算法也比较简单。

20 世纪 60 年代末，Baum 等人提出了隐马尔可夫模型（Hidden Markov Model，HMM），这是一种概率图模型，基于双重随机过程。该模型能根据观察到的序列状态预测观察不到的"隐含的"状态，是"透过现象看本质"这一哲学思想的数学建模。它在语音识别、自然语言处理、模式识别等领域一度得到非常广泛的应用。但随着深度学习的崛起，尤其是 RNN、LSTM 等神经网络序列模型的火热，HMM 的地位有所下降。

EM（Expectation-Maximum）算法，即期望最大化算法，是目前最常见的隐含变量估计方法，在机器学习中的用途极为广泛，常被用来学习高斯混合模型（Gaussian Mixture Model，GMM）的参数，以及隐马尔可夫算法（HMM）和 LDA 主题模型的变分推断等。

1.4.2 机器学习的应用领域

机器学习在以下几个领域已经有比较成熟的应用，下面根据这些应用出现的时间分别介绍。

1．语音识别

机器学习最早在商业领域的应用是语音识别技术。语音识别的目标是理解人说话的声音信号，将它转换成文字。语音识别是语音输入法、人机对话系统等应用的关键技术，是模式识别领域被深入、广泛研究的基础问题之一。

在语音识别中，能观察到的是语音序列，不能观察到的是文字序列，这可以看成一个双重随机过程，识别的目标是用能观察到的语音序列去预测不能观察到的文字序列。为了解决这一问题，由卡内基梅隆大学的 Baum 提出的"隐马尔可夫模型"就是一个双重马尔可夫过程。马尔可夫过程实际上是一种特殊的随机过程，它假定随机过程在 t 时刻的状态

仅与 $t-1$ 时刻的状态有关，而与更早时刻的状态无关，这样简化的目的是降低模型的复杂度。这个假定可以用公式1-3来表示：

$$p(z_t \mid z_{t-1}, z_{t-2}, \cdots, z_1) = p(z_t \mid z_{t-1}) \tag{1-3}$$

这个假设称为一阶马尔可夫假设，满足这一假设的马尔可夫模型称为一阶马尔可夫过程。

隐马尔可夫模型与高斯混合模型结合，形成了 GMM-HMM 框架，在很长一段时间内都是语音识别的主流方法。

虽然人工神经网络后来也被用于语音识别问题，但早期的神经网络受网络规模、训练样本数、计算能力及算法本身存在的问题等因素限制，并没有显示出比 GMM-HMM 框架更大的优势。但深度学习技术出现后，使用循环神经网络和端到端结构的方法成为主流，大幅度提升了语音识别的准确率，使语音识别技术更加实用。

2. 计算机视觉

计算机视觉是一门研究如何让机器"看"的科学。目前常用的计算机视觉技术包括人脸识别、指纹识别、车牌识别和虹膜识别等技术，目的在于使用计算机代替人眼对目标进行识别、跟踪，以及估计目标的大小和距离等。计算机视觉包括图像处理与分析、模式识别和 3D 重构等众多内容，识别和 3D 处理是计算机视觉的核心。机器学习是计算机视觉的重要基础，在计算机视觉的各个环节都需要机器学习算法，如目前常用的人脸检测算法会使用深度学习中的算法。

3. 自然语言处理

自然语言处理是计算机科学与语言学相结合而产生的一个应用领域，它包括机器翻译、自动文摘、人机对话、信息抽取、情感分析和机器阅读理解等。自然语言处理的内涵领域通常包括自然语言分析和自然语言生成等。其中，自然语言分析包括分词、命名实体、句法分析和语义分析等领域。这些领域都会以机器学习技术作为基础，如对分词方法的研究涉及隐马尔可夫模型，对命令实体的研究会采用强化学习方法和半监督学习方法等。

4. 大数据分析

随着大数据时代的到来，各行业对数据分析需求持续增加。通过机器学习高效地获取知识，已逐渐成为当今大数据分析技术发展的主要推动力。大数据时代的机器学习更强调"学习本身是手段"，机器学习成为一种支持和服务技术。如何基于机器学习对复杂多样的数据进行深层次分析，从而更高效地利用信息，成为当前大数据环境下机器学习研究的主要方向。因此，机器学习越来越趋向智能数据分析的方向发展，并已成为大数据分析技术的一个重要环节。

机器学习与大数据的结合将产生巨大的价值。目前，大数据分析技术已经在电子商务、互联网金融、旅游推荐和社交网络分析等众多行业和领域得到了广泛应用。例如，在金融领域，银行可以利用机器学习技术对消费者的刷卡数据进行统计和分类，从而获得消费者的消费习惯、消费能力和消费偏好等具有商业价值的数据信息，这样就能向消费者精准推荐各种服务（如理财或信贷服务）。电信行业可以借助以机器学习为基础的大数据处理软件，对用户信息进行相应处理后得到能够查询客户信用情况的数据，使第三方企业可以凭借数据信息来制定市场分析报告，或者对目标客户群体的行为轨迹进行分析。

1.5 习　　题

1. 无监督学习的两个主要任务是（多选）（　　　）。

A. 回归　　　　　　B. 降维　　　　　　C. 分类　　　　　　D. 聚类

2. 下列对无监督学习描述错误的是（　　　）。

A. 无标签　　　　　　　　　　　　B. 核心是聚类

C. 不需要降维　　　　　　　　　　D. 具有很好的可解释性

3. 下列对有监督学习描述错误的是（　　　）。

A. 有标签　　　　　　　　　　　　B. 核心是分类

C. 分类原因不透明　　　　　　　　D. 所有数据都相互独立分布

4. 在以下学习策略中，使用的训练数据只有部分存在标签的是（　　　）。

A. 监督学习　　　B. 深度学习　　　C. 半监督学习　　　D. 无监督学习

5. 下面符合特征选择标准的是（　　　）。

A. 能够反映不同事物差异的特征　　B. 越多越好

C. 越少越好　　　　　　　　　　　D. 数值型的比定性数据好

6. 给定一定数量的红细胞和白细胞图像及它们对应的标签，设计出一个红细胞和白细胞分类器，这属于（　　　）问题。

A. 半监督学习　　　B. 无监督学习　　　C. 监督学习　　　D. 以上都可以

7. 给定一定数量的红细胞和白细胞图像，但是并不知道图像与标签的对应关系，设计一个红细胞和白细胞分类器，这属于（　　　）问题。

A. 半监督学习　　　B. 无监督学习　　　C. 监督学习　　　D. 强化学习

8. 机器学习可以用于以下哪些情形？（　　　）

A. 人类无法解释的专业知识　　　　B. 模型需要基于大量数据

C. 当人类专业知识不存在时　　　　D. 模型必须定制

9．以下哪些领域应用机器学习需要考虑样本不平衡问题？（　　）

A．医学诊断　　　　　　　　　　　B．预测罕见事件

C．检测信用卡欺诈　　　　　　　　D．预测故障和失效

10．以下说法正确的是（　　）。

A．特征的个数越多，机器学习的效果越好

B．样本的数量越多，机器学习的效果越好

C．"过拟合"只在监督学习中出现，在无监督学习中没有"过拟合"

D．特征的个数应和样本的数量相匹配

11．泛化误差是指（　　）。

A．训练误差　　　B．测试误差　　　C．学习误差　　　D．测量误差

12．与有监督学习相比，下面哪些属于半监督学习的优势（多选）？（　　）

A．半监督学习的模型训练时间更短

B．在标注数据量有限时，采用半监督学习有望训练得到更优的机器学习模型

C．半监督学习的数学优化问题更容易求解

D．能够节约大规模数据标注带来的时间和费用开销

13．简述机器学习的主要步骤。

14．简述机器学习中验证集和测试集的区别。

15．什么是泛化能力？

16．评价机器学习模型优劣的重要指标是什么？

17．简述监督学习和无监督学习的区别。

18．特征选择与数据降维有何区别？

第 2 章　Python 机器学习与可视化

Python 是一款跨平台、开源的解释型高级动态编程语言。与其他语言相比，Python 的程序代码非常简短，更适合初学者。Python 易于学习，拥有大量的库，可用于高效地开发各种应用程序。同时，Python 的应用领域也非常广泛，既适用于 Web 编程、网络爬虫这些与互联网相关的应用，也适用于数据分析、机器学习这些与大数据和人工智能相关的领域。

2.1　Python 程序入门

Python 目前有两种版本，一种是 2.x 版，一种是 3.x 版，这两种版本是不兼容的。本书以 Python 3.7.3 版本为基础进行讲解。

2.1.1　一些简单的 Python 程序

Python 程序的语法相当精简，对于有编程基础的读者来说，阅读 Python 程序并注意比较 Python 与其他编程语言的异同是快速学习 Python 编程的好方法。

【程序 2-1】下面是一个画金字塔的程序，代码如下：

```python
for i in range(6):
    for j in range(-1,i):
        print(i,end=' ')
    print()
```

程序运行结果如图 2-1 所示。

程序说明：

（1）print()函数是 Python 里的输出函数，该函数在输出后默认会换行，要使该函数不换行，需要在该函数中添加 end=''。

（2）在 Python 中的循环只有 for…in…循环，其中，i 是循环变量，in 后面可接一个序列、列表、元组或字符串。

（3）range()函数用来产生一个数字序列，且它产生的数列不包

```
0
1 1
2 2 2
3 3 3 3
4 4 4 4 4
5 5 5 5 5 5
```

图 2-1　程序运行结果

括结束数字。如果 range()函数只有一个参数，则表示数列的结束数字，默认起始数字为 0，如 range(6)产生的数列是[0, 1, 2, 3, 4, 5]；如果 range()函数有两个参数，则表示起始数字和结束数字，如 range(-1, 1)产生的数列是[-1, 0]；如果 range()函数有 3 个参数，则第 3 个参数表示步长，如 range(0, 10, 3)表示从 0 开始直到 9 每隔 3 个数字组成的数列，结果是[0, 3, 6, 9]。

（4）与其他语言不同，在 Python 中，缩进是有语法含义的。对于 for 循环来说，它的循环体必须缩进一级才表示该 for 循环的循环体，因此，Python 中的代码缩进是不能随意删除或增加的，否则会引起语法错误。

（5）for 语句在循环体之前会有个冒号（:)，表示 for 循环还没结束。

（6）程序 2-1 还可写成如下形式：

```
for i in range(6):
    print("*  "*i)        #其中，末尾的*i表示把字符串重复i遍
```

【程序 2-2】接收用户输入的整数，然后输出不同提示的程序。代码如下：

```
a=int(input('输入一个正整数：'))
if a>6:
    print(a,"大于 6")
elif a==6:
    print(a,"等于 6")
else:
    print(a,"小于 6")
```

程序说明：

（1）input()函数是 Python 中的输入函数，该函数的参数是一个字符串，将显示在屏幕上用于提示用户，返回值是用户输入的内容。

（2）在 Python 中，字符串常量用双引号（"）或单引号（'）括起来，双引号字符串与单引号字符串的含义完全相同。

（3）Python 借鉴了 C 语言的很多语法，int()用于强制类型转换，将字符串类型转换成整型。但要注意，字符串中只能含纯整数，不能含小数，类似于 int('3.2')或 int('32f ')的格式都会出错。

（4）如果 print()函数要输出多项内容，这些内容之间用逗号（,）号隔开。

【程序 2-3】百钱买百鸡的程序，本例用 while 循环实现。

```
'''鸡翁一，值钱五；鸡母一，值钱三；鸡雏三，值钱一；
百钱买百鸡，则翁、母、雏各几何？'''
xj = 1                    # xj 代表小鸡
while xj <= 100:
    mj = 1                # mj 代表母鸡
    while mj <= 100:
        gj = 100-xj-mj
        if xj/3 + mj *3 + gj * 5 == 100 and gj>=0:
```

```
            print('小鸡', xj, '母鸡', mj, '公鸡', gj)
         mj += 1
      xj += 1
```

程序的运行结果如下：

```
小鸡 75 母鸡 25 公鸡 0
小鸡 78 母鸡 18 公鸡 4
小鸡 81 母鸡 11 公鸡 8
小鸡 84 母鸡 4 公鸡 12
```

程序说明：

（1）在 Python 中，只有 while 循环，而没有 do…while…循环。

（2）在 Python 中，单行注释符是"#"号，例如程序 2-3 中的"# xj 代表小鸡"。多行注释符是一对三引号，诸如'''…'''或者"""…"""。需要注意的是，多行注释不能和程序代码在同一行内，多行注释的缩进量必须和紧跟在它后面的行相同。

【程序 2-4】倒计时程序，本例用 while…else…混合结构语句实现。

```
import time
count = 0
while count < 3:                          #程序将每隔 1s 输出还剩几秒
   print ("还剩 %d 秒"%(3-count))         #注意，用%连接格式字符串和值
   count = count + 1
   time.sleep(1)                          #延时 1s
else:
   print (" 发射! ")
```

程序说明：

（1）import 语句用于导入模块，相当于 C 语言中的 include 命令，这样就可使用 Python 提供的标准库或第三方库。导入模块时还可以给模块取别名，如 import time as tm，此时调用模块中的类也要使用别名，如 tm.sleep(1)。

（2）与其他语言不同，在 Python 中除了 if 可与 else 配对以外，while 和 for 也可以与 else 配对使用，从而将循环结构和条件结构融合在一起。

（3）与 C 语言类似，Python 也支持格式化输出，%d 表示整数，%s 表示字符串，%f 表示浮点数，格式字符串与值之间用%号连接，而不是像 C 语言中那样用逗号连接。

2.1.2　序列数据结构

序列是 Python 中最基本的复合数据结构，除了可以使用 range()函数生成一个简单的整数序列外，Python 内置的序列数据结构常见的还有列表、元组和字符串。另外，Python 还提供了字典和集合这样的数据类型，它们属于无序的数据集合，不能通过位置索引来访问数据元素。

1．列表

Python 的列表类似于其他语言的数组，但比数组更加灵活，表现为在列表中的元素不需要具有相同的数据类型。

要创建一个列表，只要把用逗号分隔的不同元素写在一个方括号中即可，例如：

```
list1=['西瓜','苹果',5.2,8]
```

遍历列表一般采用 len()函数获取列表长度，再采用 range()函数生成从 0 到列表长度的数字序列，将该数字序列作为列表的下标值（如 arr[i]）即可输出列表元素。下面是一个遍历列表的示例程序。

```
arr=['a','b','c','d','e']
for i in range(len(arr)):
    print(i,'->' ,arr[i])
```

2．元组

元组与列表类似，不同之处在于元组中的元素不能修改，但能添加和删除。在形式上，元组使用圆括号将元素括起来。例如：

```
tup1=('西瓜','苹果',5.2,8)
tup2=('西瓜',)
```

3．字典

字典是一种可变容器模型并且可存储任意类型的对象，如字符串、数字、元组等其他容器模型。字典也被称为映射或哈希表。

字典由若干个键值对组成。键和值之间用冒号分隔，每个键值对之间用逗号分隔，整个字典必须包含在花括号内。例如：

```
dic1={'name':'tang','age':39,'sex':True}
```

在同一个字典中，键不能重复，值可以重复。

4．集合

集合是一个无序的、由不重复元素组成的序列。集合的基本功能是进行成员关系测试和删除重复的元素。集合可以有 0~n 个元素，它们可以是不同的数据类型（如数值、元组或字符串等），但是集合中不能有可变元素（如列表、集合或字典）。

集合由内置的 set 类型定义，创建集合时只要将所有的元素写在花括号内即可。例如：

```
s={1,2,3}                    #整型集合
p={2.5,'tang',(1,2,3)}       #混合类型的集合
q=set(['six','tang',6)       #从列表创建集合
```

```
nu=set()                              #空集合
d={}                                  #空字典，不是集合
```

由于集合是无序的，所以无法使用索引访问或更改集合中的元素。例如：

```
s=set('Python')
print(s)                              #无序性，结果是{'y', 'h', 'o', 'P', 't', 'n'}
s=set('Hello')
print(s)                              #不重复性，结果是{'o', 'H', 'l', 'e'}
y='H' in s
print(y)                              #确定性，结果是 True
print(s[2])                           #执行出错，集合不支持索引
```

2.1.3 序列处理函数

1. append()函数

append()函数用于在列表末尾添加新的元素，每次只能添加一个元素。该函数没有返回值，但是会修改原来的列表。例如：

```
aList = [123, 'xyz', 'abc'];
aList.append( 2020 );                 #添加一个数值元素
aList.append( [20,'19']);             #添加一个列表元素
print(aList)    #[123, 'xyz', 'abc', 2020, [20, '19']]
```

【程序 2-5】用 append()函数生成二维列表。代码如下：

```
a=[]
for i in range(4):
    a.append([])
    for j in range(4):
        a[i].append(i)
print(a)
```

程序的运行结果如下：

```
[[0, 0, 0, 0], [1, 1, 1, 1], [2, 2, 2, 2], [3, 3, 3, 3]]
```

2. zip()函数

zip()函数以可迭代的对象作为参数，用于将对象中对应的元素打包成一个个元组，然后返回由这些元组组成的列表。如果各个迭代器的元素个数不一致，则返回的列表长度与最短的迭代器相同，利用星号（*）操作符可以将元组解压为列表。示例代码如下：

```
>>> a = [1,2,3]
>>> b = [4,5,6]
>>> c = [4,5,6,7,8]
>>> zipped = zip(a,b)                 #打包为元组的列表
[(1, 4), (2, 5), (3, 6)]
>>> zip(a,c)                          #打包后的元素个数与最短的列表长度一致
```

```
[(1, 4), (2, 5), (3, 6)]
>>> zip(*zipped)                    #与 zip 相反，*zipped 可理解为解压，返回二维列表
[(1, 2, 3), (4, 5, 6)]
```

2.1.4　函数和类

1．函数

在程序开发中，通常将完成某一特定功能的代码封装成一个函数并放在函数库（在 Python 中称为模块）中供大家使用，当需要使用某一功能时直接调用函数即可，这就是函数的作用。在 Python 中定义函数的语法如下：

```
def 函数名(参数 1,参数 2,…,[参数 n]):
    函数体
    return [值或表达式]
```

【程序 2-6】将画金字塔的程序（程序 2-1）改写成函数形式。该函数的输入参数有两个，一个是行数 n，另一个是字符的形状 shape。代码如下：

```
def jzt(n,shape) :
  for i in range(n):
   for j in range(-1,i):
       print(shape,end=' ')
   print()
jzt(6,'$')
```

程序说明：

（1）在本例中，函数只有输入，没有输出，因此没有 return 语句。

（2）return 语句将给函数的调用方返回一个值，不带表达式的 return 相当于返回 None。

【程序 2-7】对长度大于指定值 n 的字符串自动截取前 n 个字符并加省略号，否则直接输出该字符串而不进行处理。该函数输入的是字符串 string 和长度 n，输出的是截取后的字符串。

```
    def Title(string,n) :
      if len(string)>n:
          return string[0:n]+"……"
      else:
          return string
a=Title('航空母舰已经下水入列！',8)
print(a)
```

程序的运行结果如下：

航空母舰已经下水……

2．Lambda表达式

Lambda 表达式实际上定义了一个匿名函数，即没有函数名字临时使用的"小函数"，它只能包含一个表达式，并且该表达式的计算结果为函数的返回值，不允许包含其他复杂的语句，但可以在表达式中调用其他函数。例如：

```
s=lambda x,y,z:x+y+z
print(s(1,2,3))                          #输出 6
```

说明：

（1）Lambda 表达式创建的匿名函数没有名字，因此必须把 Lambda 表达式赋给一个变量，该变量名就相当于匿名函数的函数名。

（2）Lambda 表达式冒号前的部分相当于函数的参数（输入内容），冒号后的部分相当于函数的 return 语句（输出内容）。

▤ **思考**：能否将求阶乘的函数改写成 Lambda 表达式的形式呢？

3．类的声明和调用

Python 使用 class 关键字来声明类，Python 中类名的首字母约定要大写。

【**程序 2-8**】将画金字塔的程序（程序 2-1）改写成用类和对象来实现。类 Jzt 中定义了两个成员属性，分别是字符形状 shape 和行数 row，以及一个成员方法 draw()。

```
class Jzt:                              #定义 Jzt 类
    shape="*"                          #成员变量（属性）
    row=5
    def draw(self,row,shape):          #成员函数（方法），必须要有参数 self
        for i in range(row):
            for j in range(-1,i):
                print(shape,end=' ')
            print()
#声明对象 p
p=Jzt()
shape="%"
row=4
p.draw(row,shape)                       #调用类的方法
print(p.shape,p.row)                    #调用类的属性
```

程序的运行结果如下：

```
%
% %
% % %
% % % %
* 5
```

程序说明：

（1）在 Python 中，规定类的成员函数必须要有一个参数 self，而且位于参数列表的开始位置。这也是类的成员函数和普通函数的主要区别。

（2）self 代表类的实例（对象）而非类，可以使用 self 引用类的属性和成员函数。在类的成员函数中访问实例属性时需要以 self 为前缀，但在外部通过对象名调用对象成员函数时并不需要传递这个参数，如果在外部通过类名调用对象成员函数，则需要显式地为 self 参数传值。

（3）对象是类的实例，如果把人类看成一个类的话，那么某个人就是人类的一个对象。只有定义了具体的对象，并通过"对象名.成员"的方式才可以访问类中的成员变量或成员函数。

可见，函数是把程序的某个功能封装成一个模块，而类可以把多个相关的功能（函数）及数据（成员变量）再次封装在一起，因此从本质上来说类就是对程序功能的二次封装。

4．构造函数和析构函数

在类中，可以定义一个特殊的成员函数，称为构造函数。Python 规定，构造函数的名称必须为 __init__()（init 前后各有两个下划线）。定义了构造函数后，类实例化时就会自动调用构造函数，因此构造函数可用来为对象的成员变量设置初始值，或进行其他必要的初始化工作。

【程序 2-9】使用构造函数初始化类。本例定义了一个 people 类，然后通过构造函数为该类的姓名、年龄和体重赋初始值。

```
class people:
    name = ''
    age = 0
    __weight = 0                    #定义私有属性，私有属性在类的外部无法直接访问

    def __init__(self,n,a,w):       #定义构造函数
        self.name = n               #姓名
        self.age = a                #年龄
        self.__weight = w           #将体重定义为私有属性
    def speak(self):
        print("%s 说：我 %d 岁。" %(self.name,self.age))
# 实例化类，将自动调用构造函数完成类的初始化
p = people('Sixtang',41,75)
p.speak()                           #用类的对象 p 调用 speak()方法
```

程序的运行结果如下：

```
Sixtang 说：我 41 岁。
```

程序说明：

（1）在类中，成员变量可以分为公有属性和私有属性，如果属性名以两个下划线开始则表示私有属性。私有属性在类的外部不能直接被访问，而需要通过调用对象的公有成员

方法来访问，或者通过 Python 提供的特殊方法来访问，其语法如下：

对象名._类名+私有成员

例如，Car 类的对象 car1 要访问 Car 类的私有成员变量__price：

```
car1._Car.__price
```

需要注意的是，这种方法一般只用于程序的调试，并不建议在编程时这样做。

（2）在类中定义的方法（函数）可分为 3 类：公有方法、私有方法和静态方法。其中，公有方法和私有方法都属于对象，私有方法的名字以两个下划线开始。公有方法通过对象名直接调用，私有方法不能通过对象名调用，只能在属于对象的方法中通过 self 调用。静态方法可以通过类名和对象名调用，但不能直接访问属于对象的成员，而只能访问属于类的成员。

2.2　Python 数据分析工具

Python 的强大之处在于它的应用领域非常广泛，遍及人工智能、科学计算、Web 开发、系统运维、大数据及云计算、金融、游戏开发等。而实现其强大功能的前提，是 Python 具有数量庞大且功能相对完善的标准库和第三方库。通过对这些库的引用，能够实现对不同领域业务的开发。然而，由于库的数量庞大，管理这些库以及对库及时进行升级和维护成为既重要且复杂度又高的事情。

2.2.1　Anaconda 的使用

Anaconda（蟒蛇）是一个开源的 Python 发行版本，其功能是为了方便开发者一次性安装 Python 和其大量的第三方库，以及 Python 的开发环境。因为包含大量的科学包，Anaconda 的下载文件比较大（约 531MB），如果只需要某些包，或者需要节省带宽或存储空间，也可以使用 Miniconda 这个较小的发行版（仅包含 Conda 和 Python）。

Anaconda 的安装和使用

Anaconda 是一个工具箱，其中包含 Conda、Flask、NLTK、Pandas、pip 等 180 多个科学包及其依赖项，可以方便地实现包的安装、更新和卸载，如机器学习包 scikit-learn（简称 sklearn）、词云包 wordcloud 等。Anaconda 的优势在于集成了 Jupyter Notebook 和 Spyder，这两个工具可以快速地让我们看到代码的运行结果，方便进行调试。

Anaconda 中的常用扩展库有 Openpyxl（用于读写 Excel 文件）、python-docx（用于读写 Word 文件）、pymssql（用于操作 Microsoft SQL Server 数据库）、NumPy（用于数组计算与矩阵计算）、SciPy（用于科学计算）、Pandas（用于数据分析）、Matplotlib（用于数据

可视化或科学计算可视化)、Scrapy(爬虫框架)、sklearn(用于机器学习)、TensorFlow(用于深度学习)。

Anaconda 还提供了以下两种功能:

- 包管理功能,使 Windows 平台安装第三方包经常失败的问题得以解决。
- 环境管理功能,类似 Virtualenv,解决了多版本 Python 并存、切换的问题。

常用的 Python 开发环境除了 Anaconda 3 之外,还有 PyCharm、Eclipse、zwPython 及 Python 官方安装包自带的 IDLE 等。相对来说,Python 安装包自带的 IDLE 环境稍微简陋一些,虽然也提供了语法高亮(使用不同的颜色显示不同的语法元素)、交互式运行、程序编写与运行以及简单的程序调试功能,但没有项目管理与版本控制等功能——这在大型软件开发中是非常重要的。其他的 Python 开发环境对 Python 解释器主程序进行了不同程度的封装和集成,使得代码编写和项目管理更加方便。

2.2.2 Spyder 集成开发环境

Spyder 的使用

Spyder 是 Anaconda 中一个简单的集成开发环境,和 PyCharm 相比更轻量级,可用于快速查看代码运行的结果。Spyder 的界面由许多窗格构成,用户可以根据自己的喜好调整它们的位置和大小。当多个窗格出现在一个区域时,将使用标签页的形式显示。

如图 2-2 所示,Spyder 的界面分为左右两部分,左边部分是程序代码区域,右边部分既可以显示程序的运行结果,也可以在 In[]后直接输入交互式命令,按 Enter 键就会显示命令的执行结果。

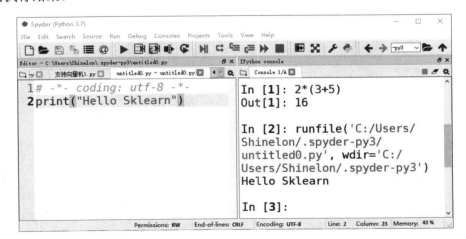

图 2-2 Spyder 的界面

2.2.3 NumPy 库

NumPy（Numerical Python 的简称）是 Python 的一个科学计算库，提供了大量有用的工具，如数组对象（用来表示向量、矩阵、图像等）及线性代数函数。NumPy 中的数组对象可以帮助实现数组中的重要操作，如矩阵转置、相乘、解方程、向量乘积和归一化，这在图像处理中非常有用，为图像变形、图像分类、图像聚类提供了计算基础。NumPy 底层使用 C 语言编写，其对数组的操作速度不受 Python 解释器的限制，效率远高于纯 Python 代码。

NumPy 是一个运行速度非常快的数学库，主要用于数组计算，特别如下：

- 包含一个强大的 N 维数组对象 Ndarray。
- 拥有广播功能函数。
- 拥有整合 C、C++和 FORTRAN 代码的工具。
- 具有线性代数、傅里叶变换和随机数生成等功能。

1．NumPy数组

Python 中没有数组这种数据类型，只能使用 NumPy 数组。NumPy 数组是一个多维数组对象，称为 Ndarray。NumPy 数组的下标从 0 开始，同一个 NumPy 数组中所有元素的类型必须相同。NumPy 数组的维数称为秩（Rank），一维数组的秩为 1，二维数组的秩为 2。每一个线性的数组称为一个轴（Axis），如二维数组相当于两个一维数组，其中第一个一维数组中的每个元素又是一个一维数组。

【程序 2-10】创建 NumPy 数组的实例。

```
import numpy as np                          #导入 NumPy 库
a = np.array([1,2,3])                       #创建一维数组
print (a)                                   #输出[1 2 3]
b = np.array([[1,2], [3,4]])                #创建二维数组
print (b)                                   #输出[[1 2]  [3 4]]
c = np.array([2,3,4,5], ndmin = 3)          #创建指定维数的数组
print (c)                                   #输出[[[2 3 4 5]]]
d = np.array([1,2,3], dtype = complex)      #指定元素的数据类型
print (d)                                   #输出[1.+0.j 2.+0.j 3.+0.j]
e = np.arange(0,1,0.2)                      #用 arange()函数创建数组
print (e)                                   #输出[0.  0.2 0.4 0.6 0.8]
f = np.linspace(0,10,5)                     #用 linspace()函数创建数组
print (f)                                   #输出[ 0.  2.5  5.  7.5 10. ]
g = np.zeros((3,4))                         #用 zeros()函数创建全 0 数组
print (g)
```

程序说明：

（1）Python 中的 import 语句的功能非常强大，该语句除了导入库之外，实际上还创建了 NumPy 类的一个对象实例。可以认为，import numpy as np 等价于 Java 等语言中的两条语句。

```
import numpy;
numpy np = new numpy();
```

import numpy as np 语句的另一种写法如下：

```
from numpy import *
```

使用这种方法可以直接使用 NumPy 中的函数，函数前面不需要加"np."。

（2）NumPy 提供了两个类似 range() 的函数，用来返回一个数列形式的数组。

- arange() 函数：通过指定开始值、终值和步长来创建一维数组。
- linspace() 函数：通过指定开始值、终值和元素个数来创建一维数组。

（3）在 NumPy 中，用函数 zeros() 可创建一个全是 0 的数组，用函数 ones() 可以创建一个全为 1 的数组，用函数 random() 可以创建一个内容随机且依赖于内存状态的数组。这 3 个函数创建的数组元素默认的数据类型（dtype）都是 float64，可以用 d.dtype.itemsize 查看数组中元素占用的字节数。

2．NumPy数组的形状操作

数组的形状指数组的维数和每一维元素的个数。利用数组的 shape 属性可以获取其形状，数组的 shape() 函数可更改数组的形状。ravel() 方法可以扁平化数组（即转换为一维数组），而 transpose() 方法能够转置数组。

【程序 2-11】更改 NumPy 数组的形状。

```
import numpy as np                          #导入 NumPy 库
a=np.int32(100*np.random.random((3,4)))     #创建 3×4 的二维数组
print(a)
print(a.shape)                              #输出(3, 4)
b=a.ravel()                                 #将数组 a 扁平化，转换为一维数组
print(b)
b.shape=(6,2)                               #改变数组 b 的维度
print(b)
c=b.transpose()                             #转置数组 b
print(c)
```

程序的输出结果如下：

```
[[46 55 20 67] [86 16 96 23] [ 6 68 90 50]]
(3, 4)
[46 55 20 67 86 16 96 23 6 68 90 50]
[[46 55] [20 67]  [86 16]  [96 23]    [ 6 68]    [90 50]]
[[46 20 86 96  6 90]        [55 67 16 23 68 50]]
```

3. 提取数组的行或列

可以通过带方括号的下标值来访问 NumPy 数组中的单一元素，也可以以切片的形式访问数组中的多个元素。对于多维数组，每个维之间用逗号隔开，具体规则如表 2-1 所示。

表 2-1　NumPy数组或矩阵的索引和切片方法

访　　问	描　　述
a[i]	访问第i个元素，如果是二维数组，表示访问第i行
a[-i]	访问倒数第i个元素（从后向前索引）
a[n:m]	访问第n到第m-1个元素，索引从0开始
a[-n:-m]	访问倒数第n到倒数第m-1个元素
a[n:m:i]	访问第n到第m-1中步长为i的元素
a[:,i]	仅用于二维数组，表示访问第i列

💬提示：在机器学习分类的数据集中，如果前面 n-1 列是特征属性，而最后一列是类别属性，那么通过 a[:,-1]就能将最后一列提取出来。

【程序 2-12】提取数组中的行或列。

```
import numpy as np    #导入 NumPy 库
a=np.array([0,1,2,3,4])
b=np.array([[0,1,2,3],[10,11,12,13],
            [20,21,22,23],[30,31,32,33]])
print(a[:1],a[1:3],a[::-1],a[1:-1:2],)
#b[1:-1,:2]取第 1 到倒数第 1 行，然后再取 0～1 列
print(b[1:-1,:2],b[:1],b[:,1],b[:,-1])
```

程序的输出结果如下：

```
[0] [1 2] [4 3 2 1 0] [1 3]
[[10 11]        [20 21]]
 [[0 1 2 3]]
 [ 1 11 21 31]
 [ 3 13 23 33]
```

4. NumPy矩阵

在 NumPy 库中，矩阵对象 matrix 能够实现对矩阵数据的处理，包括矩阵的计算、转置、可逆性及基本的统计计算，以及对复数的处理。

矩阵是数组的一个分支，矩阵和二维数组在很多时候是通用的。官方建议，如果两种都可以使用，那就选择数组，因为数组更灵活，速度更快。

矩阵的优势在于相对简单的运算符，比如要执行两个矩阵相乘，只要使用相乘符号"*"，而二维数组则需要使用方法 dot()。

矩阵对象的属性如下：

- matrix.T(transpose)：返回矩阵的转置矩阵。
- matrix.H(conjugate)：返回复数矩阵的共轭元素矩阵。
- matrix.I(inverse)：返回矩阵的逆矩阵。
- matrix.A(base array)：返回矩阵基于的数组。

【程序 2-13】定义矩阵及对矩阵的操作。

```
import numpy as np                    #导入 NumPy 库
a=np.matrix('1 2 3;4 5 6;7 8 9')      #用字符串创建矩阵
x=np.array([[1,3],[2,4]])
b=np.matrix(x)                        #用数组创建矩阵
c=a.T                                 #转置矩阵
d=a.H                                 #求共轭矩阵，仅对复数矩阵有用
e=a.I                                 #求逆矩阵
f=a.A                                 #返回该矩阵对应的二维数组
g=a[:,-1]                             #取矩阵一列，方法和数组完全相同
print(a,b,c,d,e,f)
```

程序的运行结果如下：

```
[[1 2 3]        [4 5 6]         [7 8 9]]                      #a
 [[1 3]                                                        #b
 [2 4]]
 [[1 4 7]                                                      #c
 [2 5 8]
 [3 6 9]]
 [[1 4 7]                                                      #d
 [2 5 8]
 [3 6 9]]
[[-4.50359963e+15  9.00719925e+15 -4.50359963e+15]            #e
 [ 9.00719925e+15 -1.80143985e+16  9.00719925e+15]
[-4.50359963e+15  9.00719925e+15 -4.50359963e+15]]
 [[1 2 3]        [4 5 6]         [7 8 9]]                      #f
```

程序说明：

（1）matrix(data,dtype,order)函数的第一个参数 data 的值为字符串或数组。这意味着创建矩阵有两种方式：用字符串创建或用数组创建。dtype 用来指定 data 的数据类型。order 为布尔类型，表示行序优先（T）或者列序优先（F），默认值是 T。

（2）用字符串创建矩阵时，矩阵的换行必须用分号隔开，矩阵的元素之间用空格隔开。

（3）要提取矩阵中的行或列，方法和提取数组中的行或列完全相同，如 g=a[:, -1]。

2.3　数据可视化——基于 Matplotlib 库

Matplotlib 是 Python 中一套基于面向对象编程的绘图库，旨在用 Python 实现 MATLAB

的绘图功能，方便地设计和输出二维及三维的数据。它所绘制的图表中的每个元素，如线条、文字、刻度等都对应一个对象。Matplotlib 中的几个主要对象如下：

- 整个图形即是一个 Figure 对象，也就是说一个弹出的绘图窗口便是一个 Figure。
- Figure 对象至少包含一个子图，也就是 Axes 对象。
- Figure 对象包含一些特殊的 Artist 对象，如 title 和 legend。

2.3.1 绘制曲线图

在 Matplotlib 中绘图的一般步骤如下：

（1）用 figure()函数创建一个绘图对象。

（2）用数组或序列设置 x、y 坐标值。

（3）用 plot()函数在坐标系中绘制曲线、直线或点，或者用其他函数绘制散点图、直方图等其他图形。

【程序 2-14】用 plot()函数绘制 $y=x^2$ 函数的图形。

```
import numpy as np                    #导入 NumPy 库
import matplotlib.pyplot as plt       #导入 Pyplot 库
plt.figure()                          #创建一个绘图对象
x=np.arange(-5,5,0.01)                #x 值
y=x*x                                 #y 值，或写成 y=x**2
plt.plot(x,y,'b--')                   #进行绘图，第 3 个参数表示虚线
plt.show()                            #显示图形
```

程序的运行结果如图 2-3 所示。

1. 用figure()函数创建绘图对象

调用 figure()函数将创建一个绘图对象。这一步是可选的，如果不调用 figure()函数，在调用 plot()函数绘图时 Matplotlib 会自动创建一个绘图对象。

figure()函数的参数可以指定绘图对象的宽度和高度，单位为英寸；dpi 参数指定绘图对象的分辨率，即每英寸多少像素，默认值为 100。

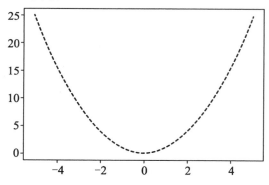

图 2-3　用 plot()绘制 $y=x^2$ 函数的图形

2. 设置坐标值

二维图形实际上是由很多点组成的,如果该图在 x 轴上是连续的，则可以用 np.arange()

函数生成一个一维数组，表示各个点的 *x* 坐标值，然后再用这些 *x* 坐标值计算 *y* 的坐标值，则 plot() 会自动连接这些坐标点绘制出一个曲线图。这些坐标点的数量要足够多，如果坐标点太少，绘制出的曲线图就不够精确。例如，将程序 2-14 中的步长设置为 1 之后，即 *x*=np.arange(-5, 5, 1)，则绘制的图形如图 2-4 所示。

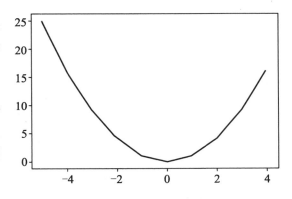

图 2-4　步长增大时绘制的图形

3．用plot()函数在当前绘图对象中绘图

Figure 对象创建后，接下来就可以调用 plot() 函数在当前 Figure 对象中绘图了。需要注意的是，plot() 函数实际上是在子图对象（Axes）上绘图，如果当前 Figure 对象中没有 Axes 对象，则会自动创建一个几乎充满整个图表的 Axes 对象作为当前的子图对象。

Axes（Axis 的复数）的字面意思是数据轴，但它并不是指数据轴，而是指子图对象。可以认为，每一个子图都有 *x* 和 *y* 轴，Axes 则用于代表这两个数据轴所对应的一个子图对象。

plot() 函数的第 3 个参数'b--'用来指定线条的颜色和线型。其中，b 表示蓝色，其他颜色参数如表 2-2 所示；"--"表示虚线，该参数称为线型参数，其他参数值如表 2-3 所示。

表 2-2　颜色参数值

颜色	蓝	绿	红	青	品红	黄	黑	白
参数	'b'	'g'	'r'	'c'	'm'	'y'	'k'	'w'

表 2-3　线型参数值

实线	虚线	点划线	点线	点标记	星形	圆标记
'-'	'--'	'-.'	':'	'.'	'*'	'o'
像素	正方形	五边形	六边形1	六边形2	加号	X标记
','	's'	'p'	'h'	'H'	'+'	'x'
菱形	窄菱形	水平线	竖直线	倒三角	正三角	左三角
'D'	'd'	'_'	'|'	'v'	'^'	'<'
右三角	下箭头	上箭头	左箭头	右箭头		
'>'	'1'	'2'	'3'	'4'		

💡提示：plot() 函数可以只含一个参数，如 plt.plot([1, 2, 3, 4])，该参数被当成是 *y* 坐标轴的值，而 *x* 轴的坐标值将自动生成，自动生成的 *x* 轴坐标值与 *y* 轴坐标值有相同的长度，并且从 0 开始，因此生成的 *x* 轴坐标值为[0, 1, 2, 3]。所以 plt.plot([1, 2,

3, 4])等价于 plt.plot([0, 1, 2, 3] ,[1, 2, 3, 4])。

4．在坐标图中绘制多个图形

要在坐标图中绘制多个图形，只要定义多组 x、y 的坐标值，再多次调用 plot()函数即可。

【程序 2-15】用 plot()函数在坐标系中绘制多个图形。

```
import matplotlib.pyplot as plt      #导入 Pyplot 库
import numpy as np                   #导入 NumPy 库
plt.figure()                         #创建一个绘图对象
plt.xlabel('x')                      #x 轴标签
plt.ylabel('y')                      #y 轴标签
plt.title('Simple Diagram')          #图的标题
x=np.arange(-5,5,0.01)               #x 值
y,y2=x*x,2*x+9                        #同时给 y 和 y2 赋值
plt.plot(x,y,'b--',label="x^2")      #进行绘图
plt.plot(x,y2,'r-.',label="2x+9")    #绘制第 2 条曲线
plt.legend()                         #显示图例
plt.show()                           #显示图形
```

程序的运行结果如图 2-5 所示。

程序说明：

（1）要绘制多条曲线，也可以在一个 plot()函数中传入多对 x、y 值，例如：

```
plt.plot(x,y,'b--',x,y2,'r-.')
```

（2）本例还添加了图例，方法是首先在 plot()函数中添加第 4 个参数，如 label="x^2"，然后使用 plt.legend()显示图例。

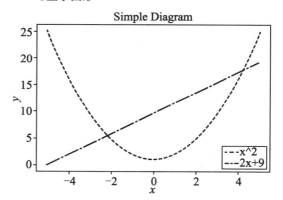

图 2-5　在坐标图中绘制多个图形

5．设置plt对象的属性和方法

plt 对象具有很多属性和方法，常用的属性和方法如下：

- plt.xlabel()：设置 x 轴的标签。
- plt.ylabel()：设置 y 轴的标签。
- plt.title：设置图的标题。
- plt.xlim()：设置 x 轴的起始坐标。
- plt.ylim()：设置 y 轴的起始坐标。
- plt.legend()：显示图例，即图中表示每条曲线的标签和样式的矩形区域，Matplotlib 会将图例的位置自动调整到图中的空白区域。

【程序 2-16】 设置坐标轴的起始范围、图例和图的标题等。

```
import matplotlib.pyplot as plt      #导入 Pyplot 库
import numpy as np                   #导入 NumPy 库
plt.figure()                         #创建一个绘图对象
x=np.arange(-5,5,0.01)               #y 值
y=x*x                                #x 值
plt.xlim(-8,8)                       #定义 x 轴的范围
plt.ylim(0,10)
plt.plot(x,y,'b--',label="x^2")      #进行绘图
plt.xlabel('x')                      #x 轴标签
plt.ylabel('y')                      #y 轴标签
plt.title('Simple Diagram')          #图的标题
x2=np.arange(-5,5,0.01)              #x 值
y2=2*x+9
plt.plot(x2,y2,'r-.',label="2x+9")   #绘制第 2 条曲线
plt.legend()                         #显示图例
plt.show()                           #显示图像
```

程序的运行结果如图 2-6 所示。

6．绘制多个子图

使用 subplot()函数可以快速绘制包含多个子图的图表，函数调用形式如下：

    subplot(numRows,numCols,plotNum)

subplot() 会 将 整 个 绘 图 区 域 等 分 为 numRows 行×numCols 列个子区域，然后按照从左至右、从上到下的顺序对每个子区域进行编号，左上的子区域编号为 1。plotNum 指定使用第几个子区域。

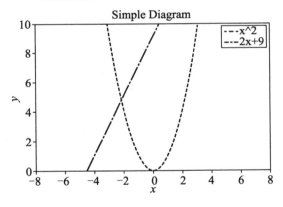

图 2-6　设置坐标轴的起始范围、图例和标题

如果 numRows、numCols 和 plotNum 这 3 个参数均小于 10，则可以把它们缩写为一个整数，如 subplot(456)和 subplot(4,5,6)是等价的。

subplot()会在参数 plotNum 指定的区域中创建一个轴对象，如果新创建的轴对象和之前创建的轴重合，则之前的轴将被删除。

【程序 2-17】 使用 subplot()绘制多个子图。

```
import matplotlib.pyplot as plt      #导入 Pyplot 库
import numpy as np                   #导入 NumPy 库
plt.figure()                         #创建一个绘图对象
ax1=plt.subplot(121)                 #在 1 行 2 列的第 1 个区域创建轴对象 ax1
ax2=plt.subplot(122)                 #在 1 行 2 列的第 2 个区域创建轴对象 ax2
x=np.arange(-5,5,0.01)               #x 值
```

```
y=x*x                                    #y 值
plt.sca(ax1)                             #选择子图 1
plt.plot(x,y,'b--',label="x^2")          #在子图 1 进行绘图
x2=np.arange(-5,5,0.01)                  #x 值
y2=2*x+9
plt.sca(ax2)                             #选择子图 2
plt.plot(x2,y2,'r-.',label="2x+9")       #绘制第 2 条曲线
plt.legend()                             #显示图例
plt.show()                               #显示图像
```

程序的运行结果如图 2-7 所示。

7. 保存图像文件和输出设置

使用 plt.savefig()可以将当前的绘图区域（Figure 对象）保存成图像文件，该函数支持的图像文件格式有 EMF、EPS、PDF、PNG、Photoshop、RAW、RGBA、SVG 和 SVGZ。下面的代码将当前的图表保存为 tang.png，并且通过 dpi 参数指定图像的分辨率为 120px（像素）。

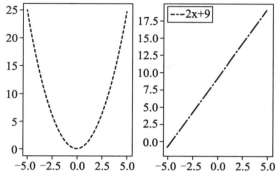

图 2-7　使用 subplot()绘制多个子图

```
plt.savefig("tang.png",dpi=120)
plt.show()   #显示图像
```

需要注意的是，plt.savefig()一定要写在 plt.show()之前，否则保存的图像将会是空白图像，因为 plt.show()在显示图像后还会创建一个新的空白的图片（坐标轴对象）。

8. 交互式标注

应用程序有时需要和用户交互，如显示一幅图像，获取用户在图像区域的单击位置，Pyplot 库中的 ginput()函数可以实现交互式标注。

【程序 2-18】在图中实现交互式标注。

```
from PIL import Image
import numpy as np
import matplotlib
matplotlib.use('Qt5Agg')                 #必须显式指明 Matplotlib 的后端
import matplotlib.pyplot as plt
img=np.array(Image.open('d:\\tt1.jpg'))
plt.imshow(img)                          #显示图像
print('请单击图片中的物品')
x=plt.ginput(1)                          #等待用户单击一次
print('你单击了',x)
plt.show()
```

程序首先使用 plt.imshow()函数显示一幅图像（tt1.jpg），等待用户在绘图窗口中的图像区域上单击一次，然后将单击位置的坐标保存在列表变量 x 中并输出。

9．在图表中显示中文和负号

由于 Matplotlib 的默认配置文件中所使用的字体为英文字体，无法正确显示中文和负号，为了让图表正确显示中文，需要在.py 程序源文件的头部添加如下两行代码。

```
#将默认字体改成宋体，也可改成 SimHei
plt.rcParams['font.sans-serif']=['SimSun']
plt.rcParams['axes.unicode_minus']=False      #解决负号显示不正常的问题
```

2.3.2　绘制散点图等其他图形

除了曲线图之外，Matplotlib 还可以绘制散点图等其他图形，pyplot 模块提供了 14 个用于绘制基础图表的常用函数，如表 2-4 所示。

表 2-4　pyplot模块中绘制基础图表的函数

函　　　　数	功　　　　能
plt.scatter(x,y)	绘制散点图（x、y 必须是长度相同的序列或数组）
plt.hist(x,bins,normed)	绘制直方图
plt.bar(left,height,width,bottom)	绘制条形图
plt.barh(bottom,width,height,left)	绘制横向条形图
plt.boxplot(data,notch,position)	绘制箱形图
plt.psd(x,NFFT,pad_to,Fs2)	绘制功率谱密度图
plt.specgram(x,NFFT,pad_to,F)	绘制谱图，即音频文件的声音波形图
plt.polar(theta,r)	绘制极坐标图
plt.pie(data,explode)	绘制饼图
plt.step(x,y,where)	绘制步阶图
plt.contour(X,Y,Z,N)	绘制等值图
plt.vlines()	绘制垂直图
plt.stem(x,y,linefmt,markerfmt)	绘制火柴棒图
plt.cohere(x,y,NFFT=256,Fs)	绘制 X-Y 的相关性函数
plt.plot(x,y,label,color,width)	根据 x 坐标和 y 坐标绘制点、直线或曲线
plt.plot_date()	绘制数据日期
plt.plot_date()	绘制数据后写入文件

1．散点图

散点图（Scatter Diagram）是二维数据点在直角坐标系平面上的分布图，它在聚类分析、回归分析及分类分析中非常有用，能将数据之间的规律用图形直观地展现出来。通过考察散点的分布，不仅能判断两个变量之间是否存在某种关联，而且可以总结坐标点的分布模式。

绘制散点图需要两组数据分别表示所有点的 x 坐标值和 y 坐标值，因此两组数据必须是等长的序列或数组。

【程序 2-19】 使用 scatter()函数绘制散点图。

```
import matplotlib.pyplot as plt        #导入 Pyplot 库
plt.figure()                           #创建一个绘图对象
x=[2,1,2,3,4,5]                        #设置 6 个散点的 x 坐标值
y=[1,2,2,5,4,3]
plt.scatter(x,y,s=60,c='r',marker='o') #绘制散点图
plt.show()                             #显示图像
```

程序的运行效果如图 2-8 所示。

程序说明：

（1）使用 plot 也可以绘制散点图。例如，将 plt.scatter()函数替换成 plt.plot(x, y, 'ro')，效果相同，只要 plot()的第 3 个参数是表 2-3 中列出的点型（而不是线型）就能画散点图。

（2）scatter()函数的前两个参数是散点的 x、y 坐标值；第三个参数 s 表示散点的大小，s 值越大，点越大；c 表示散点的颜色，'r' 为红色；marker 表示散点的样式，'o'为圆点。

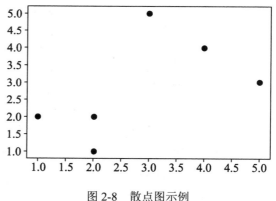

图 2-8　散点图示例

（3）如果要绘制多组散点，只需多次调用 plt.scatter()函数，并将每次散点的样式参数设置为不同的值即可。

2．直方图

直方图（Histogram）又叫质量分布图。它由一系列高度不等的纵向条纹或线段表示数据的分布情况，横轴表示数据类型，纵轴表示分布情况。直方图的绘制可通过 plt.hist()函数来实现。

【程序 2-20】 使用 hist ()函数绘制直方图。

```
import matplotlib.pyplot as plt        #导入 Pyplot 库
import numpy as np                     #导入 NumPy 库
mu,sigma=100,20
```

```
x=mu+sigma*np.random.randn(20000)
plt.hist(x,bins=100,color='r',normed=True)          #normed 表示正态分布
plt.show()                                           #显示图像
```

程序的运行效果如图 2-9 所示。

3．饼状图

饼状图（Sector Graph，又名 Pie Graph）用于显示一个数据系列中各项数据所占数据总和的比例。饼状图中的每个数据点显示的是其占整个饼状图的百分比。

【程序 2-21】使用 pie()函数绘制饼状图。

```
import matplotlib.pyplot as plt
labels = 'Frogs', 'Hogs' ,'Dogs' ,'Logs'
sizes = [15, 30, 45, 10]
explode = (0, 0.1, 0, 0)
plt.pie(sizes, explode=explode, labels=labels, autopct='%1.1f%%',
shadow=False, startangle=90)
plt.show()
```

程序的运行效果如图 2-10 所示。

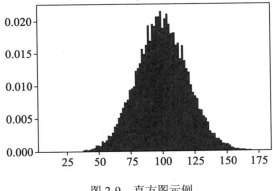

图 2-9　直方图示例

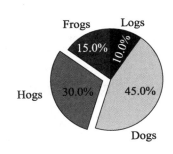

图 2-10　饼状图示例

说明：程序中，labels 用于设置每个数据的标签，sizes 用于设置每一块所占的比例，explode 用于设置某一块或多块突出显示，突出多少由值决定，0 表示不突出。pie()函数中的 shadow 用于设置阴影，这样可以让显示效果更逼真。

4．条形图

条形图是将许多不同的数值分别用不同长度的直条来表示，然后把这些直条按一定的顺序排列起来。从条形图中可以很容易地看出各种数值的分布情况。条形图通过 bar()函数绘制，还可以通过设置参数 orientation='horizontal'来绘制水平方向的条形图。

【程序 2-22】使用 bar()函数绘制条形图。

```
import numpy as np
```

```
import matplotlib.pyplot as plt
y = [15, 30, 25, 10,20,34,33,18]
x=np.arange(8)                              #0-7 个条形
plt.bar(x, y, color='r', width=0.5)         #绘制条形图
plt.plot(x, y, "b", marker='*')             #此例同时绘制线形图
for x1, yy in zip(x, y):                     #在条形上添加文本
   plt.text(x1, yy + 1, str(yy), ha='center', va='bottom')
plt.show()
```

程序的运行效果如图 2-11 所示。

5. 极坐标图

极坐标图相当于将很多扇形构成的条形图放在一个圆形中。

【程序 2-23】使用 viridis ()函数绘制极坐标图。

```
import numpy as np
import matplotlib.pyplot as plt
N = 20                                      #绘制 20 个扇形
#设置每个标记所在射线与极径的夹角
theta = np.linspace(0.0, 2 * np.pi, N, endpoint=False)
radii = 10 * np.random.rand(N)
width = np.pi / 4 * np.random.rand(N)
ax = plt.subplot(111, projection='polar')
bars = ax.bar(theta, radii, width = width, bottom = 0.0)
for r, bar in zip(radii, bars):
    bar.set_facecolor(plt.cm.viridis(r / 10.))   #绘制极坐标的扇形
    bar.set_alpha(0.5)                            #设置透明度
plt.show()
```

程序的运行效果如图 2-12 所示。

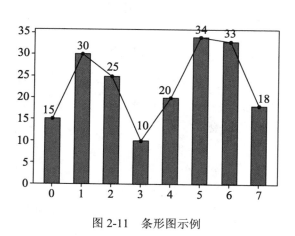

图 2-11　条形图示例

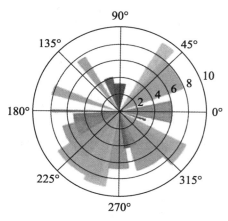

图 2-12　极坐标图示例

2.4　SciPy 库

SciPy 库是 Python 的一个高级科学计算库，需要依赖 NumPy 库的支持才能安装和运行。SciPy 一般通过操控 NumPy 的数组进行科学计算、统计分析，因此可以说 SciPy 是建立在 NumPy 库基础之上的。SciPy 函数库是在 NumPy 库的基础上增加了众多的数学、科学及工程计算中常用的库函数，如线性代数、常微分方程数值求解、信号处理、图像处理和稀疏矩阵等。常用的 SciPy 子模块库如表 2-5 所示。

表 2-5　SciPy子模块库及其功能

子　模　块	功　　能	子　模　块	功　　能
constans	物理和数学函数	cluster	聚类算法
fftpack	快速傅里叶变换	integrate	集成和常微分方程求解
interpolate	拟合和平滑曲线	linalg	线性代数
io	输入和输出	ndimage	N维图像处理
maxentropy	最大熵模型	optimize	求最优化解
odr	正交距离回归	sparse	稀疏矩阵及相关程序
signal	信号处理	special	特殊函数
spatial	空间数据结构和算法	weave	C/C++程序整合
states	统计函数和分布		

1．求解最优化问题

以最优化问题为例，寻找函数在一定约束条件下的最大值或最小值是数学和运筹学中的一大领域，如果自己编程实现复杂函数的最优化问题或者多变量的最优化问题可能会非常复杂，但利用 SciPy 库却可以方便地求得最优解。

【程序 2-24】使用 optimize 类求函数 $4x^3+(x-2)^2+x^4$ 的最优解。

```
import numpy as np
from matplotlib import pyplot as plt
from scipy import optimize          #引入 SciPy 库的 optimize 模块
x=np.linspace(-5,3,100)             #定义 x 值的范围为-5 到 3
def f(x):
    return 4*x**3+(x-2)**2+x**4
x_min_local=optimize.fmin_bfgs(f,2)  #采用 fmin_bfgs()函数求 f 的最小值
print('f(x)极小值点:',x_min_local)
x_max_global=optimize.fminbound(f,-10,10)
print('取得极小值时的 x 值:',x_max_global)
plt.plot(x,f(x))
plt.show()
```

程序运行后，输出的文字如下，输出的图形如图 2-13 所示。

```
Optimization terminated successfully
        Current function value: 2.804988
        Iterations: 7
        Function evaluations: 24
        Gradient evaluations: 8
```
f(x)极小值点：[0.46961766]
取得极小值时的 x 值：-2.6729805844842622

说明：optimize 类中求最小值的函数有 5 个，分别是 fmin、fmin_powell、fmin_cg、fmin_bfgs 和 fminbound，这几个函数的第一个参数都是要求最小值的函数名，后面几个函数的参数各不相同。

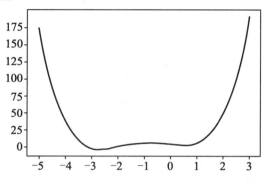

图 2-13　求函数的最小值

2．图像模糊处理

SciPy 中的 ndimage 模块用来实现图像处理功能，其中用来进行图像滤波操作的是 scipy.ndimage.filters 模块。该模块使用快速一维分离的方式计算卷积。

图像的高斯模糊是经典的图像卷积例子。本质上，图像模糊就是将（灰度）图像 I 和一个高斯核进行卷积操作：$I_\sigma = I \cdot G_\sigma$，其中，$G_\sigma = \dfrac{1}{2\pi\sigma} e^{-(x^2+y^2)/2\sigma^2}$ 是标准差为 σ 的二维高斯核。高斯模糊通常是其他图像处理操作的一部分，如图像插值操作、兴趣点计算及其他应用，因此具有重要的应用价值。

【程序 2-25】使用快速一维分离方式计算卷积实现高斯模糊。

```
from PIL import Image
import numpy as np
from scipy.ndimage import filters        #引入滤波模块
import matplotlib.pyplot as plt
im = np.array(Image.open('D:\\wfz.jpg'))
index = 141                              #画1行4列的图，与1,4,1同
plt.subplot(index)
plt.imshow(im)
for sigma in (2, 5, 10):                 #模糊参数，值越大越模糊
    im_blur = np.zeros(im.shape, dtype=np.uint8)
    for i in range(3):                   #对图像的每一个通道都应用高斯滤波
        im_blur[:,:,i] = filters.gaussian_filter(im[:,:,i], sigma)
    index += 1
    plt.subplot(index)
    plt.imshow(im_blur)
plt.show()
```

程序的运行结果如图 2-14 所示。

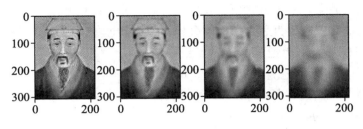

图 2-14　图像模糊示例

2.5　sklearn 库

sklearn（scikit-learn）库是 Python 基于 NumPy、SciPy 和 Matplotlib 库实现机器学习的算法库（安装 sklearn 库需要先安装 Pandas、NumPy 和 SciPy 库），目前 sklearn 的最新版本是 0.24。sklearn 库始于 2007 年 Google Summer of Code 项目，最初由 David Cournapeau 开发，是一个简洁、高效的算法库，可以实现数据预处理、分类、回归、降维、模型选择等常用的机器学习算法，用于数据挖掘和数据分析。本书后续章节的内容都是基于 sklearn 的这些算法进行机器学习的。

2.5.1　样本及样本的划分

机器学习是根据已知样本估计数据之间的依赖关系，从而对未知或无法测量的数据进行预测和判断。

从数据中学习并得到模型的过程称为"学习"（Learning）或"训练"（Training），这个过程通过执行某个学习算法来完成。因为机器学习需要从样本中进行学习，所以机器学习中也有样本的概念。与统计学相比，根据样本在学习中所起的作用，机器学习中的样本经常划分为如下 3 类，如图 2-15 所示。
- 训练集：用于模型拟合的数据样本，即建立模型使用的样本集。
- 验证集：是模型训练过程中单独留出的样本集，可以用于调整模型的超参数，以及对模型的能力进行初步评估。
- 测试集：用来测试模型在预测未知样本时的准确率，即评估最终模型的泛化能力。所谓泛化能力，是指机器学习模型对新鲜样本的适应能力。泛化能力不能作为调参、选择特征等与算法相关的选择依据。

一般，在做预测分析时会将样本划分为两部分：一部分是训练集数据，用于构建模型；另一部分是测试集数据，用于检验模型。但有时候在模型的构建过程中也需要检验模型，辅助模型构建，这时就需要再划分出一部分样本作为验证集，因此验证集是可选的。

训练集的规模远大于验证集和测试集。在小样本机器学习中，训练集、测试集、验证集的比例一般为 7∶1∶2，而在大样本机器学习中，训练集所占的比例一般为 99%左右，验证集和测试集占 1%左右。

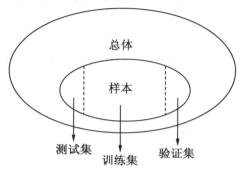

图 2-15 机器学习中样本的划分

对于统计学来说，样本的作用是通过样本的特征（统计量）来估计总体的特征（参数，如方差、均值）。而在机器学习中，样本的作用是利用训练集来建立模型和参数估计，利用测试集进行模型测试。

🔔提示：统计学和机器学习中都有"参数估计"的概念，但它们的含义是不同的，统计学中的参数是指总体的均值、方差，而机器学习中的参数是指模型的参数，如神经网络中各个节点的权重值。

1．样本划分举例

下面举个例子，如表 2-6 所示为收集的客户信息样本，如果我们想用这些样本数据建立一个机器学习模型来预测任意特征的客户是否会购买计算机，则可以将表 2-6 中的样本划分成训练集（见表 2-7）、测试集（见表 2-8）和验证集（见表 2-9）。

表 2-6 客户信息样本

年　　龄	收　　入	学　　生	信　　用	是否已买计算机
<30	高	否	一般	否
<30	高	否	好	否
30～40	高	否	一般	是
>40	中等	否	一般	是
>40	低	是	一般	是
>40	低	否	好	否
30～40	低	是	好	是
<30	中	否	一般	否
<30	低	是	一般	是
>40	中	是	一般	是

（续）

年　龄	收　入	学　生	信　用	是否已买计算机
<30	中	是	好	是
30～40	中	否	好	是
30～40	高	是	一般	是
>40	中	否	好	否

表 2-7　训练集

年　龄	收　入	学　生	信　用	是否已买计算机
<30	高	否	一般	否
<30	高	否	好	否
30～40	高	否	一般	是
>40	中等	否	一般	是
>40	低	是	一般	是
>40	低	否	好	否
30～40	低	是	好	是
<30	中	否	一般	否
<30	低	是	一般	是
>40	中	是	一般	是

表 2-8　验证集

年　龄	收　入	学　生	信　用	是否已买计算机
<30	中	是	好	是
30～40	中	否	好	是

表 2-9　测试集

年　龄	收　入	学　生	信　用	是否已买计算机
30～40	高	是	一般	是
>40	中	否	好	否

机器学习的步骤如下：

（1）使用训练集中的数据训练模型，得到一个初步的模型。

（2）使用验证集验证模型是否有效，并调整参数使模型尽可能地有效，这一步会得到最终的模型。

（3）使用测试集测试最终模型的准确率。方法是，先不看测试集中的类别属性，将测试集中的样本特征集输入机器学习模型中，看该模型输出的类别属性与测试集中的实际类别属性差异有多大。差异越小，说明模型的有效性越高。测试集只是测试模型的准确率，不会再对模型进行调整，这是测试集和验证集的明显区别。

2．划分样本的方法

机器学习的样本划分可以采用 train_test_split()函数，也可采用交叉验证的方法。

sklearn 提供了一个将数据集切分成训练集和测试集的函数 train_test_split()。该函数默认把数据集的 75%作为训练集，把数据集的 25%作为测试集。也可用 test_size 设置测试集所占的比例，代码如下：

```
from sklearn.model_selection import train_test_split
 #将样本划分为训练集和测试集，其中，测试集占 20% , random_state 表示随机因子
Xtrain, Xtest, Ytrain, Ytest = train_test_split(X,y,test_size=0.2,
random_state=420)
```

如果是大数据集，使用 train_test_split()函数的划分方法没有问题，如果是小数据集，将其分成两或三份会导致训练样本量的不足。因此，对于小数据集，通常使用交叉验证（Cross Validation）的方法。交叉验证有许多版本，一般使用 k 折交叉验证，它的原理如图 2-16 所示。

交叉验证一般取十折交叉验证（10-fold cross validation），将样本划分为 k 个子集，每个子集均作为一次测试集，其余的作为训练集。交叉验证重复 k 次，每次选择一个子集作为测试集，并将 k 次的平均交叉验证识别率作为结果。

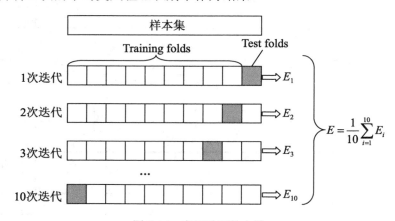

图 2-16　交叉验证的方法

sklearn 提供了一个对样本集进行交叉验证的函数 cross_val_predict()。该函数有 4 个参数，其中，cv 表示迭代次数。代码如下：

```
from sklearn.model_selection import cross_val_predict
predicted = cross_val_predict(clf, iris.data, iris.target, cv=10)
metrics.accuracy_score(iris.target, predicted) #交叉验证的结果
```

其中，clf 是一个分类器，iris.data 是特征数据，iris.target 是类别数据。

交叉验证的优点如下：

- 验证结果更加稳定。训练数据需要随机打乱，如果是通过单纯地拆分得到的训练集，有可能刚好会碰到一组数据表现特别好或者特别差，这种情况在小数据集中很常见，所以使用交叉验证结果会更稳定。
- 能够查看数据分布对模型效果的影响，通过查看每份验证结果，可以得到该数据集分布对模型的影响。
- 更好地利用训练数据。如果是 5 折交叉验证，那么训练量将占 80%（4/5），如果是 10 折交叉验证，那么训练量将达到 90%（9/10）。

在使用交叉验证时计算量会增加很多，对于处理大数据集是个负担。可以通过查看交叉验证中的 train_score 和 test_score，判断模型是否过拟合或者欠拟合。

2.5.2　导入或创建数据集

传统的机器学习任务从开始到建模的一般流程是获取数据→数据预处理→训练建模→模型评估→预测、分类。

在 sklearn 中要获取或创建样本数据有以下 3 种方法：

1．导入sklearn自带的样本数据集

在 sklearn 的 datasets 模型中提供了一些样本训练数据，可以使用这些数据进行分类、聚类或进行回归分析等，以方便创建机器学习模型。这些数据集存放在 D:\Anaconda3\Lib\site-packages\sklearn\datasets\data 目录下。导入这些自带的样本数据集需使用专门的调用函数，如表 2-10 所示。

表 2-10　sklearn自带的样本数据集

数据集名称	调用函数	适用算法	数据规模（行×列）	数据集大小
波士顿房价数据集	load_boston()	回归	506×13	小
鸢尾花数据集	load_iris()	分类	150×4	小
糖尿病数据集	load_diabetes()	回归	442×10	小
体能训练数据集	load_linnerud()			
手写数字图像数据集	load_digits()	分类	5620×64	小
Olivetti脸部图像数据集	fetch_olivetti_faces()	降维	400×64×64	大
新闻分类数据集	fetch_20newsgroups()	分类		大
带标签的人脸数据集	fetch_lfw_people()	分类、降维		大
路透社新闻语料数据集	fetch_rcv1()	分类	804414×47236	大

注：小数据集可以直接使用，大数据集在调用时程序会自动下载（只下载一次即可）。

表 2-10 中常用的数据集介绍如下：

- 波士顿房价数据集（Boston）包含 506 组数据，每条数据包含房屋及房屋周围的详细信息。其中包含城镇犯罪率、一氧化氮浓度、住宅平均房间数、到中心区域的加权距离及自住房平均房价等。因此，波士顿房价数据集能够应用到回归问题上（如 CART 回归树）。

- 鸢尾花数据集（Iris）是数据挖掘任务常用的一个数据集，该数据集采集的是鸢尾花的测量数据及其所属的类别。测量数据包括萼片长度、萼片宽度、花瓣长度和花瓣宽度。类别共分为 3 类，分别是 Iris Setosa、Iris Versicolour 和 Iris Virginica。该数据集可用于多分类问题（如 CART 分类树）。

- 手写数字数据集（Digits）包括 1797 个 0～9 的手写数字，每个数字由 8×8 大小的矩阵构成，矩阵中值的范围是 0～16，代表颜色的深度（如使用 KNN 算法识别手写体数字）。

- 20 newsgroups 数据集（fetch_20newsgroups）包括 18846 篇新闻文章，共涉及 20 种话题，所以称作 20 newsgroups text dataset。该数据集分为两部分，即训练集和测试集，通常用来进行文本分类（如使用多项式朴素贝叶斯分类算法对新闻分类）。

表 2-10 所示的函数的默认参数都为空，除了默认参数之外，还包括以下参数：

- return_X_y：表示是否返回 target（即类别属性），默认为 False，只返回 data（即特征属性）。

- n_class：表示返回数据的类别数，如 n_class=5，则返回 0～4 含有 5 个类别的样本。

【程序 2-26】导入 Iris 数据集并输出该数据集的特征属性和类别标签。

```
from sklearn.datasets import load_iris
dataSet = load_iris()                    # 导入 Iris 数据集
data = dataSet['data']                   # data 是特征属性集
label = dataSet['target']                # label 是类别标签
feature = dataSet['feature_names']       # 特征的名称
target = dataSet['target_names']         # 标签（类别）的名称
print(feature ,target)
```

程序的运行结果如下：

```
['sepal length (cm)', 'sepal width (cm)', 'petal length (cm)', 'petal width
(cm)']
 ['setosa' 'versicolor' 'virginica']
```

由结果可知该数据集是一个有 4 个特征属性的三分类问题的数据集。

2．利用sklearn生成随机的数据集

在 sklearn 的 datasets 模块中有很多类似 make_<name>的函数，用来自动生成具有各种形状分布的数据集，这些函数可以"无中生有"地生成随机数据。常用的函数如下：

- make_circles()：生成环形数据，产生二维二元分类数据集，可以为数据集添加噪声，还可以为二元分类器产生一些环形判决界面的数据。
- make_moons()：生成月亮形（半环形）数据，其他特征与 make_circles() 相同。
- make_blobs()：生成多类单标签数据集，为每个类分配一个或多个正态分布（球形）的点集。
- make_classification()：生成多类单标签数据集，为每个类分配一个或多个正态分布的点集，该函数提供了为数据添加噪声的方式，包括维度相关性、无效特征及冗余特征等。
- make_gaussian_quantiles()：将一个单高斯分布的点集划分为两个数量均等的点集，作为两类。
- make_hastie-10-2()：产生一个相似的二元分类数据集，有 10 个维度。

【程序 2-27】生成环形、月亮形和球形数据集。

```python
from sklearn.datasets import make_circles
from sklearn.datasets import make_moons
from sklearn.datasets import make_blobs
import matplotlib.pyplot as plt
fig=plt.figure(figsize=(12, 4))
plt.subplot(131)
x1,y1=make_circles(n_samples=1000,factor=0.5,noise=0.1)
# factor 表示里圈和外圈的距离之比，每圈共有 n_samples/2 个点
plt.scatter(x1[:,0],x1[:,1],marker='o',c=y1)
plt.subplot(132)
x1,y1=make_moons(n_samples=1000,noise=0.1)
plt.scatter(x1[:,0],x1[:,1],marker='o',c=y1)
plt.subplot(133)
x1,y1=make_blobs(n_samples=100,n_features=2,centers=3)
plt.scatter(x1[:,0],x1[:,1],c=y1);
plt.show()
```

程序的运行结果如图 2-17 所示。

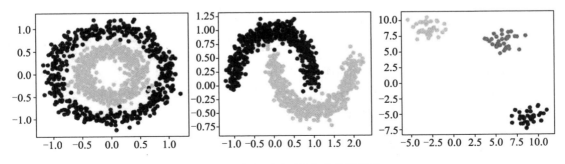

图 2-17　生成不同形状分布的数据集

3．读入自己创建的数据集

在实际的机器学习项目中，需要读入自己创建的数据集。如果数据集比较小，我们可以把它保存成数组直接写入程序中，然后让程序读取该数组中的内容即可，例如：

```
data=[[123,45],[150,55],[87,23],[102,34]]
target=[[250],[320],[160],[220]]
```

（1）用 Python 直接读取文本文件。

当然更好的办法是从文本文件中导入数据集，这样程序就和数据独立了。例如：

```
def loadDataSet():
    dataMat = []
    labelMat = []
    fr = open('C:\\lr2.txt')                          # 打开文本文件 lr2.txt
    for line in fr.readlines():                        # 依次读取文本文件中的一行
        lineArr = line.strip().split()                 # 根据空格分割一行中的每列
        dataMat.append([float(lineArr[0]),float(lineArr[1])])
        labelMat.append(int(lineArr[2]))
    return dataMat,labelMat
```

其中，文本文件 lr2.txt 的内容如下：

```
123 250 1
150 320 1
87  160 0
102 220 0
```

（2）用 Pandas 库读取 Excel 文件或文本文件。

Pandas 是 Python 的一个数据分析库，可以读取和写入文件。使用 Pandas 不仅可以读取表格型数据，如 Excel 文件、CSV 文件或 txt 文件等，而且还可以将其转换成 DataFrame 类型的数据结构，然后就可以通过 DataFrame 进行行和列操作及数据分析等工作了。例如：

```
import pandas as pd                          #导入 Pandas 库
data=pd.read_excel('D:\\18ds.xlsx')          #读取 Excel 文件
data2=pd.read_csv('C:\\lr2.csv')             #该函数可读取 CSV 或 txt 文件
print(data)
```

2.5.3 数据预处理

在机器学习中，获取的原始样本数据往往存在有缺失值、重复值等问题，在使用之前必须进行数据预处理。数据预处理没有标准的流程，一般包括：去除唯一属性、处理缺失值、属性编码、数据标准化、特征选择、主成分分析几步。

1．数据标准化

对于样本数据来说，首先需要消除样本特征之间不同数量级的影响，而数据标准化就是用来消除不同量级影响的。常用的数据标准化方法有如下两种：

- min-max 标准化（归一化）：对于任意属性 A，设 minA 和 maxA 分别为属性 A 中的最小值和最大值，将 A 中的一个原始值 x 通过 min-max 标准化映射成在区间[0,1]中的值 x'。其公式为：

新数据=（原数据-最小值）/（最大值-最小值）

这样标准化后，所有属性值都将变成区间[0,1]中的值。

- Z-score 标准化（规范化）：对于任意属性 A，将 A 的原始值 x 使用 Z-score 标准化到 x'。Z-score 标准化方法适用于属性 A 总体的最大值和最小值未知的情况，或有超出取值范围的离群数据的情况。其公式为：

新数据=（原数据-均值）/标准差

均值和标准差都是在样本集中定义的，而不是在单个样本中定义的。标准化是针对某个属性而言的，涉及所有样本在该属性中的值。

2．sklearn中的数据标准化函数

sklearn 提供了一个专门用于数据预处理的模块 sklearn.preprocessing，这个模块中集成了很多数据预处理的方法，包括数据标准化函数，常用的函数如下：

（1）二值化函数 binarizer()：将数据根据给定的阈值映射到 0 和 1，其中，阈值默认是 0.0。该函数可接收 float 类型的阈值，数据大于阈值时映射为 1，小于等于阈值时映射为 0。

【程序 2-28】数据矩阵的二值化举例。

```
from sklearn.preprocessing import Binarizer
X = [[ 1., -1.,2.],[ 2.,0.,0.],[ 0.,1.,-1.]]    #数据矩阵
binary = Binarizer()
transformer =binary.fit(X)                       # fit does nothing.
transformer.transform(X)
Binarizer(copy=True, threshold=0.0)
print(transformer.transform(X))
```

程序的运行结果如下：

```
[[1. 0. 1.]     [1. 0. 0.]        [0. 1. 0.]]
```

说明：binary = Binarizer()实例化一个阈值为 0 的二值化对象，transformer =binary.fit(X)使用这个二值化对象的 fit()方法去拟合 X，返回一个二值化类的实例化对象。注意此时 X 还没有被二值化，transformer.transform(X)调用二值化对象的 transform()方法对 X 进行二值化，返回二值化后的 X。fit()方法和 transform()方法也可以合并为一个方法 fit_transform()。

（2）归一化函数 MinMaxScaler()：将数据均匀地映射到给定的 range(min,max)中，默认 range 为(0, 1)。

【程序 2-29】数据矩阵的归一化举例。

```
from sklearn.preprocessing import MinMaxScaler
data = [[-1, 6], [-0.5, 2], [0, 10], [1, 18]]
scaler = MinMaxScaler()
scaler.fit(data)
MinMaxScaler(copy=True, feature_range=(0, 1))
print('range 的最大值为：',scaler.data_max_)
print('range 的最小值为：',scaler.data_min_)
print(scaler.transform(data))
```

程序的运行结果如下：

```
range 的最大值为： [ 1. 18.]
range 的最小值为： [-1.  2.]
[[0.   0.25]    [0.25 0. ]    [0.5 0.5 ] [1.   1.  ]]
```

说明：scaler = MinMaxScaler()实例化一个最小/最大化对象，scaler.fit(data)计算 data 的最小值和最大值并返回一个对象。此时可查看此对象的属性值 scaler.data_max_，然后使用 scaler.transform(data)对 data 进行归一化并返回归一化后的结果。

（3）Z-score 标准化函数 scale()：通过计算训练集中样本的相关统计量（均值和单位方差）存储均值和标准差，对每个特征单独进行中心化和缩放，使用变换方法测试数据。

标准化有两种实现方式，一种是调用 sklearn.preprocessing.scale()函数，另一种是实例化一个 sklearn.preprocessing.StandardScaler()对象。后者的好处是可以保存通过训练得到的参数（均值、方差），直接使用 sklearn.preprocessing.StandardScaler()对象对测试数据进行转换。

【程序 2-30】数据矩阵的 Z-score 标准化举例。

```
from sklearn.preprocessing import StandardScaler
data = [[0, 0], [0, 0], [1, 1], [1, 1]]
scaler = StandardScaler()
print(scaler.fit(data))
StandardScaler(copy=True, with_mean=True, with_std=True)
print(scaler.mean_)                          #输出均值
print(scaler.var_)                           #输出标准差
print(scaler.transform(data))                #标准化矩阵 data
print(scaler.transform([[2, 2]]))            #标准化新数据
```

程序的运行结果如下：

```
StandardScaler(copy=True, with_mean=True, with_std=True)
[0.5 0.5]
[0.25 0.25]
[[-1. -1.]    [-1. -1.]    [ 1.  1.]    [ 1.  1.]]
[[3. 3.]]
```

提示：标准化方法和归一化方法的选择：在数据预处理中，很多时候既可以使用标准化方法也可以使用归一化方法，两种方法没有优劣之分，要具体情况具体分析。如果样本数据的分布本身就服从正态分布，就用标准化方法。归一化方法的缺点是对离群值（Outlier）很敏感，因为离群点会影响 max 或 min 值，其次，当有新

数据加入时，可能导致 max 和 min 值发生较大变化。而在标准化方法中，新数据加入对标准差和均值的影响并不大。归一化方法会改变数据的原始距离、分布，使得归一化后的数据分布呈现类圆形，优点是数据归一化后，最优解的寻找过程会变得更平缓，更容易正确地收敛到最优解。

标准化方法常用在聚类分析和主成分分析（PCA）中，归一化方法常用在图像处理、神经网络算法中，如果不确定该用哪种方法，推荐使用标准化方法。

3．正则化函数Normalizer()

正则化是将每个样本缩放到单位范数（每个样本的范数为 1），如果后面要使用二次型（点积）或者其他核函数计算两个样本之间的相似度，这个方法会很有用。正则化在逻辑回归、支持向量机、神经网络中经常使用。

正则化的主要思想是对每个样本计算其 p-范数，然后让该样本中的每个元素除以该范数，这样处理的结果是使处理后每个样本的 p-范数（l1-norm 或 l2-norm）等于 1。p-范数的计算公式如下：

$$\|\boldsymbol{X}\|_p = \left(\sum_{i=1}^{n}|x_i|^p\right)^{\frac{1}{p}} = \left(|x_1|^p + |x_2|^p + \cdots + |x_n|^p\right)^{\frac{1}{p}} \tag{2-1}$$

例如：有向量 $\boldsymbol{X}$=[2, 3, -5, -7]，求向量的 1-范数，2-范数和无穷范数。

向量 $\boldsymbol{X}$ 的 1-范数：即 $\boldsymbol{X}$ 各个元素的绝对值之和，$\|\boldsymbol{X}\|_1$=2+3+5+7=17；

向量 $\boldsymbol{X}$ 的 2-范数：每个元素的平方再开平方根，$\|\boldsymbol{X}\|_2 = (2^2 + 3^2 + 5^2 + 7^2)^{\frac{1}{2}} = 9.3274$

【程序 2-31】数据矩阵的正则化举例。

```
from sklearn.preprocessing import Normalizer
X = [[4, 1, 2, 2], [1, 3, 9, 3], [5, 7, 5, 1]]
transformer = Normalizer().fit(X)
print(transformer.transform(X))
```

程序的运行结果如下：

```
[[0.8 0.2 0.4 0.4]     [0.1 0.3 0.9 0.3]     [0.5 0.7 0.5 0.1]]
```

2.5.4 数据的降维

在机器学习中，所谓"维度"就是指样本集中特征属性的个数，例如 sklearn 中的鸢尾花数据集，每个样本都有 4 个特征属性，即萼片长度、萼片宽度、花瓣长度和花瓣宽度，则称该样本集的维度为 4。

降维算法中的"降维"，指的是降低特征矩阵中特征的数量。降维的目的是让算法运算更快，效果更好，但其实还有另一个益处：数据可视化。图像和特征矩阵的维度是可以相互对应的，即一个特征对应一个特征向量，对应一个坐标轴。因此，三维及以下的特征矩阵是可以被可视化的，这可以帮助我们理解数据的分布情况，而三维以上特征矩阵则不能被可视化，数据的性质就较难理解。

下面举例说明降维的过程。假设样本集中的样本有两个特征属性，对应平面中的二维向量，现在要将该样本集降维成一维向量，降维的过程如图 2-18 所示。方法是将原来二维平面的直角坐标系逆时针旋转一定角度，形成新的特征向量 x_1^* 和 x_2^* 组成的新平面。可以注意到，x_2^* 上的数值此时都变成了 0，那么可以将 x_2^* 删除，同时也删除图 2-18 中的 x_2^* 特征向量，剩下的 x_1^* 就是曾经需要用两个特征来表示的 4 个样本点了。这样就将二维特征降维成了一维特征。由此可见，降维的目标是找出 n 个新特征向量，让数据能够被压缩到少数特征上并且总信息量损失不太多，这种技术就是矩阵分解。

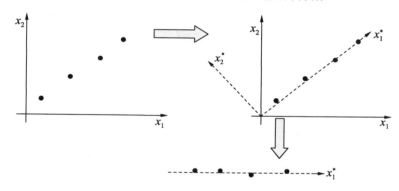

图 2-18　数据降维示意图

主成分分析（Principal Component Analysis，PCA）是最常用的一种降维方法，通常用于高维数据集的探索与可视化，还可以用作数据压缩和预处理等。矩阵的主成分就是其协方差矩阵对应的特征向量，按照对应的特征值大小进行排序，最大的特征值就是第一主成分，其次是第二主成分，以此类推。

在 sklearn 的 decomposition 模块中，PCA 类用来实现主成分分析。下面的程序使用 PCA 降维的方法实现对鸢尾花数据进行降维。

【程序 2-32】 使用 PCA 方法对鸢尾花数据进行 PCA 降维（由四维降成二维）。

```
import matplotlib.pyplot as plt        #加载 Matplotlib 用于数据的可视化
from sklearn.decomposition import PCA   #加载 PCA 算法包
from sklearn.datasets import load_iris
data=load_iris()                        #载入 Iris 数据集
y=data.target
x=data.data
```

```
pca=PCA(n_components=2)            #加载 PCA 算法,设置降维后维度为 2
reduced_x=pca.fit_transform(x)    #对样本的特征属性集进行降维
red_x,red_y=[],[]                 #保存第 0 类样本
blue_x,blue_y=[],[]               #保存第 1 类样本
green_x,green_y=[],[]             #保存第 2 类样本
for i in range(len(reduced_x)):
 if y[i] ==0:                     #该数据集有 3 个类别,因此 y[i]=0,1,2
  red_x.append(reduced_x[i][0])   #reduced_x[i]表示第 i 个样本降维后的结果
  red_y.append(reduced_x[i][1])
 elif y[i]==1:
  blue_x.append(reduced_x[i][0])
  blue_y.append(reduced_x[i][1])
 else:
  green_x.append(reduced_x[i][0])
  green_y.append(reduced_x[i][1])
plt.scatter(red_x,red_y,c='r',marker='x')   #可视化
plt.scatter(blue_x,blue_y,c='b',marker='D')
plt.scatter(green_x,green_y,c='g',marker='.')
plt.show()
```

程序的运行结果如图 2-19 所示。

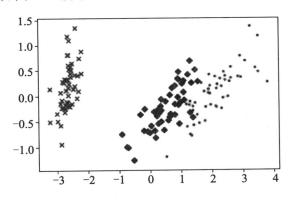

图 2-19　对鸢尾花数据集进行 PCA 降维

2.5.5　调用机器学习模型

sklearn 的核心功能是实现机器学习,机器学习库中的模型可分为 4 类:分类、回归、聚类和降维。sklearn 的各类算法模块包含的主要功能如下:

- 回归:包括梯度下降回归、Lasso 回归和岭回归等。
- 分类:包括朴素贝叶斯、K-近邻算法(KNN)、向量机(SVM)、决策树和随机森林、逻辑回归、GradientBoosting 等。
- 聚类:包括 K 均值(K-means)、层次聚类(Hierarchical Clustering)、DBSCAN。
- 降维:包括主成分分析(PCA)、线性判别分析(LDA)。

实际上，sklearn 中的大部分方法都属于估计器（Estimator）或转换器（Transformer）调用的方法。估计器其实就是模型，用于对数据进行预测或回归。

sklearn 中的估计器一般有以下几个方法：

- fit(X,y)：传入数据（X）及标签（y）即可训练模型，训练的时间与参数设置、数据集大小及数据本身的特征有关。
- predict(x)：用于对数据进行预测，接收输入样本，并输出预测标签，输出的格式为 NumPy 数组。通常使用该方法返回测试的结果，再将这个结果用于评估模型。
- fit_predict(x)：用训练集数据 x 拟合分类或聚类模型并对训练集数据 x 进行预测，将输出预测标签。该方法等同于调用 fit()方法之后再获取估计器的 labels_属性。需要注意的是，有些模型（如逻辑回归）中没有该方法。
- predict_proba(x)：用于对数据进行预测，输出结果是样本相对于每个标签值的概率。
- score(x,y)：用于对模型的正确率进行评分（分数范围是 0~1）。由于在不同的问题下，评判模型优劣的标准不限于简单的正确率，还包括召回率或者查准率等其他指标，特别是对于类别失衡的样本，准确率并不能很好地评估模型的优劣，因此在对模型进行评估时，score()函数的得分还要综合其他指标的得分一起考虑才有说服力。

提示：fit()是拟合的意思，它的参数是训练集；predict()是预测的意思，它的参数是测试集。score()输出的是正确率分值，而 predict()输出的是预测标签值，predict_proba()输出的是属于每个标签值的概率值。

转化器（Transformer）用于对数据进行处理，如标准化、降维及特征选择等。转化器的使用方法与估计器类似，常用的方法如下：

- fit(x,y)：该方法接收输入样本和标签，并以此计算出数据变换的方式。
- transform(x)：根据已经计算出的变换方式，返回对输入数据 x 变换后的结果（不改变 x）。
- fit_transform(x,y)：该方法在计算出数据变换方式之后对输入的 x 就地转换。

以上简单地概括了 sklearn 的函数的一些特点，sklearn 的大部分函数的基本用法大致如此。但是不同的估计器有自己不同的属性，如随机森林有 Feature_importance（用于衡量特征的重要性），逻辑回归有 coef_（存放回归系数）和 intercept_（存放截距）等。对于机器学习来说，模型的好坏不仅取决于选择的是哪种模型，很大程度上还与这些模型的超参数设置有关。因此使用 sklearn 模型时一定要学会评估各种参数的模型结果，以便对超参数进行调整，获得最优值。

2.6　习　题

1．关于 Python 语言的语法，下列哪项是错误的？（　　　）

A．Python 程序中的代码缩进不能随意删除

B．import 语句必须写在程序的开始位置

C．print('Hey')输出 Hey 后会自动换行

D．Python 语言是区分大小写的

2．下列不属于 NumPy 数组属性的是（　　　）。

A．ndim　　　　　　　B．shape　　　　　　　C．size　　　　　　　D.add

3．创建一个 3×3 维的数组，下列代码中错误的是（　　　）。

A．np.arange(0,9).reshape(3,3)　　　　　　B．np.eye(3)

C．np.random.random([3,3,3])　　　　　　D．np.mat(np.zeros((3,3)))

4．以下关于绘图标准流程说法错误的是（　　　）。

A．绘制最简单的图形可以不用创建画布

B．添加图例可以在绘制图形之前

C．添加 x 轴、y 轴的标签可以在绘制图形之前

D．添加图的标题可以在 plt.show()方法之后

5．下列代码中能够绘制出散点图的是（　　　）。

A．plt.scatter(x,y)　　　　　　　　　　B．plt.plot(x,y)

C．plt.legend(x,y)　　　　　　　　　　D．plt.figure(x,y)

6．下列字符串表示 plot 线条颜色、点的形状和类型为红色五角星点短虚线的是
（　　　）。

A．'bs-'　　　　　　B．'go-.'　　　　　　C．'r+-.'　　　　　　D．'r*:'

7．train_test_split()函数的返回值有（　　　）个。

A．1　　　　　　　　B．2　　　　　　　　C．3　　　　　　　　D．4

8．数据（　　　）要求知道样本的最大值和最小值。

A．标准化　　　　　B．归一化　　　　　C．二值化　　　　　D．正则化

9．要设置 x 轴的坐标范围需要用到（　　　）。

A．xlabel　　　　　B．xlim　　　　　　C．xticks　　　　　D．hlines

10．使用 Pandas 不能读取下列哪种文件（　　　）。

A．xlsx　　　　　　B．txt　　　　　　　C．CSV　　　　　　D．MDB

11．NumPy 提供的两种基本对象是_____和_____。

12. 将 NumPy 一维数组 a 中的所有元素反转，方法是_____。

13. 提取 NumPy 数组中除了最后一列的所有列，方法是_____。

14. 创建一个范围在(0,1)之间长度为 12 的等差数列，方法是_____。

15. 在 Matplotlib 中，要绘制多个子图，需要使用_____函数。

16. train_test_split()函数能将样本划分为_____和_____。

17. 数据的_____需要计算样本数据的标准差和均值。

18. 在 sklearn 中，要用训练数据拟合模型，需要使用_____方法。

19. 数据的维度是指样本_____的个数。

20. 主成分分析一般用来实现数据的_____。

21. 元组与列表的主要区别是什么？s=(9, 6, 5, 1, 55, 7)能添加元素吗？

22. 读取鸢尾花数据集，使用循环和子图绘制各个特征之间的散点图。

23. 创建一个长度为 10、一维全为 0 的 ndarray 对象，然后让第 5 个元素等于 1。

24. 用 NumPy 库生成范围在 0～100 之间且服从均匀分布的 10 行 5 列的数组。

25. 用 NumPy 生成两个 3×3 的矩阵，并计算这两个矩阵的乘积。

26. 使用 np.random.random 创建一个 10×10 的 ndarray 对象，并打印出最大和最小的元素。

27. 创建一个 10×10 的 ndarray 对象，并且矩阵边界元素全为 1，里面的元素全为 0。

28. 给定数组[1, 2, 3, 4, 5]，如何得到在这个数组的每个元素之间插入 3 个 0 后的新数组？

29. 编写一个函数，实现将 NumPy 矩阵的每一行元素都减去该行的平均值。

30. 用 Matplotlib 库绘制函数 $2x^3+(x-5)^2+3x^4$ 的图形，并使用 Scipy 库求该函数的最小值。

31. 用 sklearn 中的 decomposition 模块对 sklearn 中自带的手写数字数据集（调用方法：load_digits()）进行 PCA 降维，将维度降为 2，然后绘制降维后的样本散点图。

第 3 章　关联规则与推荐算法

关联规则（Association Rules）和推荐算法都可以用于向客户推荐商品等信息。关联规则是根据商品之间的关联性来推荐，其算法复杂度较高，适合离线计算；推荐算法是根据商品之间的相似性或用户之间的相似性来推荐，其算法复杂度低，适合在线计算。

3.1　关联规则挖掘

关联规则用来反映一个事物与其他事物之间的相互依存性和关联性，是数据挖掘的一项重要技术，用于从大量数据中挖掘出有价值的数据项之间的关系。

关联规则挖掘源于购物篮分析，即用来分析顾客所购买的商品之间的关联性，这有助于决定商品的摆放位置和商品的捆绑销售策略。

3.1.1　基本概念

关联规则挖掘用来发现数据集中项集之间有趣的关联联系。如果两项或多项之间存在关联，那么就可以根据其中一项推荐相关联的另一项。关联规则的一般表现为蕴含式规则形式：X⇒Y。其中，X 称为关联规则的前提或先导条件，Y 称为关联规则的结果或后继。定义和表示关联规则需要引入置信度（Confidence）和支持度（Support）两个指标。例如：

```
buys(x, "diapers") ⇒buys(x, "beers") [0.5%, 60%]
```

上面的代码表示购买尿布的客户也会购买啤酒，关联规则的支持度为 0.5%，置信度为 60%。该规则也可简写为 diapers⇒ beers[0.5%, 60%]。又如：

```
major(x, "CS") ^ takes(x, "DB") ⇒grade(x, "A") [1%, 75%]
```

上面的代码表示计算机专业选修数据库的同学成绩得 A 的支持度为 1%，置信度为 75%。该规则也可简写为 CS^ DB ⇒ A[1%, 75%]。

关联规则中的基本概念如下：

1．项与项集

数据库中不可分割的最小信息单位（即记录）称为项（或项目），用符号 i 表示，项的集合称为项集。设集合 $I=\{i_1, i_2, \cdots, i_k\}$ 为项集，I 中项的个数为 k，则集合 I 称为 k-项集。例如，集合{啤酒,尿布,奶粉}是一个 3-项集，而奶粉就是一个项。

2．事务

每一个事务都是一个项集。设 $I=\{i_1, i_2, \cdots, i_k\}$ 是由数据库中所有项构成的全集，则每一个事务 t_i 对应的项集都是 I 的子集。事务数据库 $T=\{t_1, t_2, \cdots, t_n\}$ 是由一系列具有唯一标识的事务组成的集合。例如，如果把超市中的所有商品看成 I，则每个顾客的购物小票中的商品集合就是一个事务，很多顾客的购物小票就构成一个事务数据库。

3．项集的频数

包含某个项集的事务在事务数据库中出现的次数称为项集的频数。例如，事务数据库中有且仅有 3 个事务 t_1={啤酒,奶粉}、t_2={啤酒,尿布,奶粉,面包}、t_3={啤酒,尿布,奶粉}，都包含项集 I_1={啤酒,奶粉}，则称项集 I_1 的频数为 3，项集的频数代表支持度计数。

4．关联规则

关联规则是形如 $X{\Rightarrow}Y$ 的蕴含式，其中 X、Y 分别是项集 I 的真子集，并且 $X\cap Y=\varnothing$，X 称为规则的前提，Y 称为规则的结果。关联规则反映了 X 中的项目出现时，Y 中的项目也跟着出现的规律。

5．支持度

关联规则的支持度是事务集中同时包含项 X 和 Y 的事务数与事务集中总事务数的比值。它反映了 X 和 Y 中所包含的项在事务集中同时出现的概率，记为 $Support(X{\Rightarrow}Y)$，即：

$$Support(X{\Rightarrow}Y)= Support(X\cup Y)= P(XY) \tag{3-1}$$

6．置信度

关联规则的置信度是事务集中同时包含 X 和 Y 的事务数与包含 X 的事务数的比值，记为 $Confidence(X{\Rightarrow}Y)$，置信度反映了包含 X 的事务中出现 Y 的条件概率，即：

$$Confidence(X \Rightarrow Y) = \frac{Support(X \cup Y)}{Support(X)} = P(Y \mid X) \tag{3-2}$$

7．最小支持度与最小置信度

通常支持度与置信度必须大于或等于人为设置的阈值，这样才表明项与项之间存在关联。支持度的阈值称为最小支持度（*min_sup*），它反映了关联规则的最低重要程度；置信度的阈值称为最小置信度（*min_conf*），它反映了关联规则必须满足的最低可靠性。

8．强关联规则

如果某条关联规则 $X \Rightarrow Y$ 的支持度大于等于最小支持度，置信度大于等于最小置信度，则称关联规则 $X \Rightarrow Y$ 为强关联规则，否则称为弱关联规则。只有强关联规则才有实际意义，因此通常所说的关联规则都是指强关联规则。

9．频繁项集

如果某个项集的支持度大于等于最小支持度，即项集{*X, Y*}的支持度 $Support(X \Rightarrow Y) \geq$ *min_sup*，则称该项集为频繁项集。求频繁项集是求强关联规则的第一步。

支持度和置信度示意如图 3-1 所示。其中，*T* 代表事务数据库，则 *A* 的支持度就是 *A/T*，$A \Rightarrow C$ 或 $C \Rightarrow A$ 的支持度为(*A* ∩ *C*)/*T*，$A \Rightarrow C$ 的置信度为(*A* ∩ *C*)/*A*。

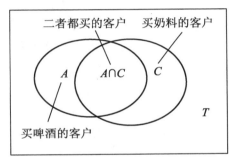

图 3-1　支持度和置信度示意图

【例 3-1】如表 3-1 所示，现有事务数据库 *T*，设最小支持度为 50%，最小可信度为 50%，求所有频繁项集（两项集以上）和强关联规则。

表 3-1　事务数据库 *T*

交易ID	1001	1002	1003	1004
购买的商品	A,B,C	A,D	A,C	B,E,F

解：事务数据库 *T* 中共有 4 个事务，项集{*A, C*}在所有事务中出现了两次，因此{*A, C*}的支持度为 2/4=50%，不小于最小支持度，其余项集（2 项集以上）均只出现过一次，因此项集{*A, C*}为 *T* 中唯一的频繁项集。

在频繁项集的基础上求强关联规则，项集{A, C}可以构成的关联规则有两个，即：

A⇒C 和 C⇒A

confidence(A⇒C)= support(A ∪ C)/ support(A)=(2/4)/(3/4)=2/3=66%

confidence(C⇒A)= support(C ∪ A)/ support(C)=2/2=100%

因为 $A \Rightarrow C$ 和 $C \Rightarrow A$ 的置信度均大于最小置信度，因此它们都是强关联规则。

说明：

（1）在同一个事务数据库中，所有项集的支持度的分母都相同，如本例中为 4。因此，在求置信度时，两个项集支持度的分母可以约去，直接用项集的频数相除来求置信度即可。

（2）为什么用支持度和置信度就能表示关联性呢？这是因为：

假设一个超市一天有 10 000 条销售记录，其中有 100 条销售记录中都同时销售了 A 商品和 C 商品，则可以认为商品 A 和 C 之间具有某种销售关联性，这就是支持度。如果另外 900 条销售记录里也销售了 A 商品，但却没出现 C 商品，这时似乎又不能认为买 A 商品的顾客一定也会买 C 商品，这就是置信度，因此商品之间的关联性与支持度和置信度都有关系。

【练习 3-1】 已知总交易笔数（事务数）为 1 000，其中，某些商品的交易数如下：

- 包含"牛奶"的交易数为 50，包含"面包"的交易数为 80，包含"鸡蛋"的交易数为 20。
- 包含"牛奶"和"面包"的交易数为 15，包含"鸡蛋"和"面包"的交易数为 10，包含"牛奶"和"鸡蛋"的交易数为 10。
- 包含"牛奶""鸡蛋""面包"的交易数为 5。

求：（1）"牛奶和面包"的支持度，以及"牛奶、面包和鸡蛋"的支持度。

（2）"牛奶⇒面包"的置信度，以及"面包⇒牛奶"的置信度。

（3）"牛奶和面包⇒鸡蛋"的置信度，以及"鸡蛋⇒牛奶和面包"的置信度。

3.1.2 Apriori 算法

关联规则挖掘可分解为两步来解决：第一步是找出事务数据库中所有大于等于用户指定的最小支持度的数据项集，即频繁项集。第二步是利用频繁项集生成所需要的关联规则，方法是根据用户设定的最小置信度进行取舍，从而得到强关联规则。识别或发现所有频繁项集是关联规则发现算法的核心。

1993 年，Agrawal 等人首先提出了关联规则的概念，1994 年又提出了著名的 Apriori 算法，该算法成为关联规则挖掘的经典算法。

1. Apriori 算法的原理和实例

Apriori 算法的基本思想是通过对事务数据库的多次扫描来计算项集的支持度，发现所有的频繁项集，从而生成关联规则。Apriori 算法对数据集第一次扫描后会得到频繁 1-项集的集合 L_1，第 k（$k>1$）次扫描时首先利用第 $k-1$ 次扫描的结果 L_{k-1} 产生候选 k-项集的集合 C_k，然后在扫描的过程中确定 C_k 中元素的支持度，最后在每次扫描结束时计算频繁 k-项集的集合 L_k，当候选 k-项集的集合 C_k 为空时算法结束。

由此可见，Apriori 算法是通过频繁 1-项集来求频繁 2-项集，再通过频繁 2-项集生成频繁 3-项集，如此迭代。这样做的理论依据是频繁项集的任何子集也一定是频繁的；反之，如果任何一个项集是非频繁的，那么它的超集也一定不是频繁项集。例如，如果{A, C}不是频繁项集，那么{A, B, C}也一定不会是频繁项集。

【例 3-2】 现有 A、B、C、D、E 五种商品的交易记录，如表 3-2 所示，试找出 3 种商品的关联销售情况(k=3)，设最小支持度 $min_sup \geqslant 50\%$，最小置信度为 $min_conf \geqslant 75\%$。

表 3-2　交易记录

交易号	101	102	103	104
商品代码	A,C,D	B,C,E	A, B,C,E	B,E

解：要找出 3 种商品的关联销售情况，即要找出所有的频繁 3-项集，那么必须先找出频繁 1-项集，再找出频繁 2-项集。

（1）第 1 次扫描数据库并计算每个 1-项集的支持度，得到候选 1-项集 C_1，再在候选 1-项集中去掉支持度小于最小支持度的项集，得到频繁 1-项集，如图 3-2 所示。

	项集	支持度
C_1	{A}	50%
	{B}	75%
	{C}	75%
	{D}	25%
	{E}	75%

去掉不满足最小支持度的项集 ⇒

	项集	支持度
L_1	{A}	50%
	{B}	75%
	{C}	75%
	{E}	75%

图 3-2　从候选 1-项集找到频繁 1-项集

（2）第 2 次扫描，为了得到候选 2-项集，算法使用 $L_1 \infty L_1$，即把 L_1 中的 4 个 1-项集两两组合，得到 6 个候选 2-项集，再在候选 2-项集中去掉不满足最小支持度的项集，得到频繁 2-项集，如图 3-3 所示。

	项集	支持度
C_2	{A,B}	25%
	{A,C}	50%
	{A,E}	25%
	{B,C}	50%
	{B,E}	75%
	{C,E}	75%

去掉不满足最小支持度的项集 ⇒

	项集	支持度
L_2	{A,C}	50%
	{B,C}	50%
	{B,E}	75%
	{C,E}	75%

图 3-3　从候选 2-项集找到频繁 2-项集

（3）第 3 次扫描，为了得到候选 3-项集，算法使用 $C_3=L_2 \infty L_2$，即把 L_2 中的 4 个 2-项集两两组合，产生的详细项集列表如下：

① $C_3=L_2 \infty L_2$={{A,B,C},{A,B,C,E},{A,C,E},{B,C,E}}

② 使用 Apriori 剪枝算法，因为{A,B,C,E}是 4-项集，所以将其从 C_3 中删除。另外，

频繁项集的所有子集也应该是频繁项集，若在某个候选 3-项集的子集中存在非频繁项集，则应该将这个候选 3-项集删除，这称为 Apriori 剪枝。在 C_3 中，候选 3-项集{A,C,E}的子集{A,E}是非频繁项集，因此应将{A,C,E}删除。{A,B,C}的子集{A,B}也是非频繁项集，应将{A,B,C}删除，最终 C_3= {{B,C,E}}。

③ 在候选 3-项集中去掉不满足最小支持度的项集，得到频繁 3-项集，如图 3-4 所示。

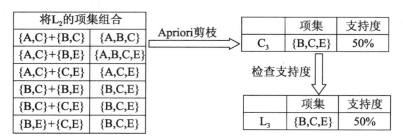

图 3-4 从频繁 2 项集得到候选 3 项集的过程

（4）得到频繁 3-项集后，就可以找出 3 种商品的关联销售情况。方法是找出频繁 3-项集{B,C,E}的所有真子集，并计算这些真子集的支持度，再用真子集的支持度除以 L_3 的支持度，得到关联规则的置信度，置信度大于 *min_conf* 的就是强关联规则，如图 3-5 所示。

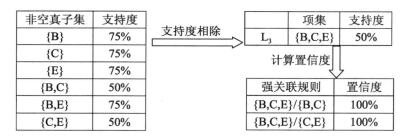

图 3-5 从频繁 3 项集中找强关联规则

因此，最终得到的强关联规则有两条，即 B^C⇒E [50%, 100%]、C^E⇒B[50%, 100%]，表示购买了商品 B、C 的顾客可能会购买商品 E，购买了商品 C、E 的顾客可能会购买商品 B。

2．Apriori算法的实现

Apriori 算法的主要实现步骤如下：

（1）扫描整个事务数据库，产生候选 1-项集的集合 C_1。

（2）根据最小支持度，由候选 1-项集的集合 C_1 产生频繁 1-项集的集合 L_1。

（3）设 k 表示 k-项集，当 $k>1$ 时，重复置信步骤（4）（5）（6）。

（4）由 L_k 执行连接和剪枝操作，产生候选(k+1)-项集的集合 C_{k+1}。

（5）根据最小支持度，由候选(k+1)-项集的集合 C_{k+1}，产生频繁(k+1)-项集的集合 L_{k+1}。

（6）若 $L_{k+1} \neq \varnothing$，则 $k=k+1$，跳到步骤（4）；否则转到步骤（7）。

（7）根据最小置信度，由频繁项集产生强关联规则，算法结束。

Apriori 算法求频繁项集的伪代码描述如下：

输入：事务数据库 D，最小支持度 min_sup。

输出：D 中的频繁项集 L。

```
L₁= find_frequent_1-itemsets(D);          //找出频繁 1-项集
for (k=2;Lₖ₋₁≠Φ; k++) {
    Cₖ = apriori_gen(Lₖ₋₁);               //产生候选 k-项集
    for each 事务 t in D {                 //扫描事务数据库
        Cₜ = subset(Cₖ, t);               //得到 t 的子集
        for each candidate c in Cₜ
            c.count++;
    }
    //返回候选项集中不小于最小支持度的项集
    Lₖ={c ∈ Cₖ | c.count≥min_sup}
}
return L= 所有频繁项集 L[k]的并集;
```

在 Apriori 算法中，候选项集的生成是整个算法的核心，通过 apriori_gen()函数的连接和剪枝两步生成。apriori_gen()函数的参数为 L_{k-1}，即所有频繁(k-1)-项集的集合，它返回所有频繁 k-项集的一个超集（superset）。方法是：在连接这一步中，将 L_{k-1} 与 L_{k-1} 自动连接，获得一个 k 阶候选项集 C_k，条件 $p[k-1]<q[k-1]$ 保证不会出现相同的扩展项集，经过合并运算，$C_k \supseteq L_k$。apriori_gen()函数的伪代码如下：

```
Procedure apriori_gen(Lₖ₋₁)
    for each 项集 p in Lₖ₋₁
        for each 项集 q in Lₖ₋₁
            if((p[1]=q[1])&& (p[2]=q[2])&&…&& (p[k-2]=q[k-2])&& (p[k-1]<
q[k-1])) {
                c= q 连接 p
                //若 k-1 项集中已经存在子集 c，则进行剪枝
                if has_infrequent_subset(c, Lₖ₋₁) then
                    delete c;                    //剪枝步骤，删除非频繁候选项集
                else add c to Cₖ
            }
        return Cₖ;
```

其中，在剪枝这一步，对于所有项集 $c \in C_k$，若它的某项(k-1)-项集不在 L_{k-1} 中，则将该项集 c 删除。检测是否存在非频繁项集的伪代码如下：

```
Procedure has_infrequent_subset(c, Lₖ₋₁)      //检测是否存在非频繁项集
    for each (k-1)-subset s of c
        if (s ∉ Lₖ₋₁ ) { return true;}
    return false;
```

例如，假设频繁 2-项集 L_2={{A,B},{A,C},{A,E},{B,C},{B,D},{B,E}}，得到候选 3-项集的连接和剪枝过程如下：

（1）连接步：L_2 按照上面的步骤自连接得到{{A,B,C},{A,B,E},{A,C,E},{B,C,D},{B,C,E},{B,D,E}}。

（2）剪枝步：{A,B,C}的所有 2 项子集{A,B}，{A,C}，{B,C}都是 L_2 中的元素，因此保留{A,B,C}在 C_3 中。{B,C,E}的 2 项子集中的{ C,E}不是 L_2 中的元素，因此在 C_3 中删除{B,C,E}，最终剪枝后的结果是 C_3={{A,B,C},{A,B,E}}。

3．Apriori算法的优缺点及其应用

Apriori 算法的优点如下：
- 它是一个迭代算法。
- 数据采用水平组织方式。
- 可采用 Apriori 优化方法。
- 适合事务数据库的关联规则挖掘。
- 适合稀疏数据集。

Apriori 算法的缺点主要表现在计算性能上，其计算开销主要有两个方面：
- Apriori 算法会产生巨大的候选集 C_k，其采用自连接的方式产生候选集，例如，10^4 个频繁 1-项集 i 将生成 10^7 个候选 2-项集，如果要找尺寸为 100 的频繁模式，如{a_1, a_2, …, a_{100}}，则必须先产生 $2^{100} \approx 10^{30}$ 个候选集，显然这将耗费巨大的内存空间。
- Apriori 算法需要多次扫描事务数据库，每次产生候选集都要扫描一次数据库，如果最长的模式是 n 的话，则需要扫描(n+1)次数据库。

Apriori 算法广泛应用于商业领域的消费市场价格分析中，它能够很快地计算出各种产品之间的价格关系和它们之间的影响。通过数据挖掘，商家可以了解客户的消费习惯，从而向目标客户进行市场推广活动，增加业务收入的同时还可以减少广告预算。

Apriori 算法也应用于网络安全领域，如网络入侵检测。在早期的大中型计算机系统中，通过收集审计信息来建立跟踪档，这些审计跟踪的目的大多是性能测试或计费，因此对攻击检测提供的有用信息比较少。Apriori 算法通过模式的学习和训练可以发现网络用户的异常行为模式，使网络入侵检测系统可以快速地发现用户的行为模式，从而快速地锁定攻击者，从而提高基于关联规则的入侵检测系统的准确性。

3.1.3　Apriori 算法的程序实现

sklearn 框架中没有提供关联规则分析的功能，因此没有 Apriori 和 Fp-growth 算法。但是在其他的 Python 工具包中提供了 Apriori 算法，可以在 https://pypi.org 网站上搜索 Python

的任意一个工具包即可找到。本节选择 efficient-apriori 1.1.1，下载其安装文件 efficient_apriori-1.1.1-py3-none-any.whl，然后执行"pip install 安装文件路径和文件名"命令即完成安装。

在 efficient-apriori 模块中提供了一个 apriori 类，该类的构造函数有 3 个参数，分别是数据集、最小支持度和最小置信度，输出的是所有的频繁项集和关联规则。

【程序 3-1】使用 Apriori 算法挖掘事务数据集 data 的频繁项集，并输出关联规则。

```
from efficient_apriori import apriori          #导入模块
# 设置事务数据集data
data = [('牛奶','面包','香蕉'),
         ('可乐','面包', '香蕉', '啤酒'),
         ('牛奶','香蕉', '啤酒', '鸡蛋'),
         ('面包', '牛奶', '香蕉', '啤酒'),
         ('面包', '牛奶', '香蕉', '可乐')]
# 挖掘频繁项集和频繁规则
itemsets, rules = apriori(data, min_support=0.5, min_confidence=1)
print(itemsets)                                #输出频繁项集
print(rules)                                   #输出关联规则
```

程序的输出结果如下：

```
{1: {('香蕉',): 5, ('面包',): 4, ('牛奶',): 4, ('啤酒',): 3},
2: {('牛奶', '面包'): 3, ('牛奶', '香蕉'): 4, ('面包', '香蕉'): 4,
('啤酒', '香蕉'): 3},
3: {('牛奶', '面包', '香蕉'): 3}}
[{牛奶} -> {香蕉}, {面包} -> {香蕉}, {啤酒} -> {香蕉}, {牛奶,面包} -> {香蕉}]
```

其中，"1:"表示频繁 1-项集，"('香蕉',): 5"表示香蕉的支持度计数为 5。

3.1.4　FP-Growth 算法

Apriori 算法会重复扫描数据库并且会产生大量的候选集，因此算法性能较差。2000年，由韩嘉炜等人提出了一种不产生候选项集的算法，称为 FP-Growth（Frequent Pattern Growth，频繁模式树增长）算法。它采用分而治之的思想，将数据库中的频繁项集压缩到一棵频繁模式树中，同时保持项集之间的关联关系，然后将这些压缩后的频繁模式树分成一些条件子树，每个条件子树对应一个频繁项，从而获得频繁项集，最后挖掘出关联规则。该算法只需对数据库进行两次扫描，能显著加快发现频繁项集的速度。

FP-Growth 算法的主要任务是将数据集存储在 FP-Tree（频繁模式树）中，通过 FP-Tree 可以高效地发现频繁项集，执行速度通常比 Apriori 算法快两个数量级。FP-Growth 算法只给出了高效发现频繁项集的方法，但不能用于发现关联规则。

1. FP-Growth算法的原理及实例

FP-Growth 算法的基本思路如下：

（1）遍历一次数据库，找出频繁 1-项集，按递减顺序排序。

（2）建立 FP-Tree。

（3）利用 FP-Tree 为频繁 1-项集的每一项构造条件 FP-Tree。

（4）得到频繁项集。

【例 3-3】如表 3-3 所示为一个事务数据库，试利用 FP-Growth 算法找出 2 项以上（含 2 项）的所有频繁项集（设最小支持度计数为 2）。

表 3-3　事务数据库

交　易　号	商　品　代　码
1	A，B，E
2	B，D
3	B，C
4	A，B，D
5	A，C
6	B，C
7	A，C
8	A，B，C，E
9	A，B，C

解：（1）扫描事务数据库得到频繁 1-项集，如表 3-4 所示，这是第 1 次扫描数据库。

表 3-4　频繁 1-项集

A	B	C	D	E
6	7	6	2	2

（2）对频繁 1-项集按项集的频数从大到小进行排序，得到排序后的频繁 1-项集，如表 3-5 所示。

表 3-5　排序后的频繁 1-项集

B	A	C	D	E
7	6	6	2	2

（3）按频繁 1-项集支持度递减的顺序重新排序事务数据库中的项，如表 3-6 所示。

表 3-6　按支持度计数递减排序的事务数据库

交　易　号	商　品　代　码
1	B，A，E
2	B，D
3	B，C

（续）

交 易 号	商 品 代 码
4	B，A，D
5	A，C
6	B，C
7	A，C
8	B，A，C，E
9	B，A，C

（4）创建 FP-Tree 的根节点和频繁项目表，FP-Tree 的根节点总是 Null。

（5）向 FP-Tree 中加入每个事务，这是第 2 次扫描数据库。例如，经排序后的第一个事务是{ B，A，E }，则按照该排序顺序将 B、A、E 依次添加到 FP-Tree 的一个分支中，并将计数值设为 1，如图 3-6 所示。为了方便遍历，FP-Growth 算法还需要一个称为节点头（Node-head）指针表的数据结构，这是一个用来记录各个元素项的总出现次数

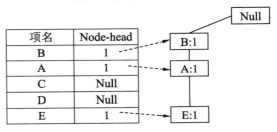

图 3-6　向 FP-Tree 中加入第一个事务

的数组，再附带一个指针指向 FP-Tree 中该元素项的第一个节点，这样每个元素项都构成一条单链表。

（6）依次加入第 2 个事务（见图 3-7）和第 3 个事务（见图 3-8），如果 FP-Tree 中已经有了事务，则将该事务的计数加 1。

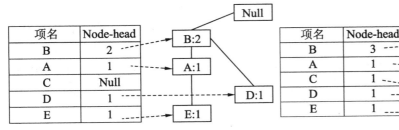

图 3-7　加入第 2 个事务　　　　　　　图 3-8　加入第 3 个事务

（7）按照上述方法加入剩下的第 4～9 个事务，最终生成的 FP-Tree 如图 3-9 所示。

FP-Tree 建立好之后，只要寻找节点的条件模式基（Conditional Pattern Base），就能快速得到频繁项集。条件模式基是以所查找元素项为结尾的路径集合，每一条路径其实都是一条前缀路径。

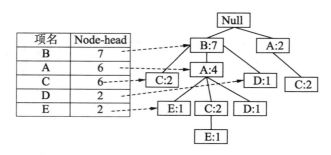

图 3-9　最终生成的 FP-Tree

例如，要找包含 E 的频繁项集，方法是从元素 E 向上找它的前缀路径，本例中有两个节点 E，因此 E 的前缀路径有 2 条。条件模式基的计数为 E 的计数值（本例均为 1）。得到 E 的条件模式基如下：

<(B,A):1>, <(B,A,C):1>

将条件模式基中节点的出现次数合并，得到包含 E 的频繁项集如下：

{{B,E:2},{A,E:2},{A,B,E:2}}

对于元素 C，得到的条件模式基如下：

<(B,A):2>,<B:2>,<A:2>

得到 C 的频繁项集为{{B,C:4},{A,C:4},{A,B,C:2}}。

按上述步骤生成其他节点的频繁项集，从而得到所有的频繁项集，再根据频繁项集生成关联规则可即完成关联规则的挖掘。

2．FP-Growth算法的程序实现

FP-Growth 算法的程序实现步骤如下：

（1）建立头指针。遍历数据集，找出所有的频繁 1-项集构成头指针，并根据支持度对 1-项集排序。

（2）建立 FP-Tree。定义根节点，遍历数据集，对于每条记录，根据头指针的顺序向树中添加节点。如果上一个节点的子节点在当前节点记录中已存在，则令节点支持度=节点支持度+记录支持度，如果节点不存在，则在上一节点中添加当前子节点，并设置支持度为记录支持度。

（3）查找条件模式基。根据头指针查找每个 1-项集的前缀路径作为条件模式基，并且将当前的 1-项集作为频繁项基。

（4）查找频繁项。深度遍历数据集，重复步骤（3）。每次查找完后，将每一层遍历的频繁项集+新的头指针中的频繁一项集作为频繁项，重复此步骤直到 FP-Tree 的头指针为空。

下面给出 FP-Growth 算法的描述：

输入：事务集 D、最小支持度。

输出：FP-Tree、头指针表。

算法步骤如下：

（1）遍历事务集 D，统计各元素项出现的次数，创建头指针表。

（2）移除头指针表中不满足最小支持度的元素项。

（3）第二次遍历数据集，创建 FP-Tree。对每个事务集中的项集进行如下操作：

① 初始化空 FP-Tree。

② 对每个项集进行过滤和重排序。

③ 使用这个项集更新 FP-Tree，从 FP-Tree 的根节点开始，如果当前项集的第一个元素项存在于 FP-Tree 当前节点的子节点中，则更新这个子节点的计数值，否则创建新的子节点，更新头指针表，然后对当前项集的其余元素项和当前元素项的对应子节点递归第③步的过程。

3. FP-Growth算法的优缺点

FP-Growth 算法的优点如下：

- 不生成候选集，不用候选测试。
- 使用紧缩的数据结构。
- 避免重复数据库扫描。
- 基本操作是计数和建立 FP-Tree。

FP-Growth 算法的缺点是实现起来比较困难，在某些数据集上性能会下降。

3.2　推荐系统及算法

推荐系统在互联网领域有着非常广泛的应用。推荐可以满足用户非明确的潜在需求，而搜索用来满足用户主动表达的需求。由此可见，推荐是搜索功能的重要补充。据统计，在电子商务网站中，有 35%的销售来源于推荐。在视频播放网站中，有 75%的观看来自推荐。在交友网站中，推荐系统会根据用户的好友的爱好，向用户推荐他可能感兴趣的人。在移动 App 中，系统会根据用户所处的地理位置来推荐附近的景点、美食和住宿等信息。可见，推荐在互联网领域无处不在。之所以需要推荐，一方面是因为互联网上信息过载，用户常被"淹没"在海量的信息中，而对自己的实际需求不明确；另一方面，推荐较高地依赖于用户行为，互联网上很难获取用户的真实信息和喜好，只能通过捕获用户的行为来获取，如记录用户的浏览历史，用户收藏、搜索的信息等，根据这些行为来猜测用户的兴趣点。

推荐系统是通过用户与产品之间的二元关系，利用已有的选择过程或相似性关系挖掘每个用户潜在感兴趣的内容，从而进行个性化推荐，其本质就是信息过滤。一个完整的推荐系统由 3 个模块组成：收集用户信息的行为记录模块，分析用户喜好的模型分析模块和推荐算法模块。协同过滤（Collaborative Filtering，CF）推荐算法是推荐系统最常用的算法，它能分析用户的喜好，然后根据推荐算法进行精准推荐。

3.2.1　协同过滤推荐算法

协同过滤推荐算法是推荐系统中主流的算法，包括协同和过滤两个操作。所谓协同，就是利用群体的行为来做决策（推荐），过滤就是从可行的决策（推荐）方案（标的物）中将用户喜欢的方案找（过滤）出来。

1．两种协同过滤推荐算法

协同过滤推荐分为基于用户的协同过滤方法（User-based CF）和基于物品的协同过滤方法（Item-based CF）。

基于用户的协同过滤的基本假设是：为了给用户推荐感兴趣的内容，可以找到与该用户偏好相似的其他用户，然后将他们感兴趣的内容推荐给该用户。举例来说，如果 A、B 两个用户都购买了 x、y、z 三本图书，并且都给出了 5 星好评，那么 A 和 B 就属于相似的用户。可以将 A 看过的图书 w 也推荐给用户 B。

基于物品的协同过滤的基本假设是：如果一个用户对某个物品感兴趣，则将与该物品相似的其他物品推荐给该用户。物品与物品之间的相似度根据物品是否被许多用户同时购买来评判，而不会考虑物品本身的属性。例如，有很多购买 iPhone 手机的用户同时也购买了 iPad，则说明 iPhone 和 iPad 这两种物品具有相似性，可向购买了 iPhone 的用户推荐 iPad。

2．基于物品的协同过滤推荐算法

基于物品的协同过滤推荐算法通过用户对不同物品的评分来评测物品之间的相似度，从而做出推荐。这里不是利用物品自身属性去计算物品之间的相似度，而是通过分析用户的行为记录来计算物品之间的相似度。具体而言就是通过计算不同用户对不同物品的评分获得物品之间的存在的关系，从而基于物品之间的关系给用户推荐相似物品，这里的评分代表用户对商品的态度和偏好。简单来说，如图 3-10 所示，用户 User1 和 User2 都购买了 Product1 和 Product3，并给出了 5 星好评，说明商品 Product1 和 Product3 比较相似，那么当用户 User3 也购买了商品 Product3 时，可以推断他也有购买 Product1 的潜在需求，因此可以向他推荐 Product1。

基于物品的协同过滤推荐算法的实现步骤如下：

（1）计算物品之间的相似度。在协同过滤推荐算法中，相似度是采用余弦相似度来衡量的，余弦相似度表征了两个向量之间夹角的相似度，即如果两个向量的方向相似，它们的余弦相似度值就较大（接近于 1）。

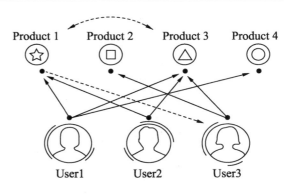

图 3-10　基于物品的协同过滤推荐算法示意

采用余弦相似度是因为两个用户购买或评价的商品种类可能各不相同，如果采用距离的方法度量，则距离的某些维度将没有值，距离计算将无法进行。另外，每个用户的评分标准不同，有些用户的评分可能总体偏低，此时如果计算距离将差距较大，而计算向量的方向（余弦相似度）则差距很小。

余弦相似度的计算方法如下：

假设两个对象 v_i 和 v_j 对应的向量分别为 $\boldsymbol{X}=(x_{i1}, x_{i2},\ldots, x_{im})$ 和 $\boldsymbol{Y}=(x_{j1}, x_{j2},\ldots, x_{jm})$，则余弦相似度 $sim(v_i, v_j)$ 的计算公式为：

$$sim(v_i, v_j)=\frac{\boldsymbol{X}}{\|\boldsymbol{X}\|}\bullet\frac{\boldsymbol{Y}}{\|\boldsymbol{Y}\|}=\frac{\sum_{k=1}^{n}x_{ik}\bullet x_{jk}}{\sqrt{\sum_{k=1}^{n}x_{ik}^2}\bullet\sqrt{\sum_{k=1}^{n}x_{jk}^2}}\qquad（3\text{-}3）$$

设 x_{ik} 和 x_{jk} 的取值只能是 0 或 1，则公式 3-3 转换成如下形式：

$$w_{ij}=\frac{\left|N(i)\cap N(j)\right|}{\sqrt{\left|N(i)\right|\bullet\left|N(j)\right|}}\qquad（3\text{-}4）$$

例如，对于物品 a、b、c、d 和用户 A、B、C、D，设 $N(a)=\{A,B\}$ 表示对物品 a 感兴趣的用户有 A 和 B，$N(b)=\{A,C,D\}$ 表示对物品 b 感兴趣的用户有 A、C 和 D，每个用户对各个物品的感兴趣程度均为 1，则物品 a、b 之间的相似度为：

$$w_{ab}=\frac{\left|N(a)\cap N(b)\right|}{\sqrt{\left|N(a)\right|\bullet\left|N(b)\right|}}=\frac{\left|\{A,B\}\cap\{A,C,D\}\right|}{\sqrt{2\times3}}=\frac{1}{\sqrt{6}}$$

💬提示：只有当感兴趣程度为 1 或 0 时，才能使用简化的公式（3-4）计算余弦相似度，否则必须使用完整的公式（3-3）进行计算。

然后根据 w_{ij} 的大小选出与物品 i 最相似的 K 个物品（K 的大小视情况而定），求这 K 个物品的集合。

（2）根据物品的相似度和用户的历史行为生成推荐列表。计算用户 u 对物品 j 的感兴

趣程度 p_{uj} 的公式如下：

$$p_{uj} = \sum_{i \in S_{jK} \cap N(u)} w_{ij} r_{uj} \qquad (3\text{-}5)$$

其中，$N(u)$ 表示用户 u 曾经有过正反馈的物品集合，S_{jK} 表示与物品 i 最相似的 K 个物品的集合，r_{uj} 表示用户 u 对物品 j 的感兴趣程度（用正整数表示），通过设定阈值来决定是否推荐物品从而生成推荐列表。

【例 3-4】 对于物品 a、b、c、d、e 和用户 A、B、C、D，设 $N(a)=\{A, B\}$，$N(b)=\{A, C\}$，$N(c)=\{D, B\}$，$N(d)=\{A, D\}$，$N(e)=\{C, D\}$。每个用户对各个物品的感兴趣程度均为 1，推荐阈值为 0.9。试使用基于物品的协同过滤推荐算法给用户 A 推荐物品。

解： 根据公式（3-4）计算物品之间的相似度，有

$w_{ab}=1/2$，$w_{ac}=1/2$，$w_{ad}=1/2$，$w_{ae}=0/2=0$。

取 $K=3$，而用户 A 对物品 a、b、d 感兴趣（$K=3$），剩余可推荐物品只有 c 和 e。先看 c 和 a、b、d 的相似度，$w_{ac}=w_{cd}=1/2$，$w_{bc}=0$，则 $p_{Ac}=1/2 \times 1 + 0 \times 1 + 1/2 \times 1 = 1$。

又因为 $w_{be}=w_{de}=1/2$，$w_{ae}=0$，所以 $p_{Ae}=1/2 \times 1 + 0 \times 1 + 1/2 \times 1 = 1$。

由于阈值为 0.9，因此物品 c 和 e 均可推荐给 A。

3．基于用户的协同过滤推荐算法

基于用户的协同过滤推荐算法通过不同用户对物品的评分来评测用户之间的相似度，然后基于用户之间的相似度做出推荐。具体而言，基于用户的协同过滤推荐算法是通过用户的历史行为数据，发现用户对物品的喜好（如商品购买、收藏、内容评论和分享等），并对这些喜好进行度量和打分，然后根据不同用户对相同商品或内容的态度和偏好程度计算用户之间的关系，在有相同喜好的用户之间进行商品推荐。简单地说，如图 3-11 所示，用户 User1 和 User3 都购买了 Product2 和 Product3，并都给出了 5 星好评，那么 User1 和 User3 就属于同一类用户，可以将 User1 买过的物品 Product1 和 Product4 推荐给 User3。

【例 3-5】 对于用户 A、B、C、D 和物品 a、b、c、d、e，设 $N(A)=\{a,b,d\}$，$N(B)=\{a,c\}$，$N(C)=\{b,e\}$，$N(D)=\{c,d,e\}$。每个用户对各个物品的感兴趣程度均为 1，推荐阈值为 0.7。试使用基于用户的协同过滤推荐算法给用户 A 推荐物品。

解： 根据公式（3-4）计算用户之间的相似度，有

$$w_{AB} = \frac{1}{\sqrt{6}}, \quad w_{AC} = \frac{1}{\sqrt{6}}, \quad w_{AD} = \frac{1}{3}。$$

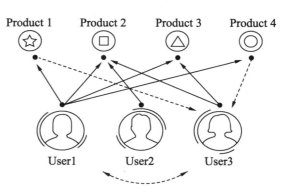

图 3-11 基于用户的协同过滤推荐算法示意

取 $K=3$，因为用户 A 对物品 a、b、d 感兴趣（$K=3$），剩余可推荐的物品只有 c 和 e。

因为用户 B 和 D 对商品 c 感兴趣，而用户 A 和用户 B、D 之间有相似性，所以用户 A 对物品 c 的感兴趣程度为：

$$p_{Ac} = w_{AB} \cdot r_{Ac} + w_{AD} \cdot r_{Ac} = \frac{1}{\sqrt{6}} \times 1 + \frac{1}{3} \times 1 \approx 0.742$$

因为用户 C 和 D 对商品 c 感兴趣，而用户 A 和用户 C、D 之间有相似性，所以用户 A 对物品 e 的感兴趣程度为：

$$p_{Ae} = w_{AC} \cdot r_{Ae} + w_{AD} \cdot r_{Ae} = \frac{1}{\sqrt{6}} \times 1 + \frac{1}{3} \times 1 \approx 0.742$$

由于阈值为 0.7，因此物品 c 和 e 均可以推荐给 A。

3.2.2　协同过滤推荐算法应用实例

在 3-4 和 3-5 中，都是假设用户对商品的感兴趣程度只能是 1 或 0，而实际上，感兴趣程度是通过用户的行为来评估的。通常对用户的各种行为赋予不同的权重值，然后根据权重值来判断用户的感兴趣程度。

1．基于物品的协同过滤推荐算法实例

【例 3-6】假设在电子商务网站中，用户的行为有以下 4 种：

1）点击：用户点击了某个商品，设权重值为 1 分。

2）搜索：用户在搜索栏中搜索某种商品，设权重值为 3 分。

3）收藏：用户收藏了某个商品，设权重值为 5 分。

4）付款：设权重值为 10 分。

现有如下用户、商品和行为：

- 用户：A、B、C。
- 商品：1、2、3、4、5、6。
- 行为权重：点击 1 分、搜索 3 分、收藏 5 分、付款 10 分。

网站记录的用户行为列表如图 3-12（左）所示。

解：基于物品的协同过滤推荐算法的执行步骤如下：

（1）根据用户行为列表计算用户、物品的评分矩阵，如图 3-12（右）所示。

（2）将用户、物品的评分矩阵中的用户行为转换成权重值，如图 3-13（左）所示。显然，评分矩阵中的每个权重值就代表用户对物品的喜好程度。

（3）根据用户、物品的评分矩阵计算物品与物品的相似度矩阵。例如，使用余弦相似度公式计算物品 1 和物品 2 之间的相似度，如图 3-13（右）所示。

用户	物品	行为
A	1	点击
C	3	收藏
B	2	搜索
B	5	搜索
B	6	收藏
A	2	付款
C	3	付款
C	4	收藏
C	1	收藏
A	1	点击
A	6	收藏
A	4	搜索

	A	B	C
1	点击×2	无	收藏
2	付款	搜索	无
3	无	无	收藏+付款
4	搜索	无	收藏
5	无	搜索	无
6	收藏	收藏	无

图 3-12　用户行为列表与用户、物品的评分矩阵

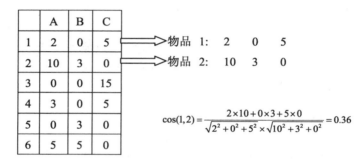

$$\cos(1,2) = \frac{2 \times 10 + 0 \times 3 + 5 \times 0}{\sqrt{2^2 + 0^2 + 5^2} \times \sqrt{10^2 + 3^2 + 0^2}} = 0.36$$

图 3-13　根据用户、物品的评分矩阵计算物品与物品的相似度

　　按照该方法，对所有物品计算两两之间的相似度值，就得到如图 3-14 所示的物品与物品之间的相似度矩阵。显然，相似度矩阵中的相似度值就代表物品与物品之间的相似度。

	1	2	3	4	5	6
1	1	0.36	0.93	0.99	0	0.26
2	0.36	1	0	0.49	0.29	0.88
3	0.93	0	1	0.86	0	0
4	0.99	0.49	0.86	1	0	0.36
5	0	0.29	0	0	1	0.71
6	0.26	0.88	0	0.36	0.71	1

图 3-14　物品与物品之间的相似度矩阵

　　（4）相似度矩阵（相似程度）×评分矩阵（喜好程度）=推荐列表，如图 3-15 所示。

	1	2	3	4	5	6			A	B	C
1	1	0.36	0.93	0.99	0	0.26		1	2	0	5
2	0.36	1	0	0.49	0.29	0.88		2	10	3	0
3	0.93	0	1	0.86	0	0	×	3	0	0	15
4	0.99	0.49	0.86	1	0	0.36		4	3	0	5
5	0	0.29	0	0	1	0.71		5	0	3	0
6	0.26	0.88	0	0.36	0.71	1		6	5	5	0

图 3-15 相似度矩阵×评分矩阵

得到推荐列表如图 3-16 所示。

（5）根据推荐列表，将推荐值最高的若干种物品推荐给用户，如图 3-17 所示。当然，也可以先将用户已经购买的物品推荐值置为 0。

	A	B	C
1	9.9	2.4	23.9
2	16.6	8.3	4.3
3	4.4	0	24
4	11.7	3.3	22.9
5	6.5	7.4	0
6	15.4	9.8	3.1

图 3-16 推荐列表

	A	B	C
1	9.9	2.4	23.9
2	0	8.3	4.3
3	4.4	0	0
4	11.7	3.3	22.9
5	6.5	7.4	0
6	15.4	9.8	3.1

图 3-17 推荐权重值最高的物品

例如，对于用户 A 来说，推荐值最高的是物品 6，因此可将物品 6 推荐给 A。

基于物品的协同过滤推荐算法步骤总结如下：

（1）根据用户行为列表计算用户和物品的评分矩阵。

（2）根据用户和物品的评分矩阵计算物品和物品的相似度矩阵。

（3）计算推荐列表，公式为"推荐列表=物品和物品相似度矩阵×用户和物品评分矩阵"

（4）将推荐列表中已经有购买行为的元素推荐值置为 0。

基于物品的协同过滤推荐算法的优缺点如下：

- 优点：两个物品之间的距离可能是根据成百上千万个用户的评分计算得出的，这个评分往往能在一段时间内保持稳定。因此，基于物品的协同过滤推荐算法可以预先计算距离，其在线部分能更快地生成推荐列表。

- 缺点：不同领域的最热门物品之间往往具有较高的相似度，如可能会给喜欢《算法导论》的读者推荐《哈利·波特》。为此，在运行这种算法时可以不纳入最畅销的商品。

2. 基于用户的协同过滤推荐算法实例

基于用户的协同过滤推荐算法的基本假设为：和我兴趣相似的人喜欢的商品，我也会喜欢。针对例 3-6，该算法的思路如下：

（1）根据用户对各种物品的偏好值的相似程度，对每两个用户之间的相似度进行计算，为每个用户找到相似度最高的几个邻居用户，这一步是对用户进行分类。

（2）将目标用户的邻居用户对每个物品的偏好值的加权平均数作为目标用户偏好值的预测值，把预测值最高的若干个商品作为目标用户的推荐列表。

其中，每个邻居用户的权重取决于这个邻居用户与目标用户之间的相似度。

基于用户的协同过滤推荐算法的具体步骤如下：

（1）根据用户行为列表计算物品和用户的评分矩阵。

（2）根据用户和物品的评分矩阵计算用户和用户的相似度矩阵。

（3）推荐列表=用户与用户相似度矩阵×评分矩阵。

（4）将推荐列表中已经有购买行为的元素推荐值置为 0。

基于用户的协同过滤推荐算法的缺点如下：

- 形成有意义的邻居集合很难，很多用户两两之间只有很少的几个共同评分，而仅有的共同评分的物品往往是最热门的商品。
- 用户之间的距离可能变化得很快，这让离线算法难以瞬间更新推荐结果。

3. 在协同过滤推荐算法中考虑时间和地域的因素

在协同过滤推荐算法中，还应考虑时间和地域的因素，因为用户对商品的喜好具有时效性。因此，在基于物品的协同过滤中需要考虑以下因素：

物品之间的相似度可以改为：同一个用户在间隔很短的时间内喜欢的两件商品之间可以给予更高的相似度。

根据当前用户的偏好推荐相似的物品给他可以改为：在描述目标用户的偏好时，给其最近喜欢的物品赋予较高权重。在基于用户的协同过滤推荐算法中，计算相似度和描述用户行为时都给最新的偏好赋予较高权重。

在协同过滤中要考虑地域因素，因为不同地域的用户对商品的偏好往往是有区别的。因此，在基于物品的协同过滤中，物品之间的相似度可以改为：同一用户在同一个地域内喜欢的两件商品之间可以给予更高的相似度。在基于用户的协同过滤中，把类似地域用户的行为作为推荐的主要依据。

4. 协同过滤推荐算法的特点

协同过滤推荐算法有下列优点：

- 由于协同过滤推荐算法不需要根据内容计算物品之间的相似度，因此某些物品（如艺术品、音乐和视频）无法通过计算机对其内容进行分析，但能使用协同过滤推荐算法进行分析。
- 能够基于一些复杂和难以表达的概念（如信息质量和品位等）进行过滤。
- 推荐结果新颖。

协同过滤推荐算法的缺点如下：

- 在系统刚使用时，用户对商品的评价非常少，这样基于用户评价所得到的用户间（或物品间）的相似度可能不准确（冷启动问题）。
- 随着用户和商品的增多，系统的性能会越来越低。
- 如果某个商品没有用户评价，则这个商品就不可能被推荐（最初评价问题）。

3.3 利用协同过滤推荐算法实现电影节目推荐

随着电影节目在智能电视和视频网站中日益丰富，观众迅速从节目匮乏时代进入内容过剩时代。用户在面对繁多的节目时往往难以找到感兴趣的电影节目，这不仅影响了用户的收看感受，而且在某种程度上也会影响电影节目的收视率。为了给用户推荐个性化的电影节目，本实例采用 MovieLens 数据集作为样本数据，使用两种协同过滤算法向用户推荐相似的电影，并比较这两种算法的推荐结果。

MovieLens 数据集包含许多用户对很多部电影的评分数据，也包括电影元数据信息和用户属性信息。这个数据集常作为推荐系统和机器学习算法的测试数据集。根据这些电影的评分数据就可以计算出电影的相似度或用户的相似度，然后根据相似度给用户推荐相似的电影。MovieLens 数据集的下载地址为 http://files.grouplens.org/datasets/movielens/，它有多种版本，对应不同的数据量。本例所用的数据为 1MB 的数据集（u.data），该数据集包含来自 943 个用户及 1682 部电影的 10 万条电影评分记录。

MovieLens 数据集文件里包含每一个用户对每一部电影的评分。数据格式如下：

userId（用户 ID），movieId（电影的 ID），rating（用户评分，5 星制，按半颗星的规模递增），timestamp（时间戳）

例如：{196 242 3   881250949}就是一条评分记录。

【程序 3-2】使用两种协同过滤推荐算法向用户推荐相似的电影，并评估两种算法的推荐效果。

```
import numpy as np
import pandas as pd                          #用 Pandas 库读取 u.data 文件
#数据文件格式：用户 ID、商品 ID、评分、时间戳
header = ['user_id', 'item_id', 'rating', 'timestamp']
```

```
df = pd.read_csv('u.data', sep='\t', names=header)          #读取 u.data 文件
# 计算唯一的用户和电影数量
n_users = df.user_id.unique().shape[0]
n_items = df.item_id.unique().shape[0]
print('Number of users = ' + str(n_users) + ' | Number of movies = ' +
str(n_items))
from sklearn.model_selection import train_test_split
train_data, test_data = train_test_split(df, test_size=0.2, random_state=21)
# 协同过滤推荐算法
# 第一步是创建 uesr-item 矩阵，这需要创建训练和测试两个矩阵
train_data_matrix = np.zeros((n_users, n_items))
for line in train_data.itertuples():
    train_data_matrix[line[1] - 1, line[2] - 1] = line[3]
test_data_matrix = np.zeros((n_users, n_items))
for line in test_data.itertuples():
    test_data_matrix[line[1] - 1, line[2] - 1] = line[3]
print(train_data_matrix.shape)
print(test_data_matrix.shape)
#计算相似度
# 本例使用 cosine_similarity 函数计算余弦相似度
from sklearn.metrics.pairwise import cosine_similarity
# 计算用户相似度
user_similarity = cosine_similarity(train_data_matrix)
# 计算物品相似度
item_similarity = cosine_similarity(train_data_matrix.T)
print(u"用户相似度矩阵: ", user_similarity.shape, u" 物品相似度矩阵: ", item_
similarity.shape)
print(u"用户相似度矩阵: ", user_similarity)
print(u"物品相似度矩阵: ", item_similarity)
# 预测
def predict(ratings, similarity, type):
    # 基于用户相似度的矩阵
    if type == 'user':
        #mean(axis=1)表示对各行求取均值，返回一个 m×1 的矩阵
        mean_user_rating = ratings.mean(axis=1)
        # np.newaxis 给矩阵增加一列，一维矩阵变为多维矩阵 mean_user_rating(n*1)
        ratings_diff = ( ratings - mean_user_rating[:, np.newaxis] )
        pred = mean_user_rating[:, np.newaxis] + np.dot(similarity,
ratings_diff) / np.array( [np.abs(similarity).sum(axis=1)]).T
    # 基于物品相似度矩阵
    elif type == 'item':
        pred = ratings.dot(similarity) / np.array([np.abs(similarity).sum
(axis=1)])
    print(u"预测值: ", pred.shape)
    return pred
# 预测结果
user_prediction = predict(train_data_matrix, user_similarity, type='user')
item_prediction = predict(train_data_matrix, item_similarity, type='item')
print(item_prediction)
print(user_prediction)
# 评估指标均方根误差
# 使用 sklearn 的 mean_square_error (MSE)函数，其中，RMSE 仅仅是 MSE 的平方根
```

```
# 这里只是想要考虑测试数据集中的预测评分
#使用 prediction[ground_truth.nonzero()]筛选出预测矩阵中的其他元素
from sklearn.metrics import mean_squared_error
from math import sqrt
def rmse(prediction, ground_truth):
    prediction = prediction[ground_truth.nonzero()].flatten()
    ground_truth = ground_truth[ground_truth.nonzero()].flatten()
    return sqrt(mean_squared_error(prediction, ground_truth))
print('User-based CF RMSE: ' + str(rmse(user_prediction, test_data_matrix)))
item_prediction = np.nan_to_num(item_prediction)
print('Item-based CF RMSE: ' + str(rmse(item_prediction, test_data_matrix)))
```

程序输出结果如下：

```
User-based CF RMSE: 2.917747921747857
Item-based CF RMSE: 3.1355125494816893
```

由结果可知，基于物品的协同过滤推荐效果好于基于用户的协同过滤推荐效果。程序的缺点是没有解决冷启动问题，即当用户评价记录过少，以及新用户或新物品刚进入系统时程序无法产生有效的推荐结果。

3.4　习　　题

1. 下列哪一项不是一个集合？（　　　）

A. 项　　　　　　　　B. 项集　　　　　　　　C. 事务　　　　　　　　D. 事务数据库

2. 对于同一个事务数据库中的两条关联规则：$A \Rightarrow C$ 和 $C \Rightarrow A$，可知（　　　）。

A. 它们的支持度一定相等　　　　　　B. 它们的置信度一定相等

C. 它们的支持度一定不相等　　　　　D. 它们的置信度一定不相等

3. 设{A,B,C}不是频繁项集，则可知（　　　）。

A. {A,B}一定不是频繁项集　　　　　　B. {A,B,C,D}一定不是频繁项集

C. {A,B}一定是频繁项集　　　　　　　D. {A,B,C,D}一定是频繁项集

4. 若已知{A,B,C}的支持度是 50%，C 的支持度是 75%，则可知（　　　）。

A. $A,B \Rightarrow C$ 的置信度是 66.6%　　　　B. $C \Rightarrow A,B$ 的置信度是 66.6%

C. $A,B \Rightarrow C$ 的置信度是 150%　　　　D. $C \Rightarrow A,B$ 的置信度是 150%

5. 设 $N(a)$={A,B,E}表示对物品 a 感兴趣的用户有 A、B 和 E，$N(b)$={A,C,D}表示对物品 b 感兴趣的用户有 A、C 和 D，每个用户对各物品的感兴趣程度均为 1，则物品 a、b 之间的相似度为（　　　）。

A. 1/3　　　　　　　B. 1/9　　　　　　　C. 1/2　　　　　　　D. 1/6

6. 寻找关联规则可分为两步，第一步是找_____。

7. 协同过滤推荐算法使用_____作为指标来评价项与项之间的相似度。

8．经典的关联规则挖掘算法是_____，为提高关联规则的计算效率，改进的关联规则算法是_____。

9．假设事务集只有 6 个项，对于频繁 3-项集的集合{1,2,3}，{1,2,4}，{1,2,5}，{1,3,4}，{2,3,4},{2,3,5},{3,4,6}：

（1）列出由 Aprior 算法得到的所有候选 4-项集。

（2）列出剪枝后剩下的候选 4-项集。

10．解释如下关联规则表达式的含义：

major(x, "CS") ^ takes(x, "DB") → grade(x, "A") [1%, 75%]。

11．给定事务数据库如表 3-7 所示，假定数据包含频繁项集 L={A,B,D}。问：可以由 L 产生哪些关联规则？分别列出其置信度。若最小置信度定义为 80%，则产生的关联规则中哪些是强关联规则？

表 3-7　事务数据库

ID	购 买 商 品
1	{B,A,D}
2	{D,A,C,E,B}
3	{C,A,B,E}
4	{K,A,D,B}

12．编写 Python 程序，使用 Apriori 算法挖掘如表 3-7 所示的事务数据库中的频繁项集，并输出项集为 3 的关联规则（设最小支持度为 75%，最小置信度为 80%）。

第 4 章　聚　　类

自然界和人类社会中经常会出现物以类聚、人以群分的现象，人们在日常生活中也经常把性质较为相似的对象归为同一类。在机器学习中，聚类的任务就是根据样本之间的某种相似关系实现对样本数据集的某种归类，使同类型的样本之间具有较高的相似度，以达到物以类聚的效果。本章首先介绍聚类中相似度的度量工具——距离，然后介绍聚类的基本步骤，最后介绍 4 种典型的聚类分析算法。

4.1　聚类的原理与实现

聚类的类别由不同样本之间的某种相似性确定，不需要事先对样本指定具体的类别信息。聚类类别所表达的含义通常是未知的，也是不确定的，因此聚类是一种典型的无监督学习方法。

4.1.1　聚类的概念和类型

在聚类中，将数据对象的集合称为簇（Cluster），则聚类的任务就是将数据对象的集合分成由相似对象组成的若干个簇。评价聚类好坏的标准为，同一簇中的对象彼此相似，不同簇中的对象彼此相异。根据实现聚类所采用的方法，聚类算法大致可分为以下 4 种：
- 基于划分的聚类，如 K-means 和 K-medoids 聚类算法；
- 层次聚类法，包括分裂法和凝聚法；
- 密度聚类法，如 DBSCAN 聚类算法；
- 基于模型的聚类，如自组织神经网络聚类。

4.1.2　如何度量距离

在聚类中，使用距离（Distance）作为对象之间亲疏程度的衡量指标。具体做法是，把每个样本数据看成 n 维空间中的点，在点和点之间定义某种距离。距离越近，则越"亲密"，聚成一类；距离越远，则越"疏远"，分别属于不同的类。这样距离就成为对象之间差异程度的度量指标。

1. 数据类型

在现实世界中，数据可以分为两大类：

- 连续型数据：指任意两个数据点之间可以细分出无限多个数值，如人的体重。
- 离散型数据：指任意两个数据点之间的数值个数是有限的，如产品的等级。

在统计学中，数据又可以分为 3 种类型，分别是定类数据、定序数据和定量数据。

- 定类数据（Nominal）：名义级数据，表示个体在属性中的特征或在类别中的不同值，仅仅是一种标志，没有次序关系。例如"性别"，可将"男"编码为 1，将"女"编码为 0。又如，"婚否"和"民族"均是定类数据，因为它们的值没有次序。
- 定序数据（Ordinal）：表示个体在某个有序状态中所处的位置，不能直接进行四则运算。例如，"受教育程度"是有顺序的，可定义为："初中=3，高中=4，大学=5，硕士=6，博士=7"，又如"客户等级"和"职称"都是定序数据。
- 定距数据（Interval）：具有间距特征的变量，有单位，没有绝对零点，可以进行加减运算，不能进行乘除运算。例如，温度、身高和年收入都是定矩数据。

在机器学习中，需要把所有数据统一用数值来表示，其中，定距数据本身就是数值，无须转换，对应连续型数据，而定类数据和定序数据可以通过编码转换成离散型数据。

连续型数据和离散型数据的距离计算方法是不同的。

2. 连续型数据的距离度量方法

每一个样本数据都可以理解为多维空间中的一个点。例如，数据有两个特征属性，就可看成二维平面坐标中的点，有 n 个特征属性，就可看成 n 维空间中的一个点，因此样本之间的距离就转换成 n 维空间中点与点之间的距离。下面介绍距离的度量公式，以及距离函数的准则和距离矩阵。

（1）欧式距离

欧式距离（Euclidean Distance）是直角坐标系中最常用的距离度量方法，源自欧氏空间中两点间的距离公式，即两点之间的直线距离，其公式如下：

$$d_{21} = \sqrt{(x_{21} - x_{11})^2 + (x_{22} - x_{12})^2} \quad （二维平面的欧式距离） \quad (4\text{-}1)$$

$$d(o_i, o_j) = \sqrt{(x_{i_1} - x_{j_1})^2 + (x_{i_2} - x_{j_2})^2 + \ldots + (x_{i_n} - x_{j_n})^2} \quad （n \text{维空间的欧式距离}） \quad (4\text{-}2)$$

欧式距离适用于求解两点之间的直线距离，适用于各个向量标准统一的情况。

（2）曼哈顿距离

曼哈顿距离（Manhattan Distance）又称为城市街区距离（City Block Distance），因为城市街区两个地点之间一般不存在直线路线，需要拐弯才能到达，因此曼哈顿距离就是把两点之间每个维度的距离的绝对值相加，其公式如下：

$$d(o_i, o_j) = |x_{i_1} - x_{j_1}| + |x_{i_2} - x_{j_2}| + \ldots + |x_{i_n} - x_{j_n}| \qquad (4\text{-}3)$$

曼哈顿距离适用于城市中两个地点之间的距离等。

（3）切比雪夫距离

切比雪夫距离（Chebyshev Distance）又称为棋盘距离，即棋盘中的一个格子到周围 8 个格子的距离都相等。切比雪夫距离就是取两点之间每个维度的距离的最大值，其公式如下：

$$d(o_i, o_j) = \max\left(|x_{i_1} - x_{j_1}|, |x_{i_2} - x_{j_2}|, \ldots, |x_{i_n} - x_{j_n}|\right) \qquad (4\text{-}4)$$

以上三种距离的直观示意如图 4-1 所示。对于二维平面上的 A、B 两点，它们之间的欧氏距离是线段 AB，曼哈顿距离是线段 $AO+OB$，切比雪夫距离是线段 OB（设 $OB>AO$）。

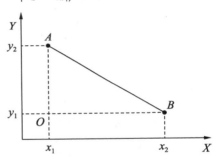

图 4-1　三种距离的直观图

（4）闵可夫斯基距离

闵可夫斯基距离（Minkowski Distance）是衡量数值点之间的距离的一种通用方法。假设数值点 P 和 Q 的坐标为 $P=(x_1, x_2, \ldots, x_n)$ 和 $Q=(y_1, y_2, \ldots, y_n)$，则闵可夫斯基距离定义如下：

$$d(o_i, o_j) = \left(\sum_{i=1}^{n} |x_i - y_i|^p\right)^{1/p} \qquad (4\text{-}5)$$

闵可夫斯基距离常用的 p 值是 2 和 1。当 p 值为 2 时，就转换成欧氏距离；当 p 值为 1 时，就转换为曼哈顿距离；当 p 值趋近无穷大时，则转换成切比雪夫距离。

（5）距离函数的准则

一般而言，定义一个距离函数 $d(x, y)$ 需要满足以下几个准则：

- $d(x, x)=0$
- $d(x, y) \geqslant 0$
- $d(x, y) = d(y, x)$
- $d(x, k)+d(k, y) \geqslant d(x, y)$

（6）距离矩阵

在一个机器学习问题中，通常有很多个样本，这些样本可看成 n 维空间中的很多个点，如果要描述这些样本两两之间的距离，最好的办法就是绘制一个距离矩阵，将所有样本两两之间的距离保存在距离矩阵中，如图 4-2 所示。

样本号	指标	
	X_1	X_2
1	5	7
2	7	1
3	3	2
4	6	5
5	6	6

$$D = \begin{pmatrix} d_{11} & d_{12} & \cdots & d_{1n} \\ d_{21} & d_{22} & \cdots & d_{2n} \\ \cdots & \cdots & \cdots & \cdots \\ d_{n1} & d_{n2} & \cdots & d_{nn} \end{pmatrix}$$

图 4-2　将样本两两之间的距离转化为距离矩阵

显然，在距离矩阵中，左上到右下对角线上的元素值全为 0，并且距离矩阵是关于对角线对称的，因此可写成下三角矩阵的形式。

2．离散型数据的距离度量方法

离散型数据的距离度量通常使用简单匹配系数或杰卡德相似系数来度量。

（1）简单匹配（Simple Matching）系数

设 i 和 j 是两个样本，都由 n 个二元属性（取值只能是 0 或 1）组成。这两个样本（二元向量）进行比较，可以生成 4 个量：a 为样本 i 与样本 j 属性值同时取 1 的属性个数；b 为样本 i 取 1 而样本 j 取 0 的属性个数；c 为样本 i 取 0 而样本 j 取 1 的属性个数；d 为样本体 i 与样本 j 同时取 0 的属性个数。简单匹配系数定义如下：

$$sim(i,j) = \frac{b+c}{a+b+c+d} \tag{4-6}$$

显然，简单匹配系数的值越小，两个个体越相似。

（2）杰卡德相似系数

Jaccard 相似系数（Jaccard Similarity Coefficient）用于比较有限样本集之间的相似性与差异性。Jaccard 系数值越小，样本的相似度越高。

在有些情况下，个体 i 与个体 j 同时取 0 并不能表明 i 和 j 相似。例如，甲乙两人都没有某种症状，并不能表明他们患的疾病具有相似性，只有甲乙两人都有某种症状（如发烧），才能表明他们患的疾病具有相似性。又比如，考虑到电影的数量庞大，用户看过的电影只占其中很小的一部分，如果甲乙两个用户都没看过某部电影，并不能说明甲乙两者相似。换句话说，如果两个用户都看过某部电影，则说明用户具有很大的相似性。基于这点，在相似性度量中，杰卡德相似系数只考虑个体间同为 1 的属性个数，而不考虑同为 0 的属性个数，其公式为：

$$J(i,j) = \frac{b+c}{a+b+c} \tag{4-7}$$

【例 4-1】根据临床表现研究表 4-1 中的患者是否患有相同的疾病。

表 4-1 患者的症状列表

患 者	性 别	发 烧	咳 嗽	肺CT	血 常 规	尿 常 规	乏 力
张三	男	1	0	1	0	0	0
李四	女	1	0	1	0	1	0
王五	男	1	1	0	0	0	0

解：本例分别使用简单匹配系数和 Jaccard 相似系数来衡量患者之间的相似度，则：

(张三,李四): $a=2$，$b=0$，$c=1$，$d=3$，(张三,王五): $a=1$，$b=1$，$c=1$，$d=3$，

(李四,王五): $a=1$，$b=2$，$c=1$，$d=2$

简单匹配系数计算如下：

sim(张三,李四)=(0+1)/(2+0+1+3)=0.167，sim(张三,王五)=(1+0)/(1+1+0+3)=0.2，

sim(李四,王五)= (2+1)/(1+2+1+2)=0.5

Jaccard 相似系数的计算如下：

J(张三,李四)=(0+1)/(2+0+1)=0.33，J(张三,王五)=(1+1)/(1+1+1)=0.67，

J(李四,王五)= (2+1)/(1+2+1)=0.75

可见，张三和李四的症状最相似，最可能得相同的疾病，而李四和王五最不可能得相同的疾病。

4.1.3 聚类的基本步骤

对一个案例进行聚类分析的步骤大致如下：

（1）定义问题。

（2）选择有关变量作为特征变量，然后对特征变量进行数据预处理。

（3）选择聚类算法。

（4）根据实际需要主观确定聚类的数目进行聚类，然后对聚类结果进行评估。

（5）对结果进行描述和解释。

聚类算法不能解决的问题如下：聚类算法不能自动发现应该聚成多少个类，聚类的数目只能人为主观确定；

不会自动给出一个最佳聚类结果。

下面举一个实例。某品牌汽车 4S 店收集了曾经购车的一些客户信息，用于分析这些客户的归类，如表 4-2 所示。

表 4-2　客户信息数据

编　号	姓　名	年　龄	年 收 入	学　历	消 费 额	职　业	居 住 地
1	张三	36	5万元	本科	4.1万元	律师	郊区
2	李四	42	4.5万元	本科	4万元	自由职业	郊区
3	王五	23	3.1万元	高中	3.5万元	农民	农村
4	陈鑫	61	7万元	本科	2万元	职员	新城区
5	赵磊	38	2万元	大专	1万元	自由职业	老城区

聚类分析的过程如下：

（1）去除唯一属性

在该实例中，编号和姓名是唯一属性，应将它们先去掉，剩下的属性为年龄、年收入、学历、消费额、职业和居住地。去除唯一属性之后的客户信息如表 4-3 所示。

表 4-3　去除唯一属性之后的客户信息

年　龄	年 收 入	学　历	消 费 额	职　业	居 住 地
36	5万元	本科	4.1万元	律师	郊区
42	4.5万元	本科	4万元	自由职业	郊区
23	3.1万元	高中	3.5万元	农民	农村
61	7万元	本科	2万元	职员	新城区
38	2万元	大专	1万元	自由职业	老城区

（2）对属性进行编码

对属性集中的非数值属性进行编码，以将其转换成数值。例如，将学历可以设为"初中：1；高中：2；大专：3；本科：4；"，将职业和居住地也可以按此编码。属性编码之后的客户信息如表 4-4 所示。

表 4-4　属性编码之后的客户信息

年　龄	年 收 入	学　历	消 费 额	职　业	居 住 地
36	50000元	4	41000元	1	1
42	45000元	4	40000元	2	1
23	31000元	2	35000元	3	2
61	70000元	4	20000元	4	3
38	20000元	3	10000元	2	4

（3）数据标准化

显然，表 4-4 中的数据存在数量级上的差异等问题，因此还不能直接用于计算个体之间的距离，应先将数据进行标准化处理。本例使用归一化对数据进行标准化处理。

【程序 4-1】 对客户信息数据进行归一化处理。

```
import numpy as np
np.set_printoptions(suppress=True) #不使用科学计数法输出结果
from sklearn.preprocessing import MinMaxScaler
data = [[36,50000,4,41000,1,1],
        [42,45000,4,40000,2,1],
        [23,31000,2,35000,3,2],
        [61,70000,4,20000,4,3],
        [38,20000,3,10000,2,4]]
scaler = MinMaxScaler()
scaler.fit(data)                        #fit()函数在此处用于求最大值和最小值
MinMaxScaler(copy=True, feature_range=(0, 1))
print(scaler.transform(data))           # transform()在此处是进行数据归一化操作
```

程序说明：transform()函数可进行标准化、降维和归一化等操作，具体取决于在哪个环节使用，如 PCA、StandardScaler 和 MinMaxScaler 等。fit()函数在数据预处理中用于求训练集 X 的均值、方差、最大值和最小值等固有属性。

进行数据归一化处理后的结果如表 4-5 所示。

表 4-5　进行数据归一化处理后的结果

年　龄	年　收　入	学　历	消　费　额	职　业	居　住　地
0.34	0.6	1	1	0	0
0.5	0.5	1	0.97	0.33	0
0	0.22	0	0.81	0.67	0.33
1	1	1	0.32	1	0.67
0.39	0	0.5	0	0.33	1

提示：本例不使用 Z-score 标准化方法是因为样本的数量比较少，数据不能满足正态分布的要求。如果样本的数量足够多，一般应该使用 Z-score 标准化方法进行标准化处理。

（4）特征选择

这一步是可选的。由于样本的特征太多会导致计算量太大，因此通常需要选择对聚类结果影响最大的特征。在一些比较简单的场合也可以使用观察法，本例使用观察法发现职业和居住地是不重要的属性，因此将它们剔除。特征选择之后的结果如表 4-6 所示。

表 4-6　特征选择之后的结果

年　龄	年　收　入	学　历	消　费　额
0.34	0.6	1	1
0.5	0.5	1	0.97
0	0.22	0	0.81
1	1	1	0.32
0.39	0	0.5	0

🔔**提示**：降维与特征选择的区别：特征选择是从特征属性中选择几个最重要的特征，而把其他特征直接抛弃，选完之后的特征依然具有可解释性，仍然是原始特征；而降维是将已经存在的特征进行压缩，降维完毕后的特征不再是原来特征属性中的任何一个特征，而是通过某些方式组合起来的新特征。

（5）聚类

将进行特征选择后的样本数据作为聚类模型的输入数据，选择一种聚类算法（可能还需要预先指定类别数）就能自动将上述样本划分成若干簇。划分的原则是簇内的距离最小化，簇间的距离最大化。

聚类算法的实现需要用到 sklearn 估计器（Estimator）。sklearn 估计器主要有 fit()和 predict()两个方法，这两个方法的说明如表 4-7 所示。

表 4-7　sklearn估计器的两个方法说明

方　　法	说　　　　明
fit()	用于训练算法。对于无监督学习，该方法的输入参数是特征属性集；对于有监督学习，该方法的输入参数包括训练集的特征属性集和标签两个参数
predict()	用于预测有监督学习的测试集标签，也可以用于划分传入数据的类别

可以认为，fit()方法的输入参数是**训练集**，它的返回值是一个模型，fit(x)传入一个参数时是无监督学习算法，如聚类、特征提取和标准化等；fit(x,y)传入两个参数时是有监督学习算法。predict()方法的输入参数是**测试集**，它的返回值是测试集的标签（类别）。

（6）评价聚类结果

聚类评价的标准是簇内的对象之间是相似的，而不同簇中的对象是不相同的，即簇内的对象的相似度越大，不同簇之间的对象差别就越大，聚类效果就越好。

sklearn 的 metrics 模块用来评价分类和聚类的结果。其中，评价聚类结果的指标如表 4-8 所示。

表 4-8　metrics模块中聚类模型的评价指标

方　法　名	真　实　值	最　佳　值	sklearn函数
ARI（兰德系数）评价法	需要	1.0	adjusted_rand_score()
AMI（互信息）评价法	需要	1.0	adjusted_mutual_info_score()
V-measure评分	需要	1.0	completeness_score()
FMI评价法	需要	1.0	fowlkes_mallows_score()
轮廓系数评价法	不需要	畸变程度最大	silhouette_score()
Calinski-Harabasz指数评价法	不需要	相较最大	calinski_harabaz_score()

表 4-8 中总共列出了 6 种聚类模型的评价方法。其中，前 4 种方法需要真实值（已知类别标签）的配合才能够评价聚类算法的优劣，后两种方法则不需要真实值的配合。一般

来说，前 4 种方法的评价效果更好，并且在实际运行过程中，在有真实值作为参考的情况下，聚类方法的评价可以等同于分类算法的评价。

表 4-8 中除轮廓系数评价法以外，其他 5 种方法都是分值越高，表示聚类效果就越好，最高分值为 1，而轮廓系数评价法则需要判断不同类别数目情况下轮廓系数的走势，以寻找最优的聚类数目。

【程序 4-2】使用 FMI 评价法判定建立的 K-means 聚类模型对 Iris 数据集的聚类效果。程序代码如下：

```
from sklearn.datasets import load_iris
from sklearn.cluster import KMeans
from sklearn.metrics import fowlkes_mallows_score
iris=load_iris()
iris_data=iris['data']
iris_target=iris['target']
for i in range(2,7):
kmeans=KMeans(n_clusters=i,random_state=123).fit(iris_data)
#将聚类的结果与样本真实的类别标签进行比较
    score=fowlkes_mallows_score(iris_target,kmeans.labels_)
print('聚%d 类 FMI 评价分值为：%f' %(i,score))
```

程序的运行结果如下：

聚 2 类的 FMI 评价分值为：0.750473
聚 3 类的 FMI 评价分值为：0.820808
聚 4 类的 FMI 评价分值为：0.753970
聚 5 类的 FMI 评价分值为：0.725483
聚 6 类的 FMI 评价分值为：0.614345

评价结果表明，Iris 数据集聚 3 类时的 FMI 评价法分值最高，说明 Iris 数据集最适合聚成 3 类。

4.2　层次聚类算法

层次聚类法（Hierarchical Clustering）可分为"自底向上"的**凝聚法**和"自顶向下"的**分裂法**。凝聚法先将每个样本各自作为一个簇，并计算所有样本两两之间的距离，将距离最近的样本合并成一个簇，然后重新计算簇与簇之间的距离，每次都将距离最近的簇合并，如此迭代，直到所有样本都聚集成一个簇或满足某个终止条件（如距离大于某个阈值）为止。

分裂法正好相反，首先将所有样本看成一个大类，然后将大类中最"疏远"的小类或个体分离出去，接着分别将小类中最"疏远"的小类或个体再分离出去。如此迭代，直到所有的个体自成一类为止，随着聚类的进行，类内的亲密性在逐渐增强。

4.2.1 层次聚类法举例

目前常用的层次聚类法是凝聚法。在凝聚法中，距离的度量一般采用最短距离法。所谓最短距离又称为单连接（Single Link）或最近邻连接（Nearest Neighbor）。两个簇之间的距离定义为两簇中元素之间距离最小者，即 $D_s(a,b)=\min\{d_{ij}|g_i \in G_a, g_j \in G_b\}$，如图 4-3 所示，簇间距离 $d_{ab}=d_{37}$。

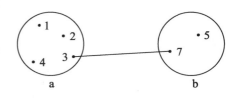

图 4-3　最短距离法中的簇间距

【例 4-2】假定 5 个对象间的距离如表 4-9 所示，试用最短距离法进行层次聚类并画出树形图。

表 4-9　5 个对象间的距离

对象	1	2	3	4	5
1	0				
2	6	0			
3	2	4	0		
4	3	4	5	0	
5	7	1	5	5	0

解：先将 5 个对象都分别看成一个簇，由表 4-9 可见，最靠近的两个簇是 2 和 5。因为它们具有最小的类间距离 $d_{25}=1$，所以将 2 和 5 合并成一个新簇 {2,5}。再重新计算簇 {2,5} 和 1、3、4 这 4 个簇两两之间的距离，如簇 {2,5} 和 3 之间的距离为 $d_{\{2,5\}3}=\min\{d_{23},d_{53}\}=\min\{4,5\}=4$，如表 4-10 所示。

表 4-10　4 个簇间的距离

簇	{2,5}	1	3	4
{2,5}	0			
1	6	0		
3	4	2	0	
4	4	3	5	0

在这 4 个簇中，距离最近的是 1 和 3，它们具有最小簇间距离 $d_{13}=2$，因此将 1 和 3 合并成一个新簇 {1,3}。再重新计算簇 {1,3}、{2,5} 和 4 两两之间的距离，如表 4-11 所示。

表 4-11　3 个簇间的距离

簇	{2,5}	{1,3}	4
{2,5}	0		
{1,3}	4	0	
4	4	3	0

在这 3 个簇中，最靠近的簇是{1,3}和 4，它们具有最小簇间距 $d_{\{1,3\}4}=3$，因此可以将{1,3}和 4 再合并成一个新簇{1,3,4}，这时只有两个簇{1,3,4}和{2,5}。这两个簇之间的距离为 4。这时两簇之间的距离如表 4-12 所示。

表 4-12　2 个簇间的距离

簇	{2,5}	{1,3,4}
{2,5}	0	
{1,3,4}	4	0

最后可以将{1,3,4}和{2,5}也合并成一个簇，也可以人为设置簇中对象之间的距离阈值<4，则此时{1,3,4}和{2,5}停止合并，最终得到两个簇。整个聚类过程的相应树形图如图 4-4 所示。

层次聚类算法的优点如下：
- 距离和规则的相似度容易定义，限制少。
- 不需要预先设定类的数目。
- 可以发现类的层次关系。
- 可以聚类成任何形状。

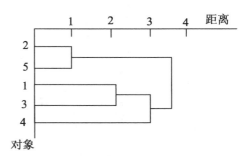

图 4-4　层次聚类的树形图

层次聚类算法的缺点如下：
- 计算复杂度太高，聚类速度慢且无法实现并行化程序。
- 离群点对结果能产生很大影响。
- 算法很可能聚类成链状。

4.2.2　层次聚类法的 sklearn 实现

在 sklearn 的聚类模块 sklearn.cluster 中的 AgglomerativeClustering 类，可以用来实现层次聚类。AgglomerativeClustering 类的构造函数的参数如下：
- 簇的个数 n_clusters：需要用户事先指定，按照常理来说，凝聚法层次聚类是不需要预先指定簇的个数的，但是 sklearn 的这个类需要指定簇的个数。
- 连接方法 linkage：用来指定簇与簇之间距离的衡量方法，其取值包括最小距离法 Single-linkage、最大距离法 Complete-linkage 和平均距离法 Group average 这 3 种。
- 连接度量选项 affinity：用来设置距离的计算方法，包括各种欧式距离计算方法及非欧式距离计算方法。此外，该参数还可以设置为 precomputed，即用户输入计算好的距离矩阵。

距离矩阵的生成方法是，假设用户有 n 个观测点，那么先依次构造这 n 个点两两之间的距离列表，即长度为 $n \times (n-1)/2$ 的距离列表，然后通过 scipy.spatial.distance 的 dist 库的 squareform()函数就可以构造距离矩阵了。

1. 层次聚类法及可视化实例

【程序 4-3】使用层次聚类法将样本数据聚成 3 类，其中，样本数据保存在文件 km.txt 中，内容如图 4-5 所示。

```
import numpy as np
import matplotlib.pyplot as plt
from sklearn.cluster import AgglomerativeClustering    #导入层次聚类模块
X1,X2 = [],[]
fr = open('C:\\km.txt')                                #打开数据文件
for line in fr.readlines():
    lineArr = line.strip().split()
    X1.append([int(lineArr[0])])                       #将第 1 列读入 X1 中
    X2.append([int(lineArr[1])])
#把 X1 和 X2 合成一个有两列的数组 X 并调整维度，此处 X 的维度为[10,2]
X = np.array(list(zip(X1, X2))).reshape(len(X1), 2)
#print(X)        #X 的值为[[2 1] [1 2] [2 2] [3 2] [2 3] [3 3] [2 4] [3 5]
                 [4 4] [5 3]]
#model = AgglomerativeClustering(3).fit(X)
model=AgglomerativeClustering(n_clusters=3)            #设置聚类数目为 3
labels = model.fit_predict(X)
print(labels)
colors = ['b', 'g', 'r', 'c']
markers = ['o', 's', '<', 'v']
plt.axis([0,6,0,6])
for i, l in enumerate(model.labels_):
    plt.plot(X1[i], X2[i], color=colors[l],marker=markers[l],ls='None')
plt.show()
```

程序的运行结果如图 4-6 所示。

```
[2 2 2 1 1 1 1 0 0 0]
```

图 4-5 数据文件 km.txt 文件的内容

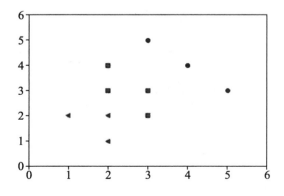

图 4-6 层次聚类的运行结果

2. 绘制层次聚类的树形图

如果要绘制层次聚类的树形图，需要使用 pandas 库和 scipy.cluster.hierarchy 库中的 linkage 类和 dendrogram 类。其中，linkage 类用来进行凝聚法层次聚类，dendrogram 类是画图类，它的构造函数 dendrogram()需要传入的第一个参数是 linkage 矩阵，这个矩阵需要函数 linkage()。linkage()函数用于计算两个聚类簇 s 和 t 之间的距离 $d(s,t)$，这个方法应在层次聚类之前使用，该函数的语法格式如下：

```
scipy.cluster.hierarchy.linkage(y, method='single', metric='euclidean', optimal_ordering=False)
```

linkage()的第一个参数是需要进行聚类的数据，这里可以使用开始读取的数据变量 df，第二个参数代表层次聚类选用的方法，默认为最近邻方法。最后将 linkage()返回的结果 row_clusters 传入 dendrogram()函数，即可绘制出层次聚类树形图。

【**程序 4-4**】绘制层次聚类的树形图。

```
import pandas as pd
import numpy as np
import matplotlib.pyplot as plt
from sklearn.cluster import AgglomerativeClustering
from scipy.cluster.hierarchy import linkage
from scipy.cluster.hierarchy import dendrogram
from scipy.spatial.distance import pdist          #引入pdist 计算距离
X1,X2 = [],[]
fr = open('C:\\km.txt')
for line in fr.readlines():
    lineArr = line.strip().split()
    X1.append([int(lineArr[0])])
    X2.append([int(lineArr[1])])
X = np.array(list(zip(X1, X2))).reshape(len(X1), 2)
model=AgglomerativeClustering(n_clusters=3)
labels = model.fit_predict(X)
#print(labels)
#绘制层次聚类树
variables = ['X','Y']
df = pd.DataFrame(X,columns=variables,index=labels)
#print (df)                    #df 保存了样本点的坐标值和类别值，可打印出来查看
#使用完全距离矩阵
row_clusters = linkage(pdist(df,metric='euclidean'),method='complete')
print (pd.DataFrame(row_clusters,columns=['row label1','row label2',
'distance','no. of items in clust.'],index=['cluster %d'%(i+1) for i in
range(row_clusters.shape[0])]))
row_dendr = dendrogram(row_clusters,labels=labels)          #绘制层次聚类树
plt.tight_layout()
plt.ylabel('Euclidean distance')
plt.show()
```

程序运行后输出的文字结果如下，输出的图形如图 4-7 所示。

```
        row label1  row label2  distance  no. of items in clust.
```

```
cluster 1        0.0        2.0  1.000000        2.0
cluster 2        3.0        5.0  1.000000        2.0
cluster 3        4.0        6.0  1.000000        2.0
cluster 4        1.0       10.0  1.414214        3.0
cluster 5        7.0        8.0  1.414214        2.0
cluster 6       11.0       13.0  2.236068        5.0
cluster 7       12.0       14.0  2.236068        4.0
cluster 8        9.0       16.0  3.162278        5.0
cluster 9       15.0       17.0  4.123106       10.0
```

其中，row label1 表示样本原来的序号，为 0～9，因此 row label2 中的 10 表示第一次聚类生成的新簇，distance 表示簇与簇之间的距离，no. of items in clust.表示该簇当前包含的样本个数。由此可见，程序每次都是选择将距离最近的两个簇聚成一个新簇。

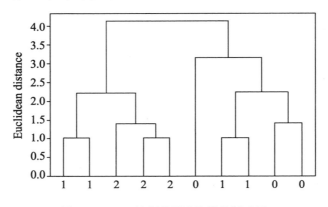

图 4-7　Scipy 绘制的层次聚类的树形图

🔔提示：pdist()函数用来计算矩阵中的元素两两之间的距离，以得到对象间的距离矩阵，在聚类分析中非常有用。

3. DataFrame数据结构

在程序 4-4 中，为了保存样本点的坐标值和类别值，用到了 Pandas 库中的 DataFrame 数据结构。DataFrame 实际上是一种二维表，与 Excel 中的表格或数据库中的表类似，在机器学习中经常用 DataFrame 来保存样本数据，并可对数据进行各种统计变换。

通过 Pandas 库中的 DataFrame()函数就能创建 DataFrame 结构。例如：

```
import pandas as pd
df4 = pd.DataFrame([[1, 2, 3], [2, 3, 4], [3, 4, 5]],index=list('①②③'),
columns=list('ABC'))
print(df4)
print(df4.index)        #用来测试 DataFrame 的属性，可将 index 换成表 4 中的其他属性
```

程序的运行结果如下：

```
  A B C
```

```
① 1 2 3
② 2 3 4
③ 3 4 5
Index(['①', '②', '③'], dtype='object')
```

说明：DataFrame()函数有 3 个参数，第 1 个参数是存放在 DataFrame 里的数据（通常是矩阵），第 2 个参数 index 是行名，第 3 个参数 columns 是列名。后两个参数可以使用 list 输入，但是要注意，这个 list 的长度和 DataFrame 的大小要匹配，否则会报错。

DataFrame 数据结构对象有很多属性和方法，如 df4.index 中的 index 就是其中的一个属性。DataFrame 的属性和方法如表 4-13 所示，通过这些属性和方法能方便地操纵 DataFrame 中的数据。

表 4-13　DataFrame数据结构对象的属性和方法

属　　性	功　　能
df.values	返回Dataframe中存储的数据，是一个ndarray类型的对象
df.index	获取行索引值
df.columns	获取列索引值
df.axes	获取行和列的索引值
df.T	将行与列对调，即实现矩阵转置
df.info()	返回DataFrame对象的信息
df.head(i)	返回前i行数据
df.tail(i)	返回后i行数据
df['①':'②']	返回第①行到第②行数据
df.loc[:,'A':'B']	返回第A列到第B列数据，逗号前还可设置行的范围
df.describe()	返回数据按列的统计信息
df.sum()	使用sum()默认对每列求和，而sum(1)将对每行求和
df.apply()	进行数乘以矩阵运算，如df.apply(lambda x: x * 2)将元素乘以2
df.join(df2)	合并df和df2两个DataFrame对象
df.drop_duplicates()	去除df中重复的行或列，参数有subset、keep、inplace

4.3　K-means 聚类算法

1967 年，J. B. MacQueen 首次提出了 K-means（K-均值）聚类算法，它是最经典也是使用最广泛的一种基于划分的聚类算法，也被称为快速聚类法，属于基于距离的聚类算法。K-means 聚类算法提出的目的是克服层次聚类法在大样本时计算量太大的问题，提高聚类效率。

4.3.1 K-means 聚类算法的原理和实例

1．K-means聚类算法的原理

K-means 聚类算法的最终目标是根据输入参数 k（k 是聚类的数目），把样本集分成 k 个簇。该算法的基本思想如下：

K-均值聚类算法

（1）指定需要划分的簇的个数 k 值，然后随机选择 k 个初始数据对象点作为初始的聚类中心。

（2）计算其余的各个数据对象到这 k 个初始聚类中心的距离，把这些数据对象划归到距离它最近的那个中心所处在的簇类中。

（3）计算每个簇类的平均值点，方法是对簇类中所有点的坐标求平均值，将求出的均值点作为新的聚类中心。

（4）重复第（2）步和第（3）步，直到重新计算出来的聚类中心点不再发生任何改变。聚类流程如图 4-8 所示。

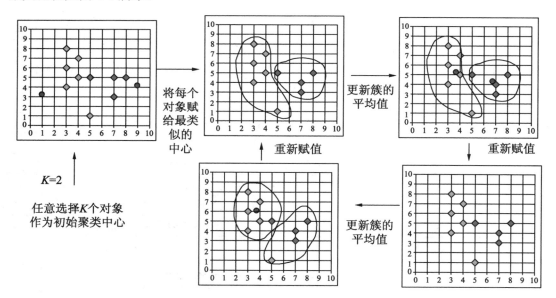

图 4-8 K-均值聚类算法的最终流程图

可见，K-means 聚类算法需要用户事先指定聚类数目，因此只能产生单一的聚类解，而层次聚类法可以根据不同的聚类数目产生一系列的聚类解。

K-means 聚类算法属于动态聚类算法，也称为逐步聚类法，该算法的一个显著特征就是有迭代过程，每次都要考察对每个样本数据的聚类是否正确，如果不正确，则要进行调

整。当全部的数据对象调整完之后再修改聚类中心，并进入下一次的迭代过程。若在一次迭代中所有的数据对象已经被正确分类，那么就不会再调整，聚类中心也不会改变，聚类准则函数已经收敛，该算法就成功结束。

传统的 K-means 算法的基本工作过程是：首先随机选择 k 个样本点作为初始中心，计算各个样本点到所选出来的各个中心的距离，将样本对象指派到最近的簇中，然后计算每个簇的均值，循环往复执行，直到满足聚类准则函数收敛为止。算法工作流程如图 4-9 所示，具体步骤如下：

输入：初始数据集 DATA 和簇的数目 k。

输出：k 个簇，满足平方误差准则函数收敛。

（1）任意选择 k 个数据对象作为初始聚类中心。

（2）计算各个对象到所选出来的各个中心的距离，将数据对象指派到最近的簇中，然后计算每个簇的均值。

（3）根据每个簇的均值，将每个对象重新赋给距离最近的簇。

（4）更新簇的平均值，即计算每个对象簇中对象的平均值。

（5）计算聚类准则函数 E，直到准则函数 E 值不再发生变化。

从 K-means 聚类算法的聚类流程中可知，K-means 算法的特点就是调整一次数据样本后就修改一次聚类中心及聚类准则函数的值，当 n 个数据样本完全调整完后表示一次迭代完成，这样就会得到新的簇和聚类中心的值。若在一次迭代完成之后聚类准则函数的值没有发生变化，则表明该算法已经收敛，在迭代过程中值逐渐缩小，直至达到最小值为止。该算法的本质是把每一个样本点划分到离它最近的聚类中心所在的类。

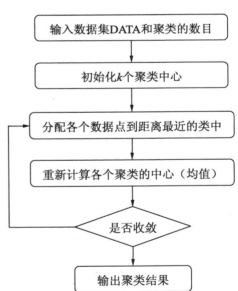

K-means 聚类算法的本质是一个最优化求

图 4-9　K-means 算法的聚类流程

解的问题，目标函数虽然有很多局部最小值点，但是只有一个全局最小值点。之所以只有一个全局最小值点，是目标函数总是按照误差平方准则函数变小的轨迹来进行查找的。

K-means 算法对聚类中心采取的是迭代更新的方法，根据 k 个聚类中心，将周围的点划分成 k 个簇。在每一次的迭代中将重新计算的每个簇的质心（即簇中所有点的均值）作为下一次迭代的参照点。也就是说，每一次的迭代都会使选取的参照点越来越接近簇的几何中心也就是簇心，因此目标函数如果越来越小，聚类的效果则会越来越好。

2．K-means聚类算法举例

【例4-3】使用 K-means 聚类算法把表 4-14 所示的 10 个样本数据点分成两个类。

表 4-14　10 个样本数据点

数 据 点	X1	X2
A	1	4
B	2	4
C	1	5
D	2	5
E	2	6
F	4	2
G	5	2
H	6	2
I	4	1
J	5	1

解：在聚类之前，可以先绘制数据点的散点图，虽然这一步不是必需的，但是可以直观地展示这些散点应如何聚类。通过程序 4-5 绘制的散点图（如图 4-10 所示），可以看出，A、B、C、D、E 应该聚成一类，F、G、H、I、J 应该聚成另一类。

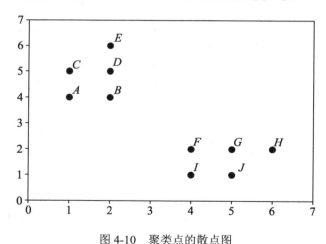

图 4-10　聚类点的散点图

【**程序 4-5**】绘制聚类样本散点图的程序代码如下：

```
import numpy as np
import matplotlib.pyplot as plt
X1,X2 = [],[]
fr = open('C:\\ex.txt')
for line in fr.readlines():
```

```
    lineArr = line.strip().split()
    X1.append(float(lineArr[0]))
    X2.append(float(lineArr[1]))
txt = 'ABCDEFGHIJ'
plt.axis([0,7,0,7])
plt.scatter(X1, X2)
for i in range(len(txt)):
    #xy 为被注释的点，xytext 为注释文字的坐标位置
    plt.annotate(txt[i], xy = (X1[i], X2[i]), xytext = (X1[i]+0.1, X2[i]+0.2))
plt.show()
```

K-means 聚类的步骤如下：

（1）选择初始聚类中心，随机选择 A、B 两个点作为初始聚类中心。需要说明的是，在实际应用中初始聚类中心应尽可能选择距离间隔最大的点。例如，选择横向距离最大的 C、H 两点，或纵向距离最大的 E、J 两点。另外，也可以选择样本集中不存在的点（如 $(1,6)$ 和 $(6,1)$）作为初始聚类中心。

（2）计算数据集中所有的点到两个初始聚类中心的距离，并比较它们的大小，结果如表 4-15 所示。本例中的距离计算采用欧氏距离公式。

表 4-15　数据点到初始聚类中心的距离

数　据　点	到 A 的距离	比　　较	到 B 的距离
A	0	<	1
B	1	>	0
C	1	<	1.41
D	1.41	>	1
E	2.24	>	2
F	3.61	>	2.83
G	4.47	>	3.61
H	5.39	>	4.47
I	4.24	>	3.61
J	5	>	4.24

根据表 4-5 中所示的距离远近，将 $\{A、C\}$ 划分为第 1 个类，$\{B、D、E、F、G、H、I、J\}$ 划为第 2 个类。

（3）分别求两个类的均值点。

第一类只有 A、C 两个点，对这两个点的横坐标和纵坐标分别求均值，即得到均值点：

$$\alpha_{A,C} = \left(\frac{\sum x_i}{i}, \frac{\sum y_i}{i} \right) = \left(\frac{1+1}{2}, \frac{4+5}{2} \right) = (1, 4.5)$$

按照同样的方法，求得第 2 个类的均值点如下：

$$\beta_{B,D,E,F,G,H,I,J} = (3.75, 2.875)$$

（4）将求出的均值点作为新的聚类中心，计算数据集中所有的数据点到新聚类中心的距离，然后比较它们的大小，结果如表 4-16 所示。

表 4-16　数据点到新聚类中心（第一次迭代）的距离

数　据　点	到 α 的距离	比　　较	到 β 的距离
A	0.5	<	2.97
B	1.12	<	2.08
C	0.5	<	3.48
D	1.12	<	2.75
E	1.8	<	3.58
F	3.91	>	0.91
G	4.72	>	1.53
H	5.59	>	2.41
I	4.61	>	1.89
J	5.32	>	2.25

根据表 4-16 中所示的距离远近，将{A、B、C、D、E}划分为第 1 个类，{F、G、H、I、J}划为第 2 个类。

（5）重新求两个类的均值点。

对第 1 个类{A、B、C、D、E}重新求均值点，结果如下：

$$P_{A,B,C,D,E} = (1.6, 4.8)$$

对第 2 个类{F、G、H、I、J}重新求均值点，结果如下：

$$Q_{F,G,H,I,J} = (4.8, 1.6)$$

（6）将求出的均值点作为新的聚类中心，计算数据集中所有的点到新聚类中心的距离，并比较它们的大小，结果如表 4-17 所示。

表 4-17　数据点到新聚类中心（第二次迭代）的距离

数　据　点	到 P 的距离	比　　较	到 Q 的距离
A	1	<	4.49
B	0.89	<	3.69
C	0.63	<	5.10
D	0.45	<	4.4
E	1.26	<	5.22
F	3.69	>	0.89

（续）

数　据　点	到P的距离	比　　较	到Q的距离
G	4.40	>	0.45
H	5.22	>	1.26
I	4.49	>	1
J	5.10	>	0.63

根据表 4-17 中所示的距离远近，将{A、B、C、D、E}划分为第 1 个类，{F、G、H、I、J}划为第 2 个类。可以看到，每个类中的数据点并没有发生变化。接下来再重新求这两个类的均值点。由于类中的数据点没有变化，求出的均值点与上一次的均值点完全相同。

由于均值点不再发生变化，算法终止，聚类完成，最终的聚类结果为：

cluster1：{A、B、C、D、E}

cluster2：{F、G、H、I、J}。

聚类结果如图 4-11 所示。

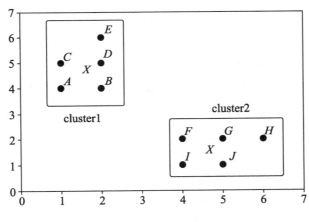

图 4-11　最终的聚类结果

3. K-means聚类算法的优缺点

K-means 聚类算法的优点如下：

- 算法简单、快速。
- 能处理大数据集，K-means 算法是相对可伸缩和高效率的，因为它的复杂度大约是 $O(nkt)$。通常 $k \ll n$。这个算法经常以局部最优结束。
- 算法尝试找出使平方误差函数值最小的 k 个划分。当簇是密集的球状或团状的，而簇与簇之间的区别明显时，聚类效果较好。

K-means 聚类算法的缺点如下：

- K-means 聚类算法只有在簇的平均值被定义的情况下才能使用，不适用于某些应用，如涉及有分类属性的数据不适用。
- 要求用户必须事先给出要生成的簇的数目 k。
- 对初值敏感，对于不同的初始值，可能会导致不同的聚类结果。
- 不适合发现非凸面形状的簇或者大小差别很大的簇。
- 对于"噪声"和孤立点数据敏感，少量的该类数据能够对平均值产生极大影响。

4. K-means算法MapReduce并行化

在 K-means 算法中，如果数据点很多，类别数 k 值也很大时，则分别计算每个数据点到聚类中心的距离是比较耗时的，因此可以将计算每个数据点到聚类中心的距离的任务分配给许多计算单元，通过它们实现并行化计算。比如要计算 100 个数据点到 2 个聚类中心的距离，可以将该计算任务分配给 10 个计算单元，每个计算单元计算 20 个距离即可。具体编程方法如下：

（1）通过 Map()函数计算所有数据点到每个聚类中心的距离，并比较该数据点距离哪个聚类中心最近，选择最近的聚类中心作为该数据点的类别，输出为：<数据点，聚类中心>键值对。

（2）Shuffle 阶段按"聚类中心"的值进行排序。

（3）通过 Reduce()函数将所有<数据点，聚类中心>的键值对进行汇总，得到每个类的数据点集合，并计算每个类数据点集合的坐标均值，将坐标均值点作为下一轮的聚类中心，输出为：<簇号、均值点>键值对。

4.3.2　K-means 聚类算法的 k 值的确定

K-means 算法需要事先指定簇的数量 k 值。在很多应用中，k 值是根据应用需求明确的。但在有些场合中 k 值不好主观选择，使得该算法的应用受到一定限制。为此可以对不同的 k 值逐个运行 K-means 算法，以获取最好的结果。最好的结果一般根据 TCSS 值的拐点来确定。

簇内平方和（Cluster Sum of Square，CSS）定义如下：

$$CSS = \sum_{j=0}^{m} \sum_{i=1}^{n} (x_i - \mu_i)^2 \qquad (4-8)$$

其中，m 为一个簇中样本的个数，j 是每个样本的编号。公式（4-1）被称为簇内平方和，又叫作 Inertia。将一个数据集中的所有簇的簇内平方和相加，就得到了整体平方和（Total Cluster Sum of Square，TCSS），定义如下：

$$TCSS = \sum_{l=1}^{k} CSS_l \tag{4-9}$$

其中，L 表示簇的序号，k 表示簇的总数。$TCSS$ 越小，代表每个簇内样本越相似，聚类的效果就越好。因此 K-means 算法追求的目标是，求解能够让 $TCSS$ 最小化的质心。实际上，在质心不断变化不断迭代的过程中，总体平方和是越来越小的。可以证明，当整体平方和最小的时候，质心就不再发生变化。这样 K-means 的求解过程就变成一个求解最优化的问题。

4.3.3 K-means 聚类算法的 sklearn 实现

在 sklearn 的聚类模块 sklearn.cluster 中有两个 K-means 算法，一个是传统的 K-means 算法，对应的是 KMeans 类，另一个是基于采样的 Mini Batch K-means 算法，对应的类是 MiniBatchKMeans。一般来说，使用传统的 K-means 算法的调参比较简单。

KMeans 类的构造函数的参数如下：

- n_clusters：簇的个数。
- init：初始簇中心的获取方法，可以完全随机选择'random'，也可以选择优化过的 'k-means++'，或者自己指定初始化的 k 个质心。一般建议使用默认的'k-means++'。
- n_init：用不同的初始化质心运行算法的次数。由于 K-means 算法是聚类结果受初始值影响的局部最优的迭代算法，因此需要多运行几次以选择一个较好的聚类效果，默认是 10，一般不需要改。如果你的 k 值较大，则可以适当增大这个值。
- max_iter：最大的迭代次数，一般，如果是凸数据集的话可以不管这个值，如果数据集不是凸的，可能很难收敛，此时可以指定最大的迭代次数让算法及时退出循环。
- algorithm：取值有 auto、full 或 elkan。full 就是传统的 K-means 算法，elkan 是 elkan K-means 算法。默认的 auto 会根据数据值是否是稀疏的来决定如何选择 full 和 elkan。如果数据是稠密的，那么就是 elkan，否则就是 full。一般建议用默认值 auto。

【程序 4-6】用 K-means 聚类算法将数据聚成 3 类，其中，数据文件 km.txt 的内容如图 4-5 所示。

```python
import numpy as np
import matplotlib.pyplot as plt
from sklearn.cluster import KMeans
X1,X2= [],[]
fr = open('C:\\km.txt')
for line in fr.readlines():
    lineArr = line.strip().split()
    X1.append([int(lineArr[0])])
    X2.append([int(lineArr[1])])
X = np.array(list(zip(X1, X2))).reshape(len(X1), 2)
model = KMeans(3).fit(X)                      #调用估计器 fit()方法进行聚类，聚类数为 3
```

```
colors = ['b', 'g', 'r', 'c']
markers = ['o', 's', 'x', 'v']
plt.axis([0,6,0,6])
for i, l in enumerate(model.labels_):
    plt.plot(X1[i], X2[i], color=colors[l],marker=markers[l],ls='None')
# 下面用倒三角形绘制均值点
centroids = model.cluster_centers_        #centroids 保存了所有均值点
for i in range(3):                        # 其中 3 表示聚类的类别数
    plt.plot(centroids[i][0], centroids[i][1], markers[3])
plt.show()
```

程序的运行结果如图 4-12 所示。

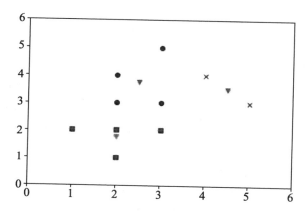

图 4-12　K-means 聚类的运行结果（图中倒三角点为 3 个类的聚类中心）

💬提示：从 K-means 聚类的预测结果可以看出，它的预测准确性不如层次聚类算法，这是因为 K-means 聚类算法只能找到局部最优解，无法找到全局最优解。

4.4　K-medoids 聚类算法

1987 年，Kaufman 和 Rousseeuw 提出 PAM（Partitioning Around Medoids）算法，这也是最早的 K-medoids（K 中心点）聚类算法。这是一种基于划分的聚类算法，其提出的目的是克服 K-means 聚类算法对离群点敏感的问题。因为在 K-means 聚类中，一个离群点（极端值）将会使该点所在类的均值点发生明显的变化，从而扭曲数据的实际分布，平方误差函数的使用更是加剧了这个影响。

4.4.1　K-medoids 聚类算法的原理和实例

为了降低对离群点的敏感性，可以不采用簇中对象的均值作为参照点，而是在簇中选取一个实际对象来代表该簇,其余的对象划分到与其距离最近的代表对象所在的簇中。这样,划分仍然基于最小化所有对象与其对应的参照点之间的差异度之和的原则来执行。通常,该算法重复迭代,直到每个代表对象都成为它的簇的实际中心点或是最靠近中心点的对象。这种算法称为 K-medoids 聚类算法,即 K-中心点聚类算法。

对于 K-medoids 聚类算法,首先随意选择初始代表对象(或种子)。只要能够提高聚类质量,迭代过程就反复使用非代表对象替换代表对象。聚类结果的质量用代价函数来评估,该函数度量一个对象与其簇的代表对象之间的平均差异度。一般情况下,该函数选用曼哈顿距离,公式如下:

$$d(i,j) = \left| x_{i1} - x_{j1} \right| + \left| x_{i2} - x_{j2} \right| + \cdots\cdots + \left| x_{in} - x_{jn} \right| \tag{4-10}$$

其中,i 和 j 是两个 n 维的数据对象。可见,$d(i,j)$ 值越大,对象 i 和 j 之间的差异度就越大。

K-medoids 聚类算法的基本思想为:选用簇中位置最中心的对象,试图对 n 个对象给出 k 个划分。代表对象也被称为**中心点**,其他对象则被称为**非代表对象**。

最初随机选择 k 个对象作为中心点,然后反复地用非代表对象来代替代表对象,试图找出更好的中心点以改进聚类的质量;在每次迭代中,所有可能的对象对都会被分析,每个对中的一个对象是中心点,另一个是非代表对象。

每当重新分配发生时,平方误差所产生的差别对代价函数有影响。因此,如果当前的中心点被非代表对象所代替,代价函数将计算平方误差值所产生的差别。替换的总代价是所有非代表对象所产生的代价之和。如果总代价是负的(替换后的代价变小),那么实际的平方误差将会减小,表明代表对象可以被非代表对象替代,如果总代价是正的(替换后代价变大),则当前的中心点被认为是可以接受的,在本次迭代中没有变化。

1．K-medoids聚类中替代的4种情况

为了判定一个非代表对象 O_{rand} 是否是当前代表对象 O_j 的更好的替代,对于每一个非代表对象 p,有以下 4 种情况需要考虑,如图 4-13 所示。

- 第一种情况:p 当前隶属于代表对象 O_j,如果 O_j 被 O_{rand} 所代替,此时两个暂时中心点是 O_i 和 O_{rand},且 p 离 O_i 的距离比离 O_{rand} 的距离近,$i \neq j$,那么 p 被重新分配给 O_i(离原来的另一个中心点近)。
- 第二种情况:p 当前隶属于代表对象 O_j,如果 O_j 被 O_{rand} 所代替,且 p 离 O_{rand} 最近,那么 p 被重新分配给 O_{rand}(离新的中心点近)。
- 第三种情况:p 当前隶属于 O_i,$i \neq j$。如果 O_j 被 O_{rand} 所代替,而 p 仍然离 O_i 最近,那么对象的隶属不发生变化(离原来的中心点近)。
- 第四种情况:p 当前隶属于 O_i,$i \neq j$。如果 O_j 被 O_{rand} 所代替,且 p 离 O_{rand} 最近,

那么 p 将被重新分配给 O_{rand}（离新的中心点近）。

第一种情况

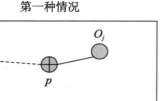

p 被重新分配给 O_i
代价 $d(O_i, p)-d(O_j, p)$

第二种情况

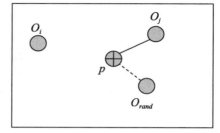

p 被重新分配给 O_{rand}
代价 $d(O_{rand}, p)-d(O_j, p)$

第三种情况

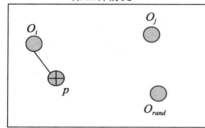

p 的隶属不发生变化
代价 $=0$

第四种情况

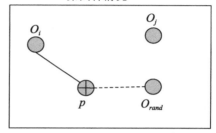

p 被重新分配给 O_{rand}
代价 $d(O_{rand}, p)-d(O_i, p)$

图 4-13　非代表对象替代代表对象的 4 种情况

2. K-medoids聚类算法描述

K-medoids 聚类算法可以描述如下：

输入：簇的数目 k 和包含 n 个对象的数据库
输出：k 个簇，使得所有对象与其最近中心点的差异度总和最小
任意选择 k 个对象作为初始的簇中心点
Do{
　　指派每个剩余对象给离它最近的中心点所表示的簇
　　Do{
　　　　选择一个未被选择的中心点 O_i
　　　　Do{
　　　　　　选择一个未被选择过的非中心点对象 O_{rand}
　　　　　　计算用 O_{rand} 代替 O_i 的总代价并记录在 S 中　}
　　　　Until 所有非中心点都被选择过　}
　　Until 所有的中心点都被选择过
　　If　S 中的所有非中心点代替所有中心点后存在总代价小于 0 的情况　then

找出 S 中的用非中心点替代中心点后代价最小的一个,并用该非中心点替代对应的中心点,形成一个新的 k 个中心点的集合 }

Until 没有再发生簇的重新分配,即所有的 S 都大于 0

3. K-medoids聚类算法实例

【例4-4】假设空间中有 10 个数据点（A, B, …, J）,各点的坐标值如表 4-18 所示,散点图如图 4-14 所示。试用 K-medoids 算法对其进行聚类划分（设 k=2）。

表 4-18　数据点的坐标

数 据 点	X1	X2
A	2	6
B	3	4
C	3	8
D	4	7
E	6	2
F	6	4
G	7	3
H	7	4
I	8	5
J	7	6

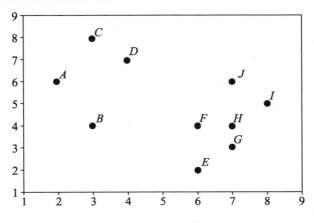

图 4-14　聚类点的散点图

解：K-medoids 聚类算法的步骤如下:

（1）选择初始聚类中心,随机选择 B(3,4) 和 H(7,4) 两个点作为初始中心点（代表对象）。

（2）计算数据集中所有的点到两个初始中心点的距离,并比较它们的大小,结果如表 4-19 所示。本例中的距离计算采用曼哈顿距离公式。

表 4-19　数据点到初始聚类中心的距离

数　据　点	到B的距离	比　　较	到H的距离
A	**3**	<	7
B	**0**	<	4
C	**4**	<	8
D	**4**	<	6
E	5	>	**3**
F	3	>	**1**
G	5	>	**1**
H	4	>	**0**
I	6	>	**2**
J	6	>	**2**

根据表 4-19 中所示的距离远近，得到 Cluster1 = {A,B,C,D}，Cluster2 = {E,F,G,H,I,J}，代价值等于所有对象到其中心点的距离之和，即 cost=3+0+4+4+3+1+1+0+2+2=20。

（3）替代阶段，用所有的非代表对象（8 个点）分别尝试替换两个中心点（B, H），则总共要尝试 16 种替代方案，分别是用（B, A）、（B, C）、（B, D）、（B, E）、（B, F）、（B, G）、（B, I）、（B, J）、（A, H）、（C, H）、（D, H）、（E, H）、（F, H）、（G, H）、（I, H）、（J, H）作为暂时的中心点，再计算替代后的总代价。下面以（B, G）作为暂时中心点（即用 G 替代 H）来计算替代后的总代价。首先计算所有点分别到（B, G）的距离，如表 4-20 所示。

表 4-20　数据点到暂时中心点（B, G）的距离

数　据　点	到B的距离	比　　较	到G的距离
A	**3**	<	8
B	**0**	<	5
C	**4**	<	9
D	**4**	<	7
E	5	>	**2**
F	3	>	**2**
G	5	>	**0**
H	4	>	**1**
I	6	>	**3**
J	6	>	**3**

计算替代后的代价 cost=22，因为替代后的代价比原来的代价大，所以拒绝此次替代。

接下来尝试用 A 替代 B，以（A, H）作为暂时中心点，则所有点分别到（A, H）的距离如表 4-21 所示。

表 4-21　数据点到暂时中心点（A, H）的距离

数　据　点	到 A 的距离	比　　较	到 H 的距离
A	**0**	<	7
B	**3**	<	4
C	**3**	<	8
D	**3**	<	6
E	8	>	**3**
F	6	>	**1**
G	8	>	**1**
H	7	>	**0**
I	7	>	**2**
J	5	>	**2**

计算替代后的代价 cost=18，因为替代后的代价比原来的代价小，所以接受此次替代。

进行了所有替代后发现，以（A, H）作为中心点的代价最小，因此最终的中心点为 $A(2,6)$ 和 $H(7,4)$，由于隶属关系没有发生变化（都是属于离新的中心点近或离原来的中心点近），所以最终聚类的结果仍为 Cluster1 = {A,B,C,D}，Cluster2 = {E,F,G,H, I,J}。

4．K-medoids聚类算法的优点与缺点

K-medoids 聚类算法的优点为：对噪声点/孤立点不敏感，具有较强的数据鲁棒性；聚类结果与数据对象点输入顺序无关；聚类结果具有数据对象平移和正交变换的不变性等。

K-medoids 聚类算法的缺点在于反复用非代表对象替代代表对象的高耗时性。对于大数据集而言，K-medoids 聚类算法过程缓慢的主要原因在于通过迭代寻找最佳的聚类中心点集时，需要反复地在非代表对象与代表对象之间进行最近邻搜索，从而产生大量非必需的重复计算，每次迭代的时间复杂度为 $O(k(n-k)^2)$，其中 n 是数据对象的数目，k 是聚类数。

为了解决 K-medoids 聚类算法计算复杂度高，不能用于大数据集的问题，Kaufmann 和 Rousseeuw 在 1990 年又提出了基于抽样的 K-medoids 聚类算法 CLARA（Clustering Large Applications）。这种算法不考虑整个数据集，而是选择数据集的一小部分作为样本，具体来说，它从数据集中抽取多个样本集，对每个样本集使用 PAM 算法并以最好的聚类作为输出。因为只需对样本集中的数据对象进行聚类，使得要聚类的数据对象明显减少了。

CLARA 算法虽然解决了 K-medoids 聚类算法应用于大数据集的问题，但它的有效性

依赖于样本集的大小，基于样本的好的聚类并不一定是整个数据集的好的聚类，样本可能发生倾斜。例如，O_i 是最佳的 k 个中心点之一，但它不包含在样本中，CLARA 将找不到最优聚类解。

4.4.2　K-medoids 聚类算法的 sklearn 实现

目前，sklearn 的正式发行版 0.22 并没有提供 K-medoids 聚类模块，但在 GitHub 网站中可以下载 K-medoids 聚类模块的测试版，网址为 https://github.com/terkkila/scikit-learn/tree/kmedoids/sklearn/cluster。在该页面中将__init__.py 和 k_medoids_.py 文件下载后复制到 X:\Anaconda3\lib\site-packages\sklearn\cluster 目录下（会替换原来的__init__.py 文件），即可以使用 K-medoids 聚类模块。

K-medoids 聚类模块实际上是一个 k_medoids 类，它的使用方法和 KMeans 类很相似，它的构造函数的参数包括簇的个数 n_clusters、初始簇中心的获取方法 init，以及获取初始簇中心的更迭次数 n_init。

【程序 4-7】用 K-medoids 聚类算法将数据聚成两类（数据文件 km.txt 的内容如图 4-15 所示）。

```
import numpy as np
import matplotlib.pyplot as plt
from sklearn.cluster import KMedoids
X1,X2= [],[]
fr = open('C:\\ex.txt')
for line in fr.readlines():
    lineArr = line.strip().split()
    X1.append([int(lineArr[0])])
    X2.append([int(lineArr[1])])
X = np.array(list(zip(X1, X2))).reshape(len(X1), 2)
model = KMedoids(2).fit(X)                #调用估计器 fit 方法进行聚类，聚类数为 2
colors = ['b', 'g', 'r', 'c']
markers = ['o', 's', 'x', 'o']
for i, l in enumerate(model.labels_):
    plt.plot(X1[i], X2[i], color=colors[l],marker=markers[l],ls='None')
# 下面以字符 x 绘制中心点
centroids = model.cluster_centers_      #centroids 保存了所有中心点
for i in range(2):
    plt.plot(centroids[i][0], centroids[i][1], markers[2])
plt.show()
```

程序的运行结果如图 4-15 所示。

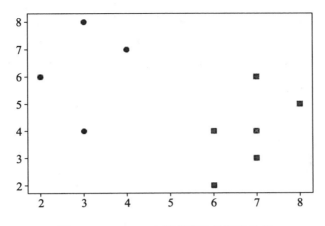

图 4-15　K-medoids 聚类算法的运行结果

4.5　DBSCAN 聚类算法

基于划分的聚类算法不能用来发现非凸形状的簇，为此，人们提出了基于密度的聚类算法。DBSCAN（Density-Based Spatial Clustering of Applications with Noise）是一个比较有代表性的基于密度的聚类算法。与基于划分或层次聚类方法不同，它将簇定义为密度相连的点的最大集合，能够把具有足够高密度的区域划分为簇，并可以在有噪声的多维数据集中发现任意形状的聚类。

在计算机图像识别领域经常要进行图像的分割，而图像中的像素点一般是聚积成非凸形状（比如环形或月牙形）的图像，这时候使用基于密度的聚类算法往往比其他聚类算法能得到更加准确的聚类结果。

4.5.1　DBSCAN 聚类算法的原理和实例

1. DBSCAN聚类算法的概念

DBSCAN 作为一种基于密度的聚类算法，首先要给出密度的定义和度量方法。该算法认为，数据集中特定点的密度是以该点为中心的指定半径的区域内点的计数，即如果该点邻近区域内点的个数超过了指定的阈值，就认为该点所在区域是稠密区域。显然，邻近区域中点的个数与扫描区域的半径有关。

基于上述原理，DBSCAN 度量密度需要两个参数，即邻域半径（Eps）和最小包含点数（MinPts）。该算法一般先任选一个未被访问（unvisited）的点，然后找出与其距离在

Eps 之内（包括 Eps）的所有近邻点，如果近邻点的数目大于最小包含点数（MinPts），则将该点标记为核心点（Core Point），如果近邻点数目小于最小包含点数，则又分为两种情况，即如果该点位于某个核心点的邻域半径范围内，就标记该点为边界点（Border Point），否则，标记该点为噪声点（Noise Point）。这 3 种点的示意图如图 4-16 所示。

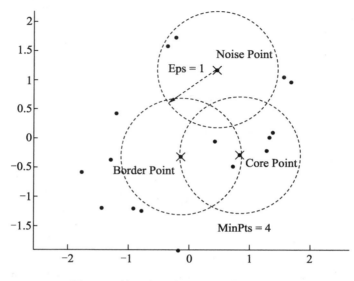

图 4-16　核心点、边界点和噪音点示意图

2．DBSCAN聚类算法中的几个概念

- ε-邻域：对于给定的对象 p，以 p 为中心，ε 为半径的区域称为对象 p 的 ε-邻域，Eps 表示 ε-邻域的半径。

- 核心对象：如果给定对象 ε-邻域内的样本点数大于等于 MinPts，则称该对象为核心对象。

- 直接密度可达：对于样本集合 D，如果样本点 q 在 p 的 ε-邻域内，并且 p 为核心对象，则称对象 q 从对象 p 出发是直接密度可达的。

- 密度可达：对于样本集合 D，如果存在一个对象序列 $p_1, p_2, \cdots, p_n$，$p = p_1, q = p_n$，其中任意对象 p_i 都是从 p_{i-1} 直接密度可达的，则称对象 q 从对象 p 出发是密度可达的。即多个方向相同的直接密度可达连接在一起称为密度可达。

- 密度相连：如果样本集合 D 中存在一个对象 o，并且对象 o 到对象 p 和对象 q 都是密度可达的，那么称 p 和 q 密度相连。

需要指出，直接密度可达是具有方向性的，因此密度可达作为直接密度可达的传递闭包是非对称的，而密度相连不具有方向性，是对称关系。DBSCAN 算法的目标是找到密度相连对象的最大集合，并将密度相连的最大对象集合作为簇，不包含在任何簇中的对象被称为"噪声点"，如图 4-17 所示为上述 DBSCAN 中的几个概念的示意图。

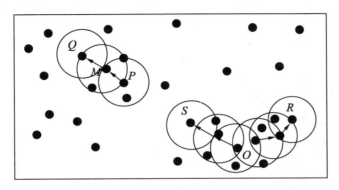

图 4-17　直接密度可达、密度可达、密度相连示意图

在图 4-16 中，Eps 用一个相应圆的半径表示，设 MinPts=3，下面来分析图 4-17 中 Q、M、P、S、O、R 这 6 个样本点之间的关系。

由于 M、P、O 这 3 个对象的 Eps 近邻域内均包含 3 个以上的点，因此它们都是核心对象，M 是从 P "直接密度可达"的，而 Q 则是从 M "直接密度可达"，基于上述结果，Q 是从 P "密度可达"的，但是 P 从 Q 无法"密度可达"（非对称性）。类似地，S 和 R 是从 O "密度可达"的，因此，O、R 和 S 均是"密度相连"的。

这样，DBSCAN 算法就从样本集中找到两个簇，Q、M、P 是一个簇，S、O、R 是另一个簇。

3．DBSCAN聚类算法的步骤

DBSCAN 聚类算法的步骤分为以下两步。

（1）寻找核心点形成临时聚类簇。

扫描全部样本点，如果某个样本点 ε-邻域内点的数目≥MinPoints，则将其纳入核心点列表，并将其密度可达的点形成对应的临时聚类簇。

（2）合并临时聚类簇得到聚类簇。

对于每一个临时聚类簇，检查其中的点是否为核心点，如果是，将该点对应的临时聚类簇和当前临时聚类簇合并，得到新的临时聚类簇。

重复此操作，直到当前临时聚类簇中的每一个点要么不在核心点列表，要么其密度直达的点都已经在该临时聚类簇内，则该临时聚类簇升级成为聚类簇。

（3）继续对剩余的临时聚类簇进行相同的合并操作，直到全部临时聚类簇被处理。具体步骤如下：

① 检测样本集中尚未检查过的对象 p，如果 p 未被处理（未归入某个簇或者标记为噪声点），则检查其邻域，若包含的对象数不小于 MinPts，则建立新簇 C，将其邻域中的所有点加入候选集 N。

② 对候选集 N 中所有尚未被处理的对象 q 检查其邻域，若至少包含 MinPts 个对象，则将这些对象加入 N；如果 q 未归入任何一个簇，则将 q 加入 C。

③ 重复步骤②，继续检查 N 中未处理的对象，直到当前候选集 N 为空。

④ 重复步骤①~③，直到所有对象都归入了某个簇或标记为噪声。

DBSCAN 算法的伪代码如下：

```
输入：包含 n 个对象的数据集 D={d₁,d₂,…,dₙ}；正整数 MinPts；邻域半径 ε
输出：簇集合 C={C₁,C₂,…,Cₙ}
过程：
首先将数据集 D 中的所有对象标记为未处理状态，k=0;          //开始没有簇
for 数据集 D 中每个对象 p do
    if  p 已经归入某个簇或标记为噪声 then
        continue;
    else
        检查对象 p 的 Eps 邻域 Neps(p);
        if  Neps(p)包含的对象数小于 MinPts then
            标记对象 p 为边界点或噪声点;
        else
            标记对象 p 为核心点，建立新簇 Cᵢ，并将 p 邻域内所有点加入 Cᵢ
            for   Neps(p)中所有尚未被处理的对象 q  do
                检查其 Eps 邻域 Neps(p)，若 Neps(p)包含至少 MinPts 个对象，则将
Neps(p)中未归入任何一个簇的对象加入 C;
            end for
        end if
    end if
end for
```

4. DBSCAN聚类算法举例

【例 4-5】已知表 4-22 所示的某数据集 D，该数据集 D 的散点图如图 4-18 所示。试用 DBSCAN 算法对其进行密度聚类分析，取 $\varepsilon=1$、$Minpts=4$、$n=12$。

表 4-22 例 4-5 的数据集

数据点	A	B	C	D	E	F	G	H	I	J	K	L
$X1$	2	5	1	2	3	4	5	6	1	2	5	2
$X2$	1	1	2	2	2	2	2	2	3	3	3	4

解：

（1）在数据集 D 中任意选择一个样本点。本例随机选择样本点 A，由于以样本点 A 为圆心且半径为 1 的邻域内只包含两个样本点（A 和 D），小于 4 个，因此样本点 A 不是核心点。同理可得样本点 B、C 均不是核心点。

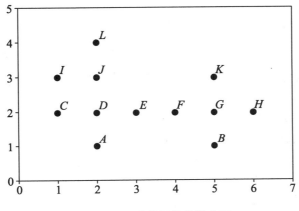

图 4-18　聚类数据集的散点图

（2）已知样本点 D 是一个核心点。从样本点 D 出发寻找所有与其具有可达关系的其余样本点，可以找到 4 个直接密度可达样本点（A、C、E、J），由于样本点 J 也是核心点，因此又可找到 2 个间接可达样本点（I、L），将 D 和这 6 个样本点组成一个样本子集合 $C_1=\{A, C, D, E, I, J, L\}$，则 C_1 就是一个所求的聚簇。

（3）继续检测样本点 E，因为样本点 E 已在簇 C_1 内，因此跳过，选择下个样本点 F，已知样本点 F 不是核心点，因此将其标记为边界点或噪声点。

（4）选择样本点 G，已知样本点 G 是核心点。与第（2）步同理获得一个新的聚簇 $C_2=\{B, F, G, H, K\}$。

（5）在数据集 D 中选择样本点 H，此样本点已经在簇 C_2 中了因此跳过。选择下一个样本点，同理发现样本点 I、J 和 L 已在聚簇 C_1 内，样本点 K 已在聚簇 C_2 内。此时已完成对数据集 D 中所有样本点的聚类分析，结束聚类过程并输出聚簇 C_1 和 C_2，最终聚类结果如图 4-19 所示。

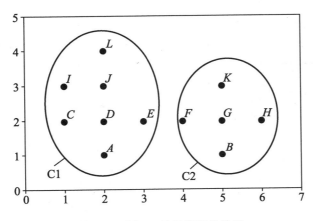

图 4-19　例 4-5 的最终聚类结果

5．DBSCAN算法的优点和缺点

DBSCAN 算法的目的在于过滤低密度区域，发现稠密样本区域。与传统的基于层次或划分的聚类只能发现凸形簇不同，DBSCAN 算法可以发现任意形状的聚类簇，它具有如下优点：

- 与 K-means 等算法相比，DBSCAN 不需要预先指定簇的数目。
- 聚类簇的形状没有偏倚。
- 对噪音点不敏感，并可以在需要时输入过滤噪音的参数。

由于 DBSCAN 算法是直接对整个数据集进行操作，并且使用了一个全局性的表征密度的参数，因此它有两个比较明显的弱点：

- 当数据量增大时，要求较大的内存支持，I/O 消耗也很大，DBSCAN 的基本时间复杂度是 $O(N*$ 找出 Eps 邻域中的点所需要的时间)，N 是样本点的个数，因此最坏情况下的时间复杂度是 $O(N^2)$。
- 当遇到密度变化的数据集（即密度分布不均匀）且聚类间距相差很大时，聚类质量较差。
- DBSCAN 不能很好地反映高维数据。

6．DBSCAN和各种聚类算法的比较

从性能、聚类形状等各方面对各种聚类算法的比较如表 4-23 所示。

表 4-23　各种聚类算法的比较

	K-means	K-medoids	DBSCAN	层次聚类算法
性能	快 ← 慢			
时间复杂度	低 → 高			
抗离群点干扰性	低	较高	较高	较低
聚类形状	球形	球形	任意形状	任意形状
高维性	较高	较低	较低	较低

4.5.2　DBSCAN 聚类算法的 sklearn 实现

在 sklearn 的聚类模块 sklearn.cluster 中，DBSCAN 类可以用来实现 DBSCAN 聚类算法。DBSCAN 类的构造函数的参数如下：

- Eps：邻域半径。默认值是 0.5，一般需要在多组值里面选择一个合适的阈值。如果 Eps 值过大，则更多的点会落在核心对象的 ε-邻域内，从而使类别数减少，反之则会使类别数增加，本来是一类的样本却被划分开。

- min_samples：最小包含点数，默认值是 5。在 Eps 一定的情况下，如果 min_samples 过大，则核心对象会过少，此时簇内部分本来是一类的样本可能会被标为噪音点，类别数也会变多。反之，min_samples 过小的话，则会产生大量的核心对象，从而导致类别数过少。
- metric：距离度量方法，默认使用欧式距离。
- algorithm：最近邻搜索算法参数，该算法一共有 3 种，第一种是蛮力（brute）实现，第二种是 k-d 树实现，第三种是球树实现。无论选择哪种算法，最后 scikit-learn 都会去用蛮力实现。一般情况使用默认的 auto。如果数据量很大或者特征很多时，用 "auto" 建树时间可能会很长，效率不高，建议选择 k-d 树实现'kd_tree'，此时如果发现'kd_tree'速度比较慢或者已经知道样本分布不是很均匀时，可以尝试用'ball_tree'。

【程序 4-8】用 DBSCAN 聚类算法将含有环形分布的数据聚成 3 类，其中，样本数据采用 make_circles()等函数生成。

```
import numpy as np
import matplotlib.pyplot as plt
from sklearn import datasets
from sklearn.cluster import DBSCAN
from sklearn.cluster import KMeans
X1, y1=datasets.make_circles(n_samples=1000, factor=.6, noise=.05)
X2, y2 = datasets.make_blobs(n_samples=100, n_features=2,
centers=[[1.2,1.2]], cluster_std=[[.1]], random_state=9)
X = np.concatenate((X1, X2))              #将 X1 和 X2 两个数据集合并
# y_pred 保存了类别值
y_pred = DBSCAN(eps = 0.11, min_samples = 10).fit_predict(X)
#用来和 Kmeans 聚类对比
#y_pred = KMeans(n_clusters=3, random_state=9).fit_predict(X)
#c=y_pred 用来将不同聚类值用不同颜色表示
plt.scatter(X[:, 0], X[:, 1], c=y_pred)
plt.show()
```

程序的运行结果如图 4-20 所示，为了对比，使用 K-means 聚类算法对该数据集聚类的预测结果如图 4-21 所示。

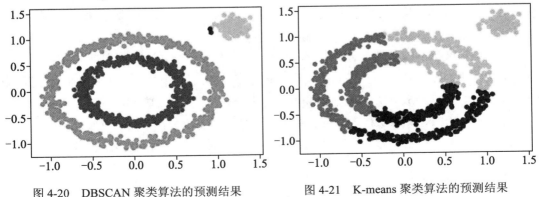

图 4-20　DBSCAN 聚类算法的预测结果　　　　图 4-21　K-means 聚类算法的预测结果

程序说明：

（1）datasets 类中的 make_circles()用来生成环形数据集，make_blobs 用来生成团状数据集，这两种方法生成的数据集都会带有标签数据，标签数据保存在返回值 $y1$ 和 $y2$ 中，但聚类属于无监督学习，在训练过程中不需要标签数据，因此未使用 $y1$、$y2$ 这两个变量。

（2）要使 DBSCAN 算法有好的聚类结果，其参数设置非常重要。本例经过反复调参，最终确定 Eps = 0.11，min_samples = 10 时的聚类效果最好，由此可见使用 DBScan 算法时一般不能使用默认的参数值。

4.6　利用聚类算法实现车牌识别

图像识别是机器学习的重要应用领域，而图像分割是图像识别和计算机视觉至关重要的预处理，没有完成正确的图像分割，就不可能有正确的图像识别。

所谓图像分割，就是利用图像的灰度、颜色、纹理和形状等特征，将图像分成若干个互不重叠的区域，并使这些特征在同一区域内呈现相似性，在不同区域之间存在明显的差异性。图像分割的过程其实是一个标记过程，即把属于同一区域的像素赋予相同的类别编号。图像分割技术已在实际生活中得到广泛的应用。例如在机车检验领域，可以利用轮毂裂纹图像分割技术及时发现裂纹，保证行车安全；在生物医学工程方面，对肝脏 CT 图像进行分割，为各种肝脏疾病的诊断提供帮助。

车牌识别是一个典型的图像识别过程，车牌识别首先要将车牌所在区域完整地提取出来，这实际上是一个图像分割的过程。然后对提取的车牌进行几何校正，再使用图像分割技术将车牌中的字符准确地切割出来，最后使用字符识别算法（如神经网络算法）对字符图像进行分类识别。

图像分割最常使用的方法是特征空间聚类法。该方法是将图像空间中的像素用对应的特征空间点表示，根据它们在特征空间的聚集对特征空间进行分割，然后将它们映射回原图像空间得到分割结果。其中，K-means、模糊 C 均值聚类（FCM）算法是最常用的特征空间聚类算法。

下面使用 K-means 聚类算法对图 4-22 所示的一幅车辆实拍图片进行车牌识别。

图像分割程序的基本思路是首先读取位图图像，然后对图像中的像素点进行聚类，将相似颜色的像素点聚成一类，在 Python 中，读取图像需要用到 PIL.Image 包。Image 模块是在 Python PIL 图像处理中常见的模块，对图像进行基础操作的功能（如 open、save、conver、show 等）都在该模块内。本例使用 Image 模块，主要用到的方法如表 4-24 所示。

图 4-22　车辆实拍图片

表 4-24　Image模块主要用到的方法

方　　法	说　　明
open(f)	参数f是文件流，表示从文件流读取一张图片
getpixel((i,j))	用来获取图像中某一点像素的RGB颜色值，其参数是一个像素点的坐标。返回值是该像素点的RGB分量值
putpixel (int x, int y, int color)	在指定位置画一像素，其中(x,y)是坐标，color是像素的颜色
new("L", (row, col))	使用给定的模式和尺寸创建一个新图像。模式取值可为1、L、RGB或CMYK，其中，L表示8位像素256级灰度的灰度图像，1表示一位像素的黑和白的二值图像，row和col表示图像的宽和高
save	保存图像

　　本实例中的数据可以是任意图片，为了使效果更加直观，建议采用区分度比较明显的图片。本实例的目标是利用 K-means 聚类算法对图像的像素点颜色进行聚类，实现简单的图像分割，同一聚类中的点使用相同的颜色进行标记，不同聚类颜色不同。

　　【程序 4-9】利用 K-means 聚类实现车牌识别，代码如下：

```
import numpy as np
import PIL.Image as image          #导入 PIL 包，用于打开和创建图片
from sklearn.cluster import KMeans  #导入 Kmeans 算法包

def loadData(filePath):            #加载图片
    f = open(filePath,'rb')        #以二进制形式打开图片
    data = []
    img = image.open(f)            #以列表形式返回图片像素值
    m,n = img.size                 #获得图片的尺寸
#将每个像素点的颜色值压缩到 0~1 之间，目的是对特征属性进行归一化处理
```

```
for i in range(m):
    for j in range(n):
        # x,y,z 用于保存每个像素点颜色的 RGB 分量值
        x,y,z = img.getpixel((i,j))
        #data 用于保存每个像素点颜色的 RGB 分量值
        data.append([x/256.0,y/256.0,z/256.0])
    f.close()
    return np.mat(data),m,n

imgData,row,col = loadData('./che.jpg')
#聚类获得每个像素点所属的类别
label = KMeans(n_clusters=3).fit_predict(imgData)
#将类别值转换成二维数组形式，以便和像素点相对应
label = label.reshape([row,col])
#创建一张新的灰度图像并保存聚类后的结果
pic_new = image.new("L", (row, col))
#根据所属类别向图片中添加灰度值
for i in range(row):
    for j in range(col):
        pic_new.putpixel((i,j), int(256/(label[i][j]+1)))
        #print(int(256/(label[i][j]+1)))
pic_new.save("che-2.jpg", "JPEG")    #以 JPEG 格式保存图像
```

程序的运行结果如图 4-23 所示。经过图像分割后，车牌区域及号码就很容易地提取出来了，为车牌字符识别提供了条件。

图 4-23　输出的图像分割结果

提示：在对车牌识别进行图像分割时，聚类的类别数不宜过多，k 值建议取 3。这样就容易将车牌字符、车牌背景和车牌外区域区分出来。如果要将此程序用于其他图像的分割，可以根据实际需要和程序测试选择最合适的 k 值。

4.7　习　　题

1．在统计学中，数据的类型有 3 种，不包括（　　　）。

A．定类数据　　　　　　　　　B．定性数据

C．定距数据　　　　　　　　　D．定序数据

2．下列哪一项不属于聚类算法？（　　　）

A．K-中心点　　　　　　　　　B．K 近邻

C．K-means　　　　　　　　　D．DBSCAN

3．下列哪种距离是两点之间的直线距离？（　　　）

A．欧氏距离　　　　　　　　　B．曼哈顿距离

C．切比雪夫距离　　　　　　　D．闵可夫斯基距离

4．从性能上看，（　　　）聚类算法的速度是最快的。

A．K-中心点　　　　　　　　　B．层次聚类法

C．K-means　　　　　　　　　D．DBSCAN

5．在 DBSCAN 中，一个簇是一个（　　　）的区域。

A．密度可达　　　　　　　　　B．直接密度可达

C．密度相连　　　　　　　　　D．直接密度相连

6．聚类算法可分为_____、_____、基于密度的方法和基于模型的方法等。

7．在聚类中是通过_____度量相似度的。

8．在 sklearn 提供的聚类模块中，参数 n_clusters 用于设置_____。

9．DBSCAN 算法中定义的 3 类点分别是核心点、_____和_____。

10．解释语句 X = np.array(list(zip(X1, X2))).reshape(len(X1), 2)的含义。

11．分别使用 K-means、K-medoids 和 DBSCAN 算法对 sklearn 中的鸢尾花数据集进行聚类（聚类数目设置为 3），并评估这 3 种聚类算法的准确率。

第 5 章　分　　类

关于分类问题想必读者都不会陌生，日常生活中我们每天都在进行着分类。例如，当你看到一个人，你的脑子下意识会判断他是学生还是已经步入社会的人，当你走在路上时可能会对身旁的朋友说"这个人一看就很有修养"之类的话，其实这些就是分类操作。

分类方法是一种对离散型随机变量建模或预测的有监督学习方法。其中，分类学习的目的是从给定的人工标注的分类训练样本数据集中学习出一个分类函数或者分类模型，常将其称为分类器（Classifier）。当新的未知类别的数据到来时，可以根据这个分类模型对其进行预测，将新数据项映射到给定类别中的某一个类中。例如，一个手写数字集保存了很多人手写的数字，可以通过该手写数字集训练一个分类模型，当输入一个新的未知的手写数字时，分类模型能识别出这个手写数字是什么。

5.1　分类的基本原理

对于分类，输入的训练数据包含两部分信息，即特征属性集（Features）和类别属性（class），也称为标签（label），具体可表示为（F_1, F_2, ..., F_n; label）。其中，特征属性集是指机器学习模型处理的对象或事件中收集的已经量化的特征集合，通常将它表示成一个向量 $X \in R_n$，向量的每一个元素 X_i 是一个特征。

而所谓的学习，其本质就是找到特征与标签之间的映射（mapping）关系。因此，说分类预测模型是求取一个从输入向量（特征）X 到离散的输出变量（标签）y 之间的映射函数 $f(x)$。这样当有特征而无标签的未知数据输入时，可以通过映射函数预测未知数据的标签。

简单地说，分类预测的过程就是按照某种标准给对象贴标签，再根据标签来区分归类的过程。类别是事先定义好的。例如：在 CTR（点击率预测）中，针对一个特定商品，可以根据过往点击的商品等信息将某位用户归为"会点击"和"不会点击"的类别；可以根据以往还款经历等信息将房屋贷款人归为"会拖欠贷款"和"不会拖欠贷款"的类别；可以将一个文本邮件归为"垃圾邮件"和"非垃圾邮件"。

5.1.1 分类与聚类的区别

分类与聚类是两个容易混淆的概念，实际上分类与聚类是完全不同的概念。只要从它们的训练集上就可以发现分类与聚类的明显区别。如图 5-1 所示的为分类训练集和聚类训练集的对比，该数据集反映了豌豆种子在不同环境下能否发芽的情况。

从图 5-1 中可以看出，分类的训练集包含特征属性和类别属性。其中，特征属性是向量 X，而类别属性是离散值变量 y（如果该变量可取值的个数为 2，则表示二分类问题；如果该变量可取值的个数大于 2，则表示多分类问题），因此分类的训练集可表示为 (X, y)，而聚类的训练集只有特征属性，聚类的训练集可表示为 (X)。

分类的训练集

形状	颜色	大小	土壤	是否发芽
圆形	灰色	饱满	酸性	否
圆形	白色	皱缩	碱性	是
皱形	白色	饱满	碱性	否
圆形	青色	饱满	酸性	是
圆形	白色	皱缩	酸性	是
皱形	灰色	皱缩	酸性	否
圆形	白色	饱满	碱性	否

聚类的训练集

形状	颜色	大小	土壤
圆形	灰色	饱满	酸性
圆形	白色	皱缩	碱性
皱形	白色	饱满	碱性
圆形	青色	饱满	酸性
圆形	白色	皱缩	酸性
皱形	灰色	皱缩	酸性
圆形	白色	饱满	碱性

特征属性　　　类别属性　　　　　　特征属性

图 5-1　分类训练集和聚类训练集的对比

实际上，分类对应机器学习中的有监督学习（Supervised Learning），而聚类是一种无监督学习（Unsupervised Learning）。

💡 提示：根据训练时的样本是否带有标签（类别属性），可将机器学习分为 4 类：样本带有标签的称为有监督学习，样本无标签的称为无监督学习，少部分样本带有标签而大部分样本无标签的称为半监督学习（Semi-supervised Learning），预先不需要样本的称为强化学习（Reinforcement Learning）。

另外，有监督学习又可以分为产生式模型（Generative Model）和判别式模型（Discriminative Model）。机器学习的任务是通过特征属性 X 预测标签 y，即求条件概率 $P(y|X)$。对于判别式模型来说，对未知类别的样本 X，根据 $P(y|X)$ 可以直接求得标签 y，即可以直接判别出来。线性回归模型和支持向量机都是属于判别式模型。而产生式模型需要求 $P(y, X)$，对于未知类别的样本 X，要求出 X 与不同类别之间的联合概率分布，然后比较大小。朴素贝叶斯模型、隐马尔可夫模型（Hidden Markov Model，HMM）等都

属于产生式模型。这两种模型暂时不需要读者理解，可以把本书的内容学完之后再仔细体会这两种模型的区别。

5.1.2　分类的步骤

分类的目的是构造一个分类函数或分类模型（分类器），该模型能把一些新的未知类别的数据映射到某一个给定的类别中。对一个样本集进行分类大致分为 4 个步骤。

（1）将样本转化为等维的数据特征（特征提取）。

这一步要求所有样本必须具有相同数量的特征，并兼顾特征的全面性和独立性。比如，要根据动物的一些特征预测某种动物属于鸟类还是哺乳动物类。首先收集一些已知类别的动物样本，将样本转化为等维的数据特征，如表 5-1 所示。

表 5-1　将样本转化为等维的数据特征

动物种类	体　　型	翅膀数量	脚的只数	是否产蛋	是否有毛	类　　别
狗	中	0	4	否	是	哺乳动物
猪	大	0	4	否	是	哺乳动物
牛	大	0	4	否	是	哺乳动物
麻雀	小	2	2	是	是	鸟类
天鹅	中	2	2	是	是	鸟类
大雁	中	2	2	是	是	鸟类

（2）选择与类别相关的特征（特征选择）。

在表 5-2 中，粗体字的特征表示与类别非常相关，其他的特征表示与类别完全无关。那么，可以只保留粗体字的特征，而将其他特征（是否有毛）删除。

表 5-2　选择与类别相关的特征

动物种类	体　　型	翅膀数量	脚的只数	是否产蛋	是否有毛	类　　别
狗	**中**	**0**	**4**	**否**	是	哺乳动物
猪	**大**	**0**	**4**	**否**	是	哺乳动物
牛	**大**	**0**	**4**	**否**	是	哺乳动物
麻雀	**小**	**2**	**2**	**是**	是	鸟类
天鹅	**中**	**2**	**2**	**是**	是	鸟类
大雁	**中**	**2**	**2**	**是**	是	鸟类

（3）建立分类模型或分类器（分类）。

通常可以将分类器看作一个函数，它把特征向量（Feature Vector）映射到类的空间上。该函数可表示如下：

$$f(\pmb{x}_{i_1}, \pmb{x}_{i_2}, \pmb{x}_{i_3}, \cdots, \pmb{x}_{i_n}) \rightarrow y_i$$

在本例中，特征向量 $\pmb{X}$ 是<体型, 翅膀数量, 脚的只数, 是否产蛋>, 类别属性 y 是{哺乳动物, 鸟类}。

（4）用建立的分类模型预测未知类别样本的所属类别。

比如，要对表 5-3 中新发现的物种动物 A（大、0、2、是）和动物 B（中、2、2、否）进行分类，只要将特征向量作为分类函数的输入即可得到类别值。

表 5-3　预测未知类别样本的所属类别

动物种类	体　　型	翅膀数量	脚的只数	是否产蛋	类　　别
动物A	大	0	2	是	？
动物B	中	2	2	否	？

（5）评估分类模型预测结果。

对于分类模型来说，必须评估模型的泛化能力（Generalization Ability）。所谓泛化能力，是指机器学习模型对新样本的适应能力。也就是说，如果分类模型对新样本的预测结果越准确，则该分类模型的泛化能力越好。分类模型评估的具体方法和指标见 5.1.3 小节。

总结，分类过程包括两个阶段：

- 模型训练阶段：这一阶段使用训练集构建一个分类模型（或规则），如图 5-2 所示。
- 分类模型的使用阶段：使用模型对测试数据或类别未知的新数据进行分类，如图 5-3 所示。对测试数据进行分类是为了评估分类模型的准确率，对新数据进行分类是为了预测新数据的类别。

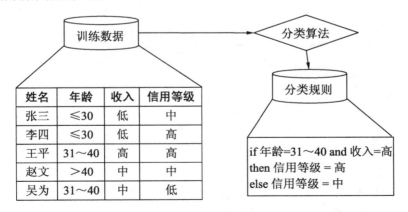

图 5-2　分类模型的训练阶段

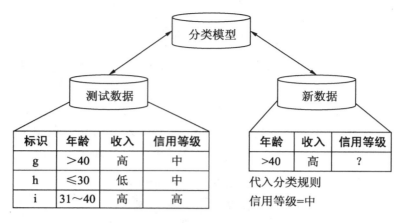

图 5-3 分类模型的使用阶段

5.1.3 分类模型预测结果评估

在用分类模型预测测试集样本的所属类别之后，需要对分类模型的准确率进行评估，以判断该分类模型的准确率是否能够满足应用的需要。在表 5-3 中，假设动物 A、动物 B 的实际类别是{鸟类、哺乳动物}，而通过分类模型预测的结果是{鸟类、鸟类}，则称该模型的预测准确率（Accuracy）为 50%。预测准确率高，也可视为模型的泛化能力好。

但分类模型的预测结果不能单纯地用准确率进行评估。为了有效判断一个预测模型的性能，需要通过比较预测值和真实值来计算出精确率、召回率、F1 值和 *Cohen's Kappa* 系数等指标，通过这些指标来衡量。常规分类模型的评估方法如表 5-4 所示。

表 5-4 常用分类模型的评估方法

方 法 名 称	最 优 值	sklearn函数
Precision（精确率）	1.0	metrics.precision_score
Recall（召回率）	1.0	metrics.recall_score
*F1*值	1.0	metrics.f1_score
*Cohen's Kappa*系数	1.0	metrics.cohen_kappa_score
*ROC*曲线	最靠近y轴	metrics.roc_score

下面对分类模型的评估方法的含义进行介绍。以一个二分类问题为例，样本有正、负两个类别，那么模型的预测结果和真实标签的组合就有 4 种，即 *TP*、*FP*、*FN*、*TN*，如表 5-5 所示。

表 5-5　预测结果和真实标签的组合

真实值＼预测值	Positive	Negative
Positive	True Positive(TP)	False Negative(FN)
Negative	False Positive(FP)	True Negative(TN)

其中：TP 表示实际为正样本，预测值也是正样本（真阳性）；FN 表示实际为正样本，预测值为负样本（假阴性）；FP 表示实际为负样本，预测值为正样本（假阳性）；TN 表示实际为负样本，预测值为负样本（真阴性）。

可见，TP 和 TN 都是预测正确的情况，因此，预测的准确率就可以定义为：

$$Accuracy = (TP+TN)/(TP+TN+FP+FN)$$

预测的精确率表示预测为正的样本中有多少是真正的正样本，**精确率**可定义为：

$$Precision=TP/(TP+FP)$$

召回率表示样本中的正例有多少被预测正确了，可定义为：

$$Recall=TP/(TP+FN)$$

对于机器学习模型来说，当然希望 Precision 和 Recall 这二者都保持较高的水准，但事实上这二者在很多时候是不可兼得的。为此，人们又提出了 F_1 分数（F1 Score）的概念，它同时兼顾了分类模型的精确率和召回率。F_1 分数可以看作模型精确率和召回率的一种加权平均值，它的最大值是 1，最小值是 0，定义如下：

$$F_1 = 2\times\frac{Precision\times Recall}{Precision + Recall}$$

5.1.4　sklearn 库的常用分类算法

在数据分析领域，分类算法很多，原理也千差万别。例如，有基于样本距离的 K-近邻算法（K-NearestNeighbor，KNN），有基于贝叶斯定理的朴素贝叶斯分类算法，有基于信息熵的决策树分类算法，有基于 Bagging 的随机森林分类算法等。

sklearn 提供了目前常用的几乎所有的分类算法，它们分别位于不同的模块中，如表 5-6 所示。与聚类算法不同，sklearn 中所有的聚类算法都位于 cluster 模块中。

表 5-6　sklearn库常用的分类算法

类　名	所 在 模 块	算 法 名 称
neighbors	KNeighborsClassifier	K-近邻分类算法
GaussianNB	naive_bayes	高斯朴素贝叶斯分类算法
DecisionTreeClassifier	tree	决策树分类算法

（续）

类　　名	所 在 模 块	算 法 名 称
RandomForestClassifier	ensemble	随机森林分类算法
LogisticRegression	linear_model	逻辑回归算法
SVC	svm	支持向量机算法

5.2　K-近邻算法

物以类聚，人以群分。判别一个人的品质，常常可以从他/她周围的朋友入手，所谓观其友，而识其人。K-近邻算法就是一种以聚类的思想进行分类的分类算法，也是最简单的机器学习算法之一。该算法最初由 Cover 和 Hart 于 1968 年提出，根据距离函数计算待分类样本 X 和每个训练样本的距离（作为相似度），选择与待分类样本距离最小的 K 个样本作为 X 的 K 个最近邻，最后以 X 的 K 个最近邻中的大多数样本所属的类别作为 X 的类别。

5.2.1　K-近邻算法的原理和实例

所谓 K-近邻算法，即给定一个训练数据集，对新的输入实例，在训练数据集中找到与该实例最邻近的 K 个实例（也就是所谓的 K 个邻居），这 K 个实例的多数属于某个类，就把该输入实例分类到这个类中。

如图 5-4 所示，有两类不同的样本数据（$L1$ 和 $L2$），$L1$ 用小正方形表示，$L2$ 用小三角形表示，而图中间的那个圆表示的是未知类别的待分类的数据 X。现在要对 X 进行分类，判断它是属于 $L1$ 还是 $L2$。

K-近邻分类的过程是，先主观设置 k 的值，设 $k=4$，寻找与 X 距离最近的 4 个点，从图 5-4 中可以发现 X 的 4 个近邻点中有 3 个属于 $L2$ 类，有 1 个属于 $L1$ 类，可见 4 个最近邻点大多数属于 $L2$ 类，从而可以判断 X 的类别是 $L2$。

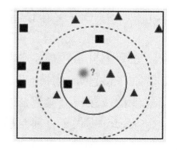

图 5-4　KNN 算法示意图

1．K-近邻算法的步骤及举例

K-近邻算法的实现大致包括以下 3 步：

（1）算距离：给定测试对象，计算该对象与训练集中每个对象的距离。

（2）找邻居：圈定距离最近的 k 个训练对象作为测试对象的近邻。

（3）做分类：将这个 k 近邻对象大多数归属的类别作为测试对象的类别。

K-近邻算法的编程步骤如下：

（1）初始化距离为最大值。

（2）计算未知样本和每个训练样本的距离 $dist$。

（3）得到目前 k 个最近邻样本中的最大距离 $maxdist$。

（4）如果 $dist$ 小于 $maxdist$，则将该训练样本作为 K-最近邻样本。

（5）重复（2）～（4）步，直到未知样本和所有训练样本的距离都算完。

（6）统计 k 个最近邻样本中每个类别出现的次数。

（7）选择出现频率最大的类别作为未知样本的类别。

【例 5-1】表 5-7 是一个二手房分类的训练集，对于二手房的新样本 $T=\{18，8\}$，试用 KNN 算法预测其所属的类型。

表 5-7　二手房分类训练集

序　号	房　龄	与市中心距离	类　型
A	2	4	$L1$
B	4	3	$L2$
C	10	6	$L3$
D	12	9	$L2$
E	3	11	$L3$
F	20	7	$L2$
G	22	5	$L2$
H	21	10	$L1$
I	11	2	$L3$
J	24	1	$L1$

解：本例采用欧氏距离作为距离度量方法，且设 $k=4$。

首先计算新样本 T 与训练集中所有样本的距离。例如 T 与 A 的距离为：

$$d(T,A)=\sqrt{(18-2)^2+(8-4)^2}=16.5$$，T 与所有样本的距离如表 5-8 所示。

表 5-8　新样本 T 与训练集中所有样本的距离

序号	A	B	C	D	E	F	G	H	I	J
与样本 T 的距离	16.5	14.9	8.3	**6.1**	15.3	**2.2**	**5**	**3.6**	9.2	9.2

然后找距离最近的 k 个邻居，分别是 $\{F，H，G，D\}$，这 4 个邻居对应的类别分别是 $\{L2，L1，L2，L2\}$，所以新样本 T 所属的类别是 $L2$。

下面绘制出如图 5-5 所示的散点图，用来直观地观察 T 所属的类别是否正确。从图 5-5

中可见，新样本 T 确实与 F、H、G、D 这 4 个点的距离最近。

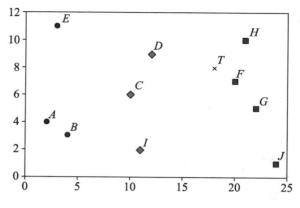

图 5-5　例 5-1 中数据的散点图

2．K-近邻算法的优缺点

K-近邻算法的优点如下：
- 算法思路简单，易于实现，对异常值不敏感，无数据输入假定。
- 当有新样本要加入训练集中时，无须重新训练（即重新训练的代价低）。
- 计算时间复杂度和空间复杂度，与训练集的规模呈线性相关，对某些问题而言这是可行的。

K-近邻算法的缺点及适用数据范围如下：
- 分类速度慢，该算法的时间复杂度为 $O(m*n)$。
- 各属性的权重值相同时，可能影响准确率。
- 样本库容量依赖性较强，当样本容量太小时会影响预测准确率。
- K 值不好确定。

3．K-近邻算法的常见问题及解决方法

在实际应用中，K-近邻算法可能会遇到 3 个需要解决的问题，具体如下：

第 1 个问题：样本不平衡时对算法的影响。

如图 5-6 所示，K-近邻算法在分类时有个很大的缺陷，当样本不平衡时即一个类的样本容量很大，而其他类样本容量很小时，很有可能导致当输入一个未知样本时，该样本的 k 个邻居中大数量类的样本占多数。例如，Y 从图 5-6 中看应属于 ω_1 类，但应用 KNN 算法会将其错误地划分到 ω_2 类中。

为此，可以采用对近邻点赋权值的方法来改进这个问题。和该样本距离小的邻居权值大，和该样本距离大的邻居权值则相对较小。由此，将距离远近的因素也考虑在内，避免

因某个类别样本的容量过大而导致误判的情况发生。

第 2 个问题：K 的取值对算法的影响。

在 K-近邻算法中，k 值是主观设定的。如图 5-7 所示，当增大 k 值时，分类错误率一般会先降低，因为周围有更多的样本可以借鉴。但是当 k 值更大的时候，错误率会更高。这也很好理解，比如样本集中共有 35 个样本，当把 k 值增大到 35 时，K-近邻算法基本上就没有意义了。

要选出最优的 k 值，思路是分别尝试不同 k 值下分类模型的准确率，这可以使用 sklearn 中的交叉验证方法。

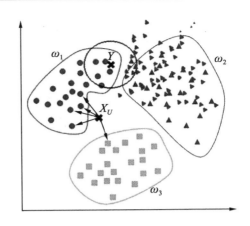

图 5-6　样本不平衡时 KNN 算法的预测效果

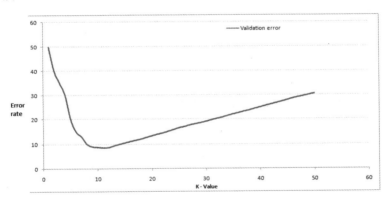

图 5-7　k 值与分类错误率的关系

第 3 个问题：如何快速找到待测点的 k 个近邻。

最基本的 K-近邻算法需要计算待测点与训练集中所有数据点之间的距离，如果训练集中的点（样本）很多，则这个操作会很耗时，而且还需要对所有距离进行排序，然后才能找到距离最小的 k 个数据点，这个排序操作也比较耗时。

为了解决上述问题，人们提出了 k-d 树（k-dimensional tree）算法。k-d 树可以快速地找到与待测点最邻近的 k 个训练点，不需要再计算待测点与训练集中的每一个数据点的距离。

k-d 树算法类似于"二分查找"。k-d 树是二叉树的一种，是对 k 维空间的一种分割，如图 5-8 所示。构造 k-d 树相当于不断地用垂直于坐标轴的超平面将 k 维空间进行切分，构成一系列的 K 维超矩形区域。k-d 树的每个节点对应于一个 k 维超矩形区域。利用 k-d 树可以省去对大部

k-d 树算法介绍

分数据点的搜索，从而减少搜索的计算量。k-d 树的具体原理介绍，可扫描二维码进行了解。

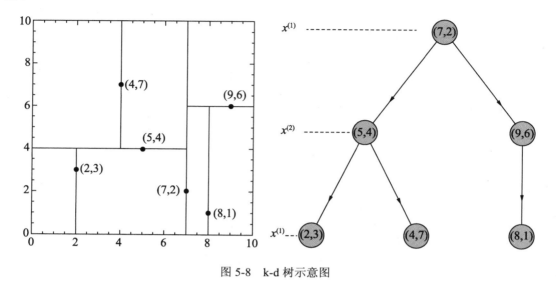

图 5-8 k-d 树示意图

5.2.2 sklearn 中分类模型的编程步骤

在 sklearn 中，使用分类模型的编程步骤大致如下：

（1）导入相应的机器学习及数据可视化模块，代码如下：

```
import matplotlib as mpl
import matplotlib.pyplot as plt
from sklearn.neighbors import KNeighborsClassifier    #导入 KNN
```

（2）读取数据并将数据存储到 NumPy 数组中，然后将数据集划分为特征属性集 X 和标签集 y。代码如下：

```
X1,y1=[],[]
fr = open('D:\\knn.txt')
for line in fr.readlines():
    lineArr = line.strip().split()
    X1.append([int(lineArr[0]),int(lineArr[1])])
    y1.append(int(lineArr[2]))
X=np.array(X1)                      #转换成 NumPy 数组，X 为特征属性集
y=np.array(y1)                      #y 为标签集
```

（3）将数据集划分为训练集和测试集。

在机器学习中，通常需要将原始数据集按比例分割为"训练集""测试集"，这需要使用 model_selection 模块中的 train_test_split()函数，该函数的语法如下：

```
X_train,X_test, y_train, y_test = train_test_split(train_data,train_target,
test_size=0.1, random_state=0, stratify=y_train)
```

其中，**train_data** 表示训练样本的特征属性集，**train_target** 表示标签集。

test_size 用来设置测试集占数据集的比例，例如数据集有 100 个样本，test_size=0.1 表示随机选取其中 10 个样本作为测试集，这 10 个样本是随机选取的。

random_state=0 表示每次测试集的选取都是随机的，因此每次运行时测试集中的样本会发生变化，如果 random_state=1 则每次运行时测试集中的样本不会发生变化。

stratify=y_train 是为了保证测试集中各样本所属的类别比例与原始数据集中的类别比例一致。比如有 100 个样本，80 个属于 A 类，20 个属于 B 类，test_size=0.25，则在测试集的 25 个样本中，将会有 20 个属于 A 类，5 个属于 B 类。如果 stratify=None，则在划分出的测试集中样本的类别比例将是随机的，不能保证与原始数据集中的类别比例一致。下面是示例代码：

```
from sklearn.model_selection import  train_test_split       #数据分割模块
X_train,X_test,Y_train,Y_test=train_test_split(X,y,test_size=0.16)
```

（4）调用相应的机器学习模型并用 fit()方法拟合模型，在分类中，fit()方法的参数是训练集的特征属性 **X** 和类别属性 *y*。

```
knn=KNeighborsClassifier(3)
knn.fit(X,y)                                               #训练模型
```

（5）对测试数据集进行预测。predict()方法的参数是测试集的特征属性。

```
y_pred=knn.predict(X_test)
```

（6）对预测的准确度进行评估。

sklearn 提供的验证模块 **metrics** 可以对分类结果的准确率进行评估，该模块中常用的 3 个函数分别如下：

- accuracy_score()：用于输出整体预测结果的准确率（除了使用该函数之外，也可以直接利用机器学习算法中的.score(*X*,*y*)函数输出算法的准确度）。
- confusion_matrix()：输出混淆矩阵。
- classification_report()：输出分类报告，可以显示主要的分类指标。

下面是输出评估结果的示例代码：

```
from sklearn import metrics                              #引入机器学习的验证模块
print(knn.score(X_test,Y_test))
#输出整体预测结果的准确率，其中可添加第 3 个参数 normalize=False，表示输出结果预测正
  确的个数
print(metrics.accuracy_score(y_true=Y_test,y_pred=y_pred))
print(metrics.confusion_matrix(y_true=Y_test,y_pred=y_pred)) #输出混淆矩阵
from sklearn.metrics import classification_report
target_names = ['labels_1','labels_2','labels_3']
print(classification_report(Y_test,y_pred))
```

其中，混淆矩阵分别统计分类模型中归对类和归错类的观测值个数，然后把结果放在一个表里展示出来。混淆矩阵如果为对角矩阵，表示预测结果是正确的，准确度也越大。对于二分类问题，混淆矩阵是 2 行 2 列的矩阵，左上角和右下角的元素分别表示 TP 和 TN 值，右上角和左下角的元素分别表示 FP 和 FN 值，显然，FP 和 FN 值越小越好。混淆矩阵是 ROC 曲线绘制的基础，同时也是衡量分类型模型准确度中最基本、最直观、计算最简单的方法。

在小样本训练集上务必使用 CV 方法进行验证，否则会导致过拟合。

（7）对未知类别的新样本进行预测。

如果分类模型的准确率经过评估，能达到应用的需要，接下来就可使用分类模型来预测新数据了。把新数据的特征作为 predict() 函数的输入，即可返回该样本的类别值。例如：

```
label=knn.predict([[7,27]])        #预测新样本[7,27]的类别值
print(label)                       #打印类别值
```

5.2.3　K-近邻算法的 sklearn 实现

在 sklearn 的 neighbors 模块中，　KneighborsClassifier 类可以用来实现 K-近邻算法，该类的构造函数语法格式如下：

```
def KNeighborsClassifier(n_neighbors = 5, weights='uniform', algorithm =
'', leaf_size = '30', p = 2, metric = 'minkowski', metric_params = None,
n_jobs = None )
```

各个参数的含义如下：

- n_neighbors：K-近邻算法中的 k 值，该参数必须指定。
- weights：权重值，取值有：'uniform'，表示不管近邻点远近，权重值都一样，这就是最普通的 KNN 算法；'distance'，权重和距离成反比，距离预测目标越近则具有越高的权重；自定义函数，自定义一个函数，根据输入的坐标值返回对应的权重，达到自定义权重的目的。
- algorithm：构建 KNN 模型使用的算法，取值包括：brute 表示蛮力实现，就是直接计算所有距离再排序；'kd_tree'表示使用 k-d 树实现 KNN 算法；'ball_tree'表示使用球树实现 KNN 算法；'auto'是默认参数，表示自动选择合适的方法构建模型。

【程序 5-1】使用例 5-1 中的二手房数据集训练 K-近邻分类模型，并对新的二手房样本[7,27]和[2,4]的所属类别进行预测。其中，数据文件 knn.txt 的内容见表 5-7。

```
import numpy as np
import matplotlib.pyplot as plt
from sklearn.neighbors import KNeighborsClassifier        #引入 KNN 模块
from sklearn.model_selection import  train_test_split  #引入数据集分割模块
from sklearn import metrics                            #引入机器学习的准确率评估模块
```

```
#读取文本文件的数据，并分割成特征属性集 X 和类别集 y
X1,y1=[],[]
fr = open('D:\\knn.txt')
for line in fr.readlines():
    lineArr = line.strip().split()
    X1.append([int(lineArr[0]),int(lineArr[1])])
    y1.append(int(lineArr[2]))
X=np.array(X1)                          #转换成 NumPy 数组，X 是特征属性集
y=np.array(y1)                          #y 是类别标签集
#分割成训练集和测试集
X_train,X_test,Y_train,Y_test=train_test_split(X,y,test_size=0.16)
knn=KNeighborsClassifier(3)             #使用模型并训练
knn.fit(X,y)
#分别绘制每个类中样本的散点
plt.scatter(X_train[Y_train==1,0],X_train[Y_train==1,1],color='red',
marker='o')
plt.scatter(X_train[Y_train==2,0],X_train[Y_train==2,1],color='green',
marker='x')
plt.scatter(X_train[Y_train==3,0],X_train[Y_train==3,1],color='blue',
marker='d')
#使用测试集对分类模型进行测试，测试集中有两个样本
y_pred=knn.predict(X_test)
#输出测试结果
print(knn.score(X_test,Y_test))         #输出整体预测结果的准确率，方法 1
#输出准确率的方法 2
print(metrics.accuracy_score(y_true=Y_test,y_pred=y_pred))
#输出混淆矩阵，如果为对角矩阵，则表示预测结果是正确的，准确度越大
print(metrics.confusion_matrix(y_true=Y_test,y_pred=y_pred))
#输出更详细的分类测试报告
from sklearn.metrics import classification_report
target_names = ['labels_1','labels_2','labels_3']
print(classification_report(Y_test,y_pred))
#预测新样本的类别
label=knn.predict([[7,27],[2,4]])
print(label)                            #输出[2 1]，表示新样本分别属于 2 和 1 类
```

程序的运行结果包括文本和坐标图，输出文本如下，坐标图如图 5-9 所示。

```
1.0                                     #方法 1 输出的准确率
1.0                                     #方法 2 输出的准确率
[[1 0]                                  #输出的混淆矩阵
 [0 1]]
            precision   recall  f1-score   support  #输出分类报告
       2       1.00      1.00      1.00         1   #将一个样本划分为第 2 类
       3       1.00      1.00      1.00         1
accuracy                           1.00         2
macro avg      1.00      1.00      1.00         2
weighted avg   1.00      1.00      1.00         2
```

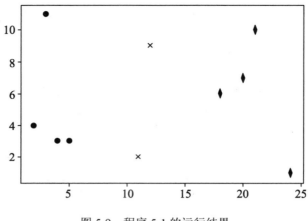

图 5-9　程序 5-1 的运行结果

程序说明：测试集中只有两个样本，都是随机选取的，样本类别号分别是 2 和 3，由于这两个样本都被正确预测出了类别，因此准确率、召回率和 f1 分数都是 1（即 100%）。混淆矩阵中 *TP* 和 *TN* 都是 1（两个样本的类别不一样，被分别当成正例和反例）。

5.2.4　绘制分类边界图

程序 5-1 只绘制出了每个类中的样本的散点图，但对于分类程序来说，最好能绘制出类与类之间的分类边界，这样能直观地观察每个类的范围。

绘制分类程序的边界图可分为 3 步：

（1）使用 np.meshgrid()函数生成网格点。所谓网格点，就是平均分布在二维平面上间隔相同的很多点，用它们代表任意的待分类点。

（2）用 knn.predict()函数预测所有网格点的类别标签。

（3）使用 plt.pcolormesh()函数绘制每个网格点类别对应的颜色块，这样，只要网格点足够多、足够密，就会产生很多小颜色块，不同类别网格点的颜色块是不同的，聚集在一起就形成分类界面图像。

【**程序 5-2**】绘制分类程序的界面图（需要将以下代码添加到程序 5-1 的末尾）。

```
import matplotlib as mpl
N, M = 90, 90                              # 网格采样点的个数，采样点越多，分类界面图越精细
t1 = np.linspace(0, 25, N)                      #生成采样点的横坐标值
t2 = np.linspace(0,12, M)                       #生成采样点的纵坐标值
x1, x2 = np.meshgrid(t1, t2)                    # 生成网格采样点
x_show = np.stack((x1.flat, x2.flat), axis=1)   # 将采样点作为测试点
#print(X.shape)
y_show_hat = knn.predict(x_show)                # 预测采样点的值
y_show_hat = y_show_hat.reshape(x1.shape)       #使之与输入的形状相同
```

```
cm_light = mpl.colors.ListedColormap(['#A0FFA0', '#FFA0A0', '#A0A0FF'])
plt.pcolormesh(x1, x2, y_show_hat, cmap=cm_light,alpha=0.3)# 预测值的显示
```

程序的运行结果如图 5-10 所示。

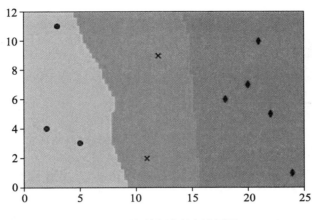

图 5-10　绘制分类程序边界图

程序说明：

（1）np.stack()用来将两个一维数组合成一个二维数组，axis=1 表示按列合并，就是将两个一维数组看成两列，然后再进行合并。axis=0 表示按行合并。

（2）knn.predict()的返回值是一维数组，保存了所有采样点的类别值，而 pcolormesh()要求类别值必须是二维数组，因此必须用 reshape()函数将 y_show_hat 转换成二维数组。

其中，pcolormesh()函数一般有 4 个参数，参数 x1 和 x2 表示所有采样点的横坐标和纵坐标的集合，y_show_hat 表示所有采样点的类别，其必须是一个二维数组，cmap 表示该类别对应的颜色。

pcolormesh()函数的功能是在 x1、x2 对应的坐标点位置，用类别对应的颜色画一个矩形。只要矩形足够小、足够多，pcolormesh()就能绘制出像位图一样的图像。下面给出一个简单的 pcolormesh()示例程序。

【程序 5-3】使用 pcolormesh()函数绘制网格点和色块。

```
import matplotlib as mpl
import numpy as np
import matplotlib.pyplot as plt
plt.rcParams['axes.unicode_minus']=False           #正常显示-号
n = 3
x = np.linspace(-10,10,5)                           #绘制点
y = np.linspace(-10,10,n)
#构造网格点
X,Y = np.meshgrid(x,y)
plt.scatter(X,Y,s=60,c='r',marker='x')             #用散点图绘制网格点
```

```
plt.show()                                         #输出图 5-11 所示的图
Z = np.array([[1,2,3,4],[2,1,4,3]])                #设置类别号
#print(Z.shape)
#绘制色块图
cm_light = mpl.colors.ListedColormap(['y', 'r', 'g', 'b'])
# pcolormesh()中，X、Y 是坐标值，Z 是类别值，cmap 是颜色值
plt.pcolormesh(X,Y, Z, cmap=cm_light, alpha=0.5)
plt.show()                                         #输出图 5-12 所示的图
```

程序运行后，将输出图 5-11 所示的网格点图和图 5-12 所示的色块图。

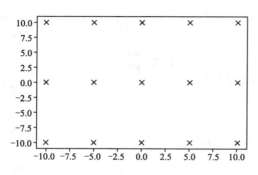

图 5-11　用 np.meshgrid()绘制网格点

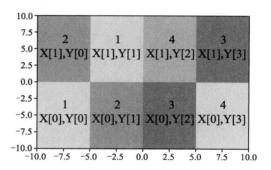

图 5-12　用 plt.pcolormesh 绘制色块

程序说明：

（1）pcolormesh 函数中的 *X*、*Y* 是左下角点的坐标，它是以左下角坐标点为起点绘制一个矩形色块。例如，第一个色块为（*X*[0]，*Y*[0]=[-10,-10]），类别号为 1，类别对应的颜色为 *y*（黄色），所以就会以[-10,-10]为左下角点绘制一个黄色的色块。

（2）本例中网格点数有 15 个，而色块数目只有 8 个，由此可知网格点数必定多于色块数目。网格点 *X*，*Y* 的维数为[5,3]，类别 *Z* 的维数为[4,2]。实际上，类别 *Z* 的维数也可以和网格点的维数相同，用分类模型预测每个网格点的类别产生的 *Z* 的维数就与网格点维数相同，只是 *Z* 的每一维的最后一个元素不会被绘制成色块。

5.2.5　确定最优的 *k* 值

在使用 K-近邻算法之前，最好要先确定最优的 *k* 值（近邻点的数目）是多少，虽然对于简单的数据集可以使用画散点图的方法人工观察出最优的 *k* 值，但更严谨的做法是用程序计算出最优的 *k* 值，这需要分别测试不同 *k* 值下 KNN 算法的准确率，然后再使用 sklearn 中的交叉验证方法进行验证。

【程序 5-4】求用 KNN 算法对鸢尾花数据集进行分类时的最优 *k* 值。

```
import matplotlib.pyplot as plt
from sklearn.neighbors import KNeighborsClassifier        #KNN
from sklearn.model_selection import  train_test_split      #数据分割模块
from sklearn.model_selection import cross_val_score        #交叉验证模块
from sklearn.datasets import load_iris
iris=load_iris()
X=iris['data']
y=iris['target']
# 切分训练集和测试集
X_train,X_test,Y_train,Y_test=train_test_split(X,y,test_size=0.16)
k_range = range(1, 15)
k_error = []                                               #保存预测错误率
for k in k_range:                       #循环, k 取值为 1~14, 查看 KNN 分类的预测准确率
    knn = KNeighborsClassifier(n_neighbors=k)
    #cv 参数决定数据集划分比例, 这里是按照 5∶1 划分训练集和测试集
    scores = cross_val_score(knn, X, y, cv=5, scoring='accuracy')
    k_error.append(1 - scores.mean())              #把每次的错误率添加到数组中
#画图, x 轴为 k 值, y 轴为误差值
plt.plot(k_range, k_error)
plt.xlabel('Value of K for KNN')
plt.ylabel('Error')
plt.show()
```

程序的运行结果如图 5-13 所示, 由结果可知, k 值取 6、7、10、11、12 时最合适。

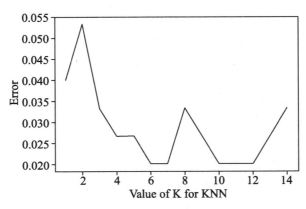

图 5-13　k 值选取与预测错误率关系图

5.3　朴素贝叶斯分类算法

朴素贝叶斯分类算法（Naive Bayesian Algorithm）是一种以贝叶斯方法为基础的机器

学习分类模型。贝叶斯方法最初是一种研究不确定性的推理方法，不确定性常用贝叶斯概率表示。贝叶斯概率是一种主观概率，对它的估计取决于先验知识的正确和后验知识的丰富和准确，因此贝叶斯概率常常随个人掌握信息的不同而发生变化。

举例来说，对即将进行的一场韩国队和印度队的足球比赛，不同人对胜负的主观预测都不同，但大都会基于两队以前的比赛战绩进行预测，那么两队以前的比赛战绩就是一种先验知识。如果两队以前的比赛胜负次数比是 9:1，那么贝叶斯概率就认为韩国队获胜的概率是 0.9。如果又获得另一个先验知识——韩国队有 4 名主力因伤不能上场，则贝叶斯概率可能认为韩国队获胜的概率降为 0.8。可见，虽然是一种主观概率，但贝叶斯概率按照个人依据相关先验信息对事件进行推断是一种合理的方法。而经典概率方法则强调客观存在，它认为不确定性是客观存在的，对于未发生的比赛，胜负的比例是 1:1。

5.3.1　朴素贝叶斯的原理与实例

1. 先验概率和后验概率

已知事件 A 发生的条件下，事件 B 发生的概率称为事件 B 在事件 A 发生下的条件概率，记为 $P(B|A)$，那么称 $P(A)$ 为先验概率（Prior Probability）。先验概率可以从已知类别的训练集中获得，而条件概率 $P(B|A)$ 称为事件 B 的后验概率（Posterior Probability）。计算后验概率的公式如下：

$$P(B \mid A) = \frac{P(A \cap B)}{P(A)} \tag{5-1}$$

由于 $P(A \cap B) = P(B \cap A)$，所以有 $P(B|A)P(A) = P(A|B)P(B)$。可推导得：

$$P(B \mid A) = \frac{P(A \mid B)P(B)}{P(A)} \tag{5-2}$$

把 B 看成类别属性值 C_i，把 A 看成特征属性集 X，则 $P(C_i)$ 就成为样本属于类别 C_i 的先验概率，$P(C_i|X)$ 表示已知特征属性值情况下样本属于类别 C_i 的后验概率。后验概率 $P(C_i|X)$ 的计算公式为：

$$P(C_i \mid X) = \frac{P(X \mid C_i)}{P(X)} P(C_i) \tag{5-3}$$

其中，$P(X) = \sum_{j=1}^{m} P(X \mid C_j) P(C_j)$。

公式（5-3）通俗的含义如下：

$$p(类别 \mid 特征) = \frac{p(特征 \mid 类别) p(类别)}{p(特征)} \tag{5-4}$$

公式（5-4）给出了已知特征属性值情况下，求样本所属类别的方法。

一般分类模型的思想是把分类器看作一个函数，分类是把特征向量映射到类的空间上，该函数可表示如下：

$$f(\boldsymbol{x}_{i_1}, \boldsymbol{x}_{i_2}, \boldsymbol{x}_{i_3}, \cdots, \boldsymbol{x}_{i_n}) \to C_i \qquad (5\text{-}5)$$

贝叶斯分类的思想是：把分类看成样本的类别后验概率最大的问题。即，当样本已经出现特征向量 $\boldsymbol{x}_{i_1}, \boldsymbol{x}_{i_2}, \boldsymbol{x}_{i_3}, \cdots, \boldsymbol{x}_{i_n}$ 的情况下，样本属于某个类别 C_i 的后验概率最大，就将该样本划分到类别 C_i 里。即：

$$C_i = \mathrm{argmax}\ p(C_i \mid \boldsymbol{x}_{i_1}, \boldsymbol{x}_{i_2}, \boldsymbol{x}_{i_3}, \cdots, \boldsymbol{x}_{i_n}) \qquad (5\text{-}6)$$

举例来说，要判断一个西瓜是好瓜还是坏瓜，当一个样本西瓜具有特征属性（颜色青绿，敲声浊响，根蒂蜷缩，纹路清晰），类别属性（好瓜，坏瓜），则贝叶斯分类就是比较以下两个后验概率的大小：

$$比较 = \begin{cases} p(好瓜 \mid 青绿, 浊响, 蜷缩, 清晰) \\ p(坏瓜 \mid 青绿, 浊响, 蜷缩, 清晰) \end{cases}$$

如果好瓜的后验概率大于坏瓜，则把该样本分类到好瓜类别。但是新样本的类别属性值是未知的，因此无法直接求 $p(C_i \mid x_1, x_2, x_3, \cdots, x_n)$。为此，需要用公式（5-3）进行如下转换：

$$p(C_i \mid x_1, x_2, x_3, \cdots, x_n) = \frac{p(x_1, x_2, x_3, \cdots, x_n \mid C_i) p(C_i)}{p(x_1, x_2, x_3, \cdots, x_n)} \qquad (5\text{-}7)$$

注意，分母 $p(x_1, x_2, x_3, \cdots, x_n)$ 相对于类别变量 C_i 来说是一个常数项，因此，比较不同类别后验概率的大小只要比较分子 $p(x_1, x_2, x_3, \cdots, x_n \mid C_i) p(C_i)$ 的大小即可。

又由于朴素贝叶斯分类做了一个假设，即在给定样本类别值的条件下，假定所有的特征属性值是条件独立的，属性之间不存在依赖关系，因此下面的等式成立。

$$p(x_1, x_2, x_3, \cdots, x_n \mid C_i) = p(x_1 \mid C_i) p(x_2 \mid C_i) p(x_3 \mid C_i) \cdots p(x_n \mid C_i) \qquad (5\text{-}8)$$

可见，"朴素"的含义就是假设所有特征属性值之间是相互条件独立的。其中，概率 $p(x_1 \mid C_i) p(x_2 \mid C_i) p(x_3 \mid C_i) \cdots p(x_n \mid C_i)$ 的计算可由样本空间中的训练样本进行估计。

2．朴素贝叶斯分类举例

【例 5-2】商家要根据客户的一些特征预测客户是否会购买计算机，商家将过去收集的一些客户信息作为训练数据集，如表 5-9 所示。现在要预测一个新客户（年龄＜30，收入中等，是学生，信用一般）是否会购买计算机。

表 5-9　作为训练数据集的客户信息表

年　　龄	收　　入	学　　生	信　　用	买了计算机
<30	高	否	一般	否
<30	高	否	好	否
30～40	高	否	一般	是
>40	中	否	一般	是
>40	低	是	一般	是
>40	低	否	好	否
30～40	低	是	好	是
<30	中	否	一般	否
<30	低	是	一般	是
>40	中	是	一般	是
<30	中	是	好	是
30～40	中	否	好	是
30～40	高	是	一般	是
>40	中	否	好	否

　　解： 数据集中每个样本有 4 个特征属性（年龄、收入、学生、信用），类别属性有两个值：C_1 "会买计算机" 和 C_2 "不买计算机"，是二分类问题。

　　（1）首先计算类别属性值的先验概率，在朴素贝叶斯分类中，先验概率依据如下公式计算：

$$p(C_j) = \frac{|C_j|}{|D|} \qquad (5\text{-}9)$$

　　即具有某个类别值的样本数除以数据集中的总样本数。因此有：
　　会买计算机的先验概率 $P(C_1)=9/14$，不买计算机的先验概率为 $P(C_2)=5/14$。

　　（2）计算类别属性在单个特征属性条件下的后验概率。

　　例如，$P(C_1|$收入中等$)$ 表示一个收入中等的人会买计算机的可能性，显然，该概率等于所有收入中等的样本中买了计算机的人的比例，查表 5-9 可知：

朴素贝叶斯分类的
实例讲解

$$P(C_1|\text{收入中等})=4/6=0.67$$

　　同样，$P(C_1|$学生$)$ 表示学生会买计算机的可能性，该概率等于：

$$P(C_1|\text{学生})=6/6=1$$

　　（3）用贝叶斯方法对问题进行建模。要预测一个新客户（年龄<30，收入中等，是学

生，信用一般）是否会购买计算机，这个问题等价于求后验概率：

$P(C_1|$年轻,中等,学生,一般$)$

而求该后验概率等价于：

$P($年轻,中等,学生,一般$|C_1)P(C_1)$

又因为朴素贝叶斯假设特征属性是条件独立的，所以上式等于：

$P($年轻,中等,学生,一般$|C_1)P(C_1)=P($年轻$|C_1)\times P($中等$|C_1)\times P($学生$|C_1)\times P($一般$|C_1)\times P(C_1)$　$=2/9\times4/9\times6/9\times6/9\times9/14=0.044\times9/14=0.028$

接下来计算这个新客户不买计算机的条件概率：

$P(C_0|$年轻,中等,学生,一般$)\rightarrow P($年轻,中等,学生,一般$|C_0)P(C_0)=P($年轻$|C_0)\times P($中等$|C_0)\times P($学生$|C_0)\times P($一般$|C_0)\times P(C_0)=0.019\times0.357=0.007$

（4）比较 $P(C_1|$年轻,中等,学生,一般$)$ 和 $P(C_0|$年轻,中等,学生,一般$)$ 的大小，由于前者结果较大（0.028＞0.007），所以可以判断这个新客户应划入会买计算机的类别。

3．朴素贝叶斯分类的算法流程

朴素贝叶斯分类算法的工作流程可以分为以下 3 个阶段。

（1）准备阶段。

在这个阶段需要确定特征属性，比如表 5-9 中的"年龄""收入""学生"等都是根据对类别的影响程度选取的，然后人工获取一些样本数据，形成训练样本。这一阶段是整个朴素贝叶斯分类中唯一需要人工完成的阶段，其质量对整个过程将有重要影响，分类器的质量在很大程度上由特征属性、特征属性划分及训练样本质量决定。

（2）训练阶段。

这个阶段就是生成分类器，主要工作是计算每个类别在训练样本中的出现频率（先验概率）及每个特征属性划分对每个类别的条件概率（后验概率）。该阶段的输入是特征属性和类别属性，输出是分类器。

（3）应用阶段。

这个阶段是使用分类器对新数据进行分类。输入是分类器和新数据，输出是新数据的分类结果。

如图 5-14 所示为朴素贝叶斯分类算法流程图。

4．朴素贝叶斯分类算法的特点

朴素贝叶斯分类算法有诸多优点：逻辑简单，易于实现；分类过程中算法的时间空间复杂度较小；算法比较稳定，具有较好的健壮性等优点。

朴素贝叶斯模型分类预测效果在大多数情况下都比较精确。原因是：要估计的参数比较少，从而加强了估计的稳定性；虽然概率估计是有偏的，但人们大多关心的不是它的绝对值而是它的排列次序，因此有偏的概率估计在某些情况下可能并不重要；现实中很多时候已经对数据进行了预处理，比如对变量进行了筛选，可能已经去掉了高度相关的量等。除了分类性能很好之外，贝叶斯分类模型还具有形式简单、可扩展性强和可理解性好等优点。

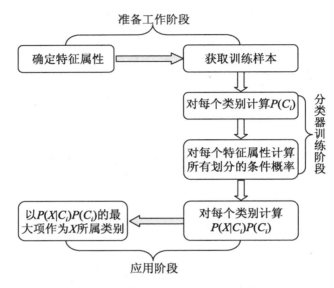

图 5-14　朴素贝叶斯分类算法流程图

朴素贝叶斯分类器的缺点是属性间类条件独立的这个假定，在很多实际问题中这个独立性假设并不成立，如果在特征属性之间存在相关性，则会导致分类效果下降。

朴素贝叶斯分类模型虽然在某些不满足独立性假设的情况下分类效果也比较好，但是大量研究表明可以通过各种改进方法来提高朴素贝叶斯分类器的性能。朴素贝叶斯分类器的改进方法主要有两种：一种是弱化属性的类条件独立性假设，在朴素贝叶斯分类器的基础上构建属性间的相关性，如构建相关性度量公式，增加属性间可能存在的依赖关系；另一种是构建新的样本属性集，期望在新的属性集中属性间存在较好的类条件独立关系。

5.3.2　朴素贝叶斯分类的常见问题

1. 0概率问题

仍然以例 5-2 为例，现在要预测一个新客户（年龄＜30，收入中等，是学生，信用一般）是否会购买计算机。下面计算一下该新客户不会购买计算机的概率。

$P(C_0|$年轻,中等,学生,一般$)\to P($年轻,中等,学生,一般$|C_0)P(C_0)=P($年轻$|C_0)\times P($中等$|C_0)$ $\times P($是学生$|C_0)\times P($一般$|C_0)\times P(C_0)$

其中，$P($是学生$|C_0)=0/5=0$

这样，其中一项为 0，所以 $P(C_0|$年轻,中等,学生,一般$)$ 的概率必然为 0。显然后验概率为 0 的类别肯定是所有类别中概率最小的类别，但 0 概率问题其实是因为观察样本库（训练集）中某个特征属性值的样本没有出现过造成的，因此绝对不能因为概率是 0 就排除这个类别，这是不合理的。不能因为一个事件没有观察到就武断地认为该事件发生的概率是 0。

为了解决 0 概率的问题，法国数学家拉普拉斯最早提出用加 1 的方法来估计没有出现过的现象的概率，因此将这种方法称为拉普拉斯平滑（Laplace Smoothing）。该方法可以描述如下：

$$P(X_i\,|\,c_i)=\frac{count(X_i\,|\,c_i)}{count(c_i)}\Longrightarrow P(X_i\,|\,c_i)=\frac{count(X_i\,|\,c_i)+\lambda}{count(c_i)+N*\lambda}$$

其中，N 为特征属性的个数，λ 的值通常取 1。

我们需要对所有的条件概率进行拉普拉斯平滑，包括所有类别。拉普拉斯平滑的过程如下：

$P($年龄$<30|$未买计算机$)=3/5=0.600$ 　　$P($年龄$<30|$未买计算机$)=(3+1)/(5+4)=0.444$

$P($收入中等$|$未买计算机$)=2/5=0.400$ 　　$P($收入中等$|$未买计算机$)=(2+1)/(5+4)=0.333$

$P($是学生$|$未买计算机$)=0/5=0$ $\Longrightarrow$ $P($是学生$|$未买计算机$)=(0+1)/(5+4)=0.222$

$P($信用一般$|$未买计算机$)=2/5=0.400$ 　　$P($信用一般$|$未买计算机$)=(2+1)/(5+4)=0.333$

假定训练样本很大时，每个分量 X_i 的计数加 1 造成的估计概率变化可以忽略不计，但拉普拉斯平滑可以有效地避免 0 概率的问题，并且拉普拉斯平滑是同时对所有类的后验概率进行的，因此不会出现偏向某个类的现象。

2．溢出问题

在例 5-2 中，特征属性只有 4 个，而在实际分类问题中，分类数据集的特征属性往往有几十个甚至上百个，而每个特征属性的条件概率都是小于 1 的，这么多条件概率相乘的结果将产生一个非常小的小数，而这个很小的小数可能会超出计算机浮点数的表示范围，出现浮点数溢出的计算错误。

为了解决这个问题，对于以下条件概率的计算：

$P(w|C_i)=P(w_0|C_i)\cdot P(w_1|C_i)\cdot P(w_2|C_i)\cdot P(w_3|C_i)$

可以对等式右边的项求对数，从而将概率相乘转换为相加，具体方法如下：

$$P(C_i\,|\,w)=\frac{\log(P(w\,|\,C_i)P(C_i))}{P(w)}=\frac{\log P(w\,|\,C_i)+\log P(C_i)}{P(w)} \tag{5-10}$$

$$\log P(w \,|\, C_i) = \log P(w_0 \,|\, C_i) + \log P(w_1 \,|\, C_i) + ... + \log P(w_n \,|\, C_i) \tag{5-11}$$

虽然这样修改贝叶斯公式肯定会改变计算出的概率值的大小，但是朴素贝叶斯分类算法是通过**比较**待分类实例属于各个类别的概率的**大小**来实现分类的，只要能比较概率的大小关系即可，无须计算出准确的条件概率。

这种对计算结果求对数的方法在很多机器学习算法中都有应用，是一种常用的技巧。

3. 条件假设独立性无法满足的问题

朴素贝叶斯分类的一个基本假设是样本的特征属性之间是条件独立的，从而方便计算 $P(C_i|X)$，但在很多实际问题中，样本的多个属性之间往往存在或多或少的联系，强制假设它们相对独立，在一定程度上会影响模型预测的准确性。为此在朴素贝叶斯分类的基础上人们提出了一种半朴素贝叶斯分类的分类模型，该模型允许样本的部分属性之间存在依赖关系，使分类模型不至于忽略比较强的属性依赖关系。通常采用一种名为独依赖估计（One-Dependent Estimator，ODE）的策略来表达样本属性之间的依赖关系。

ODE 策略的基本思想是假设样本的每个属性都可以单独依赖且仅依赖另外一个属性，或者说样本的每个属性都可以关联且仅关联一个对其产生一定影响的另一个属性。

5.3.3　朴素贝叶斯分类算法的 sklearn 实现

sklearn 的 naive_bayes 模块提供了 3 种朴素贝叶斯算法，分别是高斯朴素贝叶斯（GaussianNB）、多项式朴素贝叶斯（MultinomialNB）和伯努利朴素贝叶斯（BernoulliNB）。这 3 种算法适用于不同的场景，应该根据特征变量的不同选择不同的算法。

- 高斯朴素贝叶斯：特征变量是连续变量，符合高斯分布，如人的身高、物体的长度。
- 多项式朴素贝叶斯：特征变量是离散变量，符合多项式分布。例如，在文档分类中，特征变量体现在一个单词出现的次数或者单词的 TF-IDF 值等。
- 伯努利朴素贝叶斯：特征变量是布尔变量，符合 0/1 分布，如在文档分类中特征是单词是否出现。

伯努利朴素贝叶斯是以文件为粒度，如果该单词在某文件中出现了即为 1，否则为 0。多项式朴素贝叶斯是以单词为粒度，计算该单词在某个文件中出现的具体次数。高斯朴素贝叶斯适用于特征变量是连续变量且符合正态分布（高斯分布）场景，而文本分类适用于多项式朴素贝叶斯或者伯努利朴素贝叶斯。

【程序 5-5】使用朴素贝叶斯分类对例 5-1 中的二手房数据集进行分类。

```
import numpy as np
from sklearn import metrics
```

```
from sklearn.naive_bayes import GaussianNB          #导入高斯朴素贝叶斯
from sklearn.model_selection import train_test_split
from sklearn.preprocessing import MinMaxScaler
import matplotlib.pyplot as plt
X ,Y= [],[]                                         #读取数据
fr = open("D:\\knn.txt")
for line in fr.readlines():
    line = line.strip().split()
    X.append([int(line[0]),int(line[1])])
    Y.append(int(line[-1]))
X=np.array(X)                                        #转换成 NumPy 数组，X 是特征属性集
Y=np.array(Y)                                        #y 是类别标签集
#归一化处理
#scaler = MinMaxScaler()
#X = scaler.fit_transform(X)
# 划分训练集和测试集，测试集比例为 16%
train_X,test_X,train_y,test_y=train_test_split(X, Y, test_size=0.16)
# 训练贝叶斯分类模型
model = GaussianNB()
model.fit(train_X, train_y)
print(model)                                         #输出模型的参数
expected = test_y                                    #实际类别值
predicted = model.predict(test_X)                    #预测的类别值
print(metrics.classification_report(expected, predicted))  # 输出分类信息
label = list(set(Y))                                 # 去重复，得到标签类别
# 输出混淆矩阵
print(metrics.confusion_matrix(expected, predicted, labels=label))
```

程序的输出结果如下：

```
GaussianNB(priors=None, var_smoothing=1e-09)
              precision    recall  f1-score   support
     1         1.00        1.00     1.00        1
     2         1.00        1.00     1.00        1
accuracy                           1.00        2
macro avg      1.00        1.00     1.00        2
weighted avg   1.00        1.00     1.00        2
[[1 0 0]                                              #混淆矩阵
 [0 1 0]
 [0 0 0]]
```

说明：本例数据集中的特征属性为连续变量，因此采用高斯朴素贝叶斯建模。

【程序 5-6】对例 5-2 的分类结果进行可视化（以下代码需添加到程序 5-5 的末尾）。

```
import matplotlib as mpl
N, M = 90, 90                                        # 网格采样点的个数
t1 = np.linspace(0, 25, N)                           #生成采样点的横坐标值
t2 = np.linspace(0,12, M)                            #生成采样点的纵坐标值
```

```
x1, x2 = np.meshgrid(t1, t2)                        # 生成网格采样点
x_show = np.stack((x1.flat, x2.flat), axis=1)       # 将采样点作为测试点
#print(X.shape)
y_show_hat = model.predict(x_show)                  # 预测值
y_show_hat = y_show_hat.reshape(x1.shape)           # 使之与输入的形状相同
cm_light = mpl.colors.ListedColormap(['#A0FFA0', '#FFA0A0', '#A0A0FF'])
# 预测值的显示
plt.pcolormesh(x1, x2, y_show_hat, cmap=cm_light,alpha=0.8)
#分别绘制每个类中样本的散点
plt.scatter(train_X[train_y==1,0],train_X[train_y==1,1],color='red',
marker='o')
plt.scatter(train_X[train_y==2,0],train_X[train_y==2,1],color='green',
marker='x')
plt.scatter(train_X[train_y==3,0],train_X[train_y==3,1],color='blue',
marker='d')
```

程序的运行结果如图 5-15 所示。

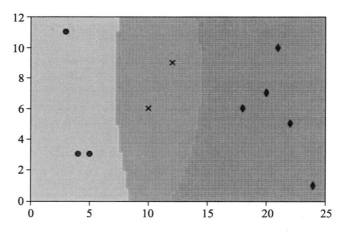

图 5-15　朴素贝叶斯分类（程序 5-6）的分类界面

5.4　决策树分类算法

决策树（Decision Tree）是一种基于树结构的机器学习模型，常用于分类或回归等预测任务。

决策树是用样本的属性作为节点，用属性的取值作为分支的树结构。树的每个分支代表一个测试输出，而每个叶子节点代表一个类别，图 5-16 是一棵典型的决策树示意图。

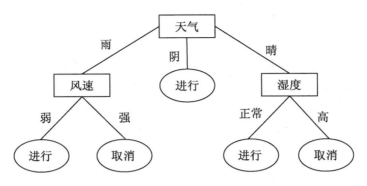

图 5-16 一棵典型的决策树示意图

决策树分类采用自顶向下的递归方式，在决策树的内部节点进行属性值的比较，根据不同的属性值判断从该节点向下的分支，在决策树的叶节点上得到结论。因此，从决策树的根到叶节点，每一条路径对应着一条合取规则，整棵决策树就对应着一组析取表达式规则。例如图 5-16 的决策树对应如下这组决策规则。

```
IF 天气=阴 THEN 进行
IF 天气=晴 ∧ 湿度=正常 THEN 进行
IF 天气=晴 ∧ 湿度=高 THEN 取消
IF 天气=雨 ∧ 风速=强 THEN 取消
IF 天气=雨 ∧ 风速=弱 THEN 进行
```

决策树的根节点是所有样本中信息增益最大的属性。树的中间节点是该节点为根的子树所包含的样本子集中信息增益最大的属性。决策树的叶节点是样本的类别值。

决策树分类的过程可分为 3 个阶段：

（1）根据训练集生成决策树，这是模型的训练阶段，要使用决策树分类算法从输入的训练集中生成决策树。

（2）根据决策树写出对应的决策规则。

（3）使用决策规则对“待分类实例”进行分类，这是模型的使用阶段。

决策树分类算法有很多种，主要包括基于信息增益的 ID3 算法、基于信息增益率的 C4.5 算法和基于基尼指数的 CART 算法。其中，前两种都以信息论为基础。

5.4.1 信息论基础

基于信息论的决策树分类算法需要比较特征属性的信息增益值，然后每次都选择信息增益最大的节点作为决策树（或子树）的根节点。信息增益表示得知特征属性 X 的信息而使类 Y 的取值不确定性减少的程度。

信息增益依赖于特征属性，不同的特征往往具有不同的信息增益，信息增益大的特征属性具有更强的分类能力。特征属性 A 对训练数据集 D 的类别 Y 的信息增益表示如下：

$$gain(Y,A)=H(Y)-H(Y|A) \tag{5-12}$$

其中，$H(Y)$ 表示类别属性的熵（无条件熵），$H(Y|A)$ 表示已知特征属性 A 的值后类别属性的条件熵。$gain(Y, A)$ 表示因为知道属性 A 的值后导致类别属性熵的减小值，$gain(Y, A)$ 被称为信息增益。$gain(Y, A)$ 越大，说明该特征属性 A 对分类提供的信息越多。

为了掌握熵的概念，需要从自信息量说起。

1. 自信息量

1948 年，美国数学家香农（C. E. Shannon）发表了题为《通信的数学理论》的长篇论文，创立了信息论。香农认为，信息是用来消除通信双方知识上的"不确定性"。接收者收到某一消息后所获得的信息，可以用接收者在通信前后"不确定性"的消除量来度量。

简而言之，接收者得到的信息量，在数量上等于通信前后"不确定性"的减少量。

直观经验告诉我们，消息出现的可能性越小，则此消息携带的信息量就越多。例如，湖南的秋天常常是秋高气爽，因此在这个季节如果天气预报说"明天天气晴"，人们会习以为常，因而得到的信息量很小。但若天气预报说"明天天气下雪"，人们将感到十分意外，这一异常的天气预报给人们极大的信息量，其原因在于秋天出现下雪现象的概率极小。从这个例子可以看出，信息量的大小与消息出现的概率成反比。

直观经验又指出，当消息的内容增加时，其信息量也随之增加。一般来说，一份100 字的报文所包含的信息量大体是另一份 50 字报文的两倍。下列推论是合乎逻辑的：若干独立消息之和的信息量应该是每个消息所含信息量的线性叠加，即信息量具有相加性。

基于上述两点，可将信息量这两个特性写成如下公理：

（1）如果 $p(x_1)<p(x_2)$，则 $I(x_1)>I(x_2)$，$I(x_i)$ 是 $p(x_i)$ 的单调递减函数。极端情况下，如果 $p(x_i)=0$，则 $I(x_i) \to \infty$；如果 $p(x_i)=1$，则 $I(x_i)=0$。

（2）由两个相对独立的事件所提供的信息量，应等于它们分别提供的信息量之和：

$$I(x_i y_j)=I(x_i)+I(y_j) \tag{5-13}$$

要满足上述两条公理，信息量的大小只能是消息出现概率的倒数的对数，定义如下：

$$I(x_i) = \log \frac{1}{p(x_i)} = -\log p(x_i) \tag{5-14}$$

$I(x_i)$ 即为该消息的信息量（一般称为**自信息量**），$p(x_i)$ 为该消息发生的概率。当对数以 2 为底时，信息量单位称为比特（bit）；对数以 e 为底时，信息量单位为奈特（nit）。目前应用最广泛的单位是比特，本书都以比特为单位。

【例 5-3】设某地天气预报有两种消息：晴天和雨天，出现的概率分别为 1/4 和 3/4，

分别用 a_1 表示晴天，以 a_2 表示雨天，则信源模型如下，求 a_1 和 a_2 的自信息量。

$$\begin{bmatrix} X \\ p(x) \end{bmatrix} = \begin{bmatrix} a_1, & a_2 \\ 1/4, & 3/4 \end{bmatrix}$$

解： a_1 和 a_2 的自信息量分别是 $I(a_1) = \log 4 = 2$，$I(a_2) = \log \dfrac{4}{3} = 0.415$。

由此可见，概率越小的消息，自信息量越大。

2. 熵

通常，信源能发生若干种消息，比如例 5-3 中天气预报信源能发出晴天和雨天两种消息，很多时候我们并不关心每个消息携带的信息量，更关心的是信源发出的所有消息的平均信息量。所谓平均信息量，是每个消息所含信息量的统计平均值。因此有 N 个消息的离散信源的平均信息量为：

$$H(X) = \sum_i p(x_i) I(x_i) = -\sum_i p(x_i) \log p(x_i) \tag{5-15}$$

上述平均信息量的计算公式和统计物理学中熵（Entropy，平均信息量）的计算公式完全一样，因此，也把信源输出消息的平均信息量称为信源的熵。

【例 5-4】 甲乙两地关于未来某天的天气预报如下，试求甲乙两地天气预报的熵。

甲地：$\begin{bmatrix} X \\ p(x) \end{bmatrix} = \begin{bmatrix} 晴 & 阴 & 雨 & 雪 \\ 1/2, & 1/4, & 1/8, & 1/8 \end{bmatrix}$，乙地：$\begin{bmatrix} Y \\ p(y) \end{bmatrix} = \begin{bmatrix} 晴 & 阴 & 雨 & 雪 \\ 1/4, & 1/4, & 1/4, & 1/4 \end{bmatrix}$

解： $H(X) = -\dfrac{1}{2}\log\dfrac{1}{2} - \dfrac{1}{4}\log\dfrac{1}{4} - \dfrac{1}{8}\log\dfrac{1}{8} - \dfrac{1}{8}\log\dfrac{1}{8} = 1.75$

$H(Y) = -\dfrac{1}{4}\log\dfrac{1}{4} - \dfrac{1}{4}\log\dfrac{1}{4} - \dfrac{1}{4}\log\dfrac{1}{4} - \dfrac{1}{4}\log\dfrac{1}{4} = 2$

乙地熵比甲地熵大，其原因是乙地天气的不确定性比甲地大。

由此可见信源熵可用来衡量信源的不确定性，信源发出消息的不确定性越大，熵值越大。当信源发出每个消息的概率相等时，熵达到最大值，称为最大熵定理。图 5-17 是含两个消息的信源的熵函数随概率 p 从 0 到 1 变化的曲线。含多个消息信源的熵的值介于 $0 \sim \log_2 n$ 之间。

在机器学习分类中，熵用来度量数据集中待测样本属于某个类别的不确定性。例如，当训练集中有 1/3 的样本属于类别 $C1$，2/3 的样本属于类别 $C2$ 时，我们就可以认为新样本类别的不确定性是该数据集关于两个类别的熵。经过计算，新样本类别的熵为 0.92，这个熵称为先验熵。

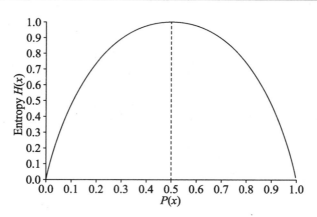

图 5-17　含两个消息的信源的熵函数

3．条件熵

条件熵是指在获得信源 X 发出的消息后，信宿 Y 仍然存在的不确定性。在给定 X（即各个 x_j）的条件下，Y 集合的条件熵为 $H(Y|X)$。条件熵 $H(Y|X)$ 表示已知条件 X 后，Y 仍然存在的不确定度，其公式如下

$$H(Y|X) = \sum_j p(x_j)H(Y|X=x_j) \tag{5-16}$$

【例 5-5】某人 K 预先知道他的三位领导 A、B、C 必定有且仅有一人明天会来他的工地指导工作，并且这三人来的可能性相同。但这天下午，K 听同事说 B 领导生病了，并且根据以往经验，B 领导带病来指导工作的可能性是 10%，不来指导工作的可能性是 90%。若把 B 领导生病当成是信源 X，哪个领导会来当成是信宿 Y，求条件熵 $H(Y|X)$。

解：在未得知 B 领导生病时，每个领导来的可能性都是 1/3，因此 Y 的先验熵为：
$$H(Y)=3 \times 1/3\log_2 3=1.58$$

信源 X 有两个消息，设 x_1=B 来，x_2=B 不来，则 $p(x_1)$=0.1，$p(x_2)$=0.9

若 B 不来，则 A、C 来的可能性各为 50%，若 B 来，则 A、C 来的可能性均为 0。因此有以下局部条件熵：

$H(Y|X=x_2)$=1/2$\log_2 2$+1/2$\log_2 2$=1（B 不来的条件熵），$H(Y|X=x_1)$=0（B 来的条件熵）

则 Y 的总条件熵为：
$$H(Y|X)= p(x_1)\cdot H(Y|X=x_1)+ p(x_2)\cdot H(Y|X=x_2)=0.1 \times 0+0.9 \times 1=0.9$$

🔔提示：
- 条件熵的计算就是每个消息的概率乘以该消息的局部熵，再把所有项求和。
- 条件熵必然小于等于无条件熵，即 $H(Y|X) \leqslant H(Y)$。这很好理解，当收到一些额外信息之后，不确定性一般会减小，此时条件熵就会小于无条件熵；极端情况下，收到

的额外信息完全没有用，这时条件熵才等于无条件熵。

4．信息增益

把无条件熵与条件熵相减即得到信息增益，其公式如下：

$$Gain(Y, X) = H(Y) - H(Y|X) \tag{5-17}$$

信息增益的含义为：当收到某个额外信息后，信源不确定性的减少量。信息增益越大，就说明收到的信息越有用。在机器学习中，将 Y 看成类别属性，将 X 看成某个特征属性，则信息增益表示某个特征属性 X 对减小类别不确定性的有用程度，即信息增益越大，该特征属性越有利于确定类别值。

5．互信息量

在通信的一般情况下，收信者所获取的信息量，在数量上等于通信前后不确定性的消除（减少）量。用 $I(x_i; y_j)$ 表示收到 y_j 后，从 y_j 中获取关于 x_i 的信息量，将 $I(x_i; y_j)$ 称为互信息量，其公式如下：

$$I(x_i; y_j) = I(x_i) - I(x_i|y_j) = -\log p(x_i) - (-\log p(x_i|y_j))$$
$$= \log \frac{p(x_i|y_j)}{p(x_i)} \tag{5-18}$$

由此可见，互信息量又等于后验概率与先验概率之比的对数。这是因为：在通信系统中，发送端信源发出的消息和接收端所收到的消息可以分别看成离散消息集合 X 和 Y。X 为发送的消息集合，通常它的概率场是已知的，$P(x_i)$ 为先验概率，接收端每收到信源 Y 发出的一个消息 y_j 后，都要重新估计发送端各符号 x_i 的出现概率分布，条件概率 $p(x_i|y_j)$ 又称为后验概率。因此，互信息量又反映了两个随机事件 x_i 和 y_j 之间的关联程度。

由公式（5-18）可知，当 x_i 和 y_j 独立统计时，互信息量为 0，当后验概率 $p(x_i|y_j)$ 为 1 时，互信息量等于信源 X 的信息量。

互信息量具有对称性，$I(x_i; y_j) = I(y_j; x_i)$，且互信息量可以为负值。

【例 5-6】某人 K 预先知道他的三位领导 A、B、C 必定有且仅有一人明天会来他的工地指导工作，并且这三人来的可能性相同。但这天下午，K 听同事说 B 领导生病了，并且根据以往经验，B 领导带病来指导工作的可能性是 10%，不来指导工作的可能性是 90%。若把 B 带病来指导工作称为事件 E，B 不来指导工作称为事件 F，求互信息量 $I(A; E)$、$I(B; E)$、$I(C; E)$、$I(A; F)$、$I(B; F)$、$I(C; F)$。

解：先验概率 $P(A) = P(B) = P(C) = 1/3$

后验概率 $P(A|E) = P(C|E) = 0$，$P(B|E) = 1$

因此，互信息量为：$I(A; E) = I(C; E) = \infty$，$I(B; E) = \log 1/(1/3) = 1.58$

后验概率：$P(A|F)=P(C|F)=1/2, P(B|F)=0$

互信息量为：$I(A; F)= I(C; F)=\log3/2=0.58$，$I(B; F)=\infty$

6. 平均互信息量

互信息量 $I(x_i; y_j)$ 在联合概率空间 $P(XY)$ 中的统计平均值称为平均互信息量。公式如下，平均互信息 $I(X; Y)$ 克服了互信息量 $I(x_i; y_j)$ 的随机性，成为一个确定的量。

$$I(X;Y) = \sum_{i=1}^{n}\sum_{j=1}^{m} p(x_iy_j)I(x_i;y_j) = \sum_{i=1}^{n}\sum_{j=1}^{m} p(x_iy_j)\log_2\frac{p(x_i|y_j)}{p(x_i)} \tag{5-19}$$

实际上，平均互信息量的值等于公式（5-17）中信息增益的值（推导过程略），但显然平均互信息量难于计算，因此一般情况下都是计算信息增益。

5.4.2 ID3 算法

1975 年，悉尼大学的 J.Ross Quinlan 提出了 ID3 算法，ID3 的含义是迭代二叉树 3 代(Iterative Dichotomiser 3)。ID3 算法的基本思想是以信息增益最大的特征属性作为分类属性，基于贪心策略自顶向下地搜索、遍历决策树空间，通过递归方式构建决策树。

决策树 ID3 算法

1. ID3算法实例

【例 5-7】假设要根据天气情况用决策树分类算法自动评估是否适合打垒球，表 5-10 是收集到的训练数据。其中，天气、温度、湿度、风速是特征属性，活动是类别属性。

表 5-10　是否适合打垒球的训练数据集

天　气	温　　度	湿　　度	风　　速	活　　动
晴	炎热	高	弱	取消
晴	炎热	高	强	取消
阴	炎热	高	弱	进行
雨	适中	高	弱	进行
雨	寒冷	正常	弱	进行
雨	寒冷	正常	强	取消
阴	寒冷	正常	强	进行
晴	适中	高	弱	取消
晴	寒冷	正常	弱	进行
雨	适中	正常	弱	进行

（续）

天　气	温　度	湿　度	风　速	活　动
晴	适中	正常	强	进行
阴	适中	高	强	进行
阴	炎热	正常	弱	进行
雨	适中	高	强	取消

解：ID3 算法生成决策树的步骤如下。

（1）计算类别"活动"的不确定性是多少。观察"活动"这一列，它有两个类别值，其中，"进行"出现了 9 次，"取消"出现了 5 次。由此可知进行活动的概率是 9/14，取消活动的概率是 5/14，则无条件熵 H(活动)的值为：

$$H(活动) = -(9/14) \times \log(9/14) - (5/14) \times \log(5/14) = 0.94。$$

（2）计算已知天气的情况下类别"活动"的条件熵。观察"天气"这一列，晴、阴、雨出现的概率，再分别观察晴、阴、雨 3 种条件下活动"进行"和"取消"的概率，如图 5-18 所示。

$$\begin{array}{ccc} 晴 & 阴 & 雨 \\ \left[\dfrac{5}{14} \right. & \dfrac{4}{14} & \left. \dfrac{5}{14}\right] \end{array} \qquad 天气\begin{array}{c} 晴 \\ 阴 \\ 雨 \end{array}\begin{array}{c} 活动 \\ 进行\ \ 取消 \\ \left[\begin{array}{cc}\dfrac{2}{5} & \dfrac{3}{5} \\ 1 & 0 \\ \dfrac{3}{5} & \dfrac{2}{5}\end{array}\right]\end{array}$$

图 5-18　晴、阴、雨及活动进行和取消的概率

则天气晴、阴、雨条件下，活动进行或取消的不确定性（局部熵）为：

$$H(活动|天气=晴) = -\frac{2}{5}\log_2\frac{2}{5} - \frac{3}{5}\log_2\frac{3}{5} = 0.971$$

$$H(活动|天气=阴) = -1\log_2 1 - 0\log_2 0 = 0$$

$$H(活动|天气=雨) = -\frac{3}{5}\log_2\frac{3}{5} - \frac{2}{5}\log_2\frac{2}{5} = 0.971$$

因此，已知天气的情况下，活动进行或取消的条件熵为：

H(活动|天气)=5/14×H(活动|天气=晴)+4/14×H(活动|天气=阴) +5/14×H(活动|天气=雨) = (5/14)×0.971 + (4/14)×0 +(5/14)×0.971= 0.693

（3）计算已知温度的情况下类别"活动"的条件熵。观察"温度"这一列，炎热、适中、寒冷出现的概率，再分别观察炎热、适中、寒冷 3 种条件下活动"进行"和"取消"

的概率，如图 5-19 所示。条件熵 H(活动|温度)为：

$$\begin{array}{c}\text{炎热 适中 寒冷}\\ \begin{bmatrix} \dfrac{4}{14} & \dfrac{6}{14} & \dfrac{4}{14} \end{bmatrix} \end{array}$$

$$\begin{array}{ccc} & & \text{活动}\\ & & \text{进行 取消}\\ \text{温度}\begin{array}{c}\text{炎热}\\[4pt]\text{适中}\\[4pt]\text{寒冷}\end{array} & \begin{bmatrix} \dfrac{2}{4} & \dfrac{2}{4} \\[4pt] \dfrac{4}{6} & \dfrac{2}{6} \\[4pt] \dfrac{3}{4} & \dfrac{1}{4} \end{bmatrix} \end{array}$$

图 5-19 炎热、适中、寒冷及活动进行和取消的概率

H(活动|温度)=4/14×H(活动|温度=热)+6/14×H(活动|温度=中) +4/14×H(活动|温度=冷)= (4/14)×1 + (6/14)×0.918 +(4/14)×0.811= 0.911

（4）用同样的方法计算 H(活动|湿度)和 H(活动|风速)，结果如下：

H (活动|湿度) =7/14×H(活动|湿度=高)+7/14×H(活动|湿度=正常)

= (7/14)×0.985 + (7/14)×0.592= 0.789

H (活动|风速) =6/14×H(活动|风速=强)+8/14×H(活动|风速=弱)

= (6/14)×1 + (8/14)×0.811= 0.892

（5）计算各个特征属性对类别属性的信息增益。

$Gain$(活动,天气)=H(活动)-H(活动|天气)=0.94-0.693=0.247

$Gain$ (活动,温度) = H(活动) - H(活动|温度) = 0.94-0.911 = 0.029

$Gain$ (活动,湿度) = H(活动) - H(活动|湿度) = 0.94-0.789 = 0.151

$Gain$ (活动,风速) = H(活动) - H(活动|风速) = 0.94-0.892 = 0.048

由此可见，天气的信息增益最大，因此选择天气作为决策树的根节点，如图 5-20 所示。

图 5-20 选择天气作为决策树的根节点

（6）确定"天气=雨"和"天气=晴"下面的根节点（"天气=阴"下所有样本的类别均为"进行"，因此无节点）。首先找出"天气=雨"条件下的所有样本，如表 5-11 所示。

表 5-11　"天气=雨"条件下的样本

温　　度	湿　　度	风　　速	活　　动
适中	高	弱	进行
寒冷	正常	弱	进行
适中	正常	弱	进行
寒冷	正常	强	取消
适中	高	强	取消

在"天气=雨"条件下，首先计算类别的无条件熵，H(活动)=0.971，然后分别计算条件熵 H(活动|温度)、H(活动|湿度)、H(活动|风速)，显然，根据风速可以完全确定活动是否进行，因此 H(活动|风速)=0，风速的信息增益最大，因此选择风速作为"天气=雨"分支下的根节点。

然后找出"天气=晴"条件下的所有样本，如表 5-12 所示。

表 5-12　"天气=晴"条件下的样本

温　　度	湿　　度	风　　速	活　　动
寒冷	正常	弱	进行
适中	正常	强	进行
炎热	高	弱	取消
炎热	高	强	取消
适中	高	弱	取消

在"天气=晴"条件下，首先计算类别的无条件熵，H(活动)=0.971，然后分别计算条件熵 H(活动|温度)、H(活动|湿度)、H(活动|风速)，显然 H(活动|湿度)=0，因此湿度的信息增益最大，故选择湿度作为"天气=晴"分支下的根节点，如图 5-21 所示。

此时，每个叶节点中所有的样本都属于同一个类别，因此 ID3 算法结束，分类完成。

决策树可使用一种树结构来保存，Python 常用字典实现树结构，图 5-21 对应的决策树可用下面的字典来存储。

```
dic={'天气':{0:{'风速':{0:'取消',1:'进行'}}},1:'进行',{2:{'湿度':{1:
'进行',0:'取消'}}}}
```

（7）根据决策树写出分类规则，从决策树的根到每个叶子节点，一条路径就对应着一条合取规则。

（8）使用分类规则对未知类别的新样本进行预测。例如，对于新样本（阴，寒冷，高，弱），根据分类规则，可以判断它应该分到"进行"这一类。

由图 5-21 可见，决策树中的节点数可能会比特征属性数少，本例中，特征属性有 4 个，而决策树中的节点只有 3 个。在实际应用中，如果问题比较复杂，决策树中的节点数往往比特征属性的个数更多。例如，有研究者曾用 4761 个关于苯的质谱例子做试验。其中，正例 2 361 个，反例 2 400 个，每个例子由 500 个特征进行描述，每个特征取值数目为 6，得到一棵 1 514 个节点的决策树（1 514＞500）。对正、反例中各 100 个测试例进行测试，正例判对 82 个，反例判对 80 个，总预测正确率 81%，效果是满意的。

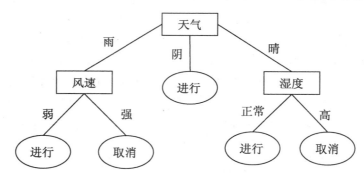

图 5-21　最终的决策树

2．ID3算法的实现

基本决策树构造算法是一个贪心算法，它采用自顶向下递归的方法构造决策树。经典的决策树 ID3 算法的基本策略如下：

（1）树以代表训练样本的单个节点开始。

（2）如果样本都在同一个类中，则将这个节点称为叶节点并将其标记为样本所属的类别，否则算法使用信息熵（称为信息增益）作为启发知识选择合适的属性对样本进行划分，以便将样本集划分为若干个子集，该属性就是相应节点的"测试"或"判定"属性，同时所有属性应当是离散值。

（3）对测试属性的每个已知的离散值创建一个分支，并据此划分样本。

（4）使用类似的方法，递归地在每个划分的样本中构建决策树，一个属性一旦出现在某个节点上，那么它就不能再出现在该节点之后所产生的子树节点中。

（5）整个递归过程在下列条件之一成立时停止。

- 给定节点的所有样本属于同一类。
- 没有剩余属性可以用来进一步划分样本，这时候该节点作为树叶，并以剩余样本中所出现最多的类型作为叶子节点的类型。
- 某一分支没有样本，在这种情况下用训练样本集中占多数的类创建一个叶节点。

根据上述策略，可得出 ID3 算法的伪代码如下：

```
输入：A:特征属性集合，d:类别属性，U:训练集
输出：一棵决策树，可以用 Python 字典存储树结构
DecisionTree ID3(A:特征属性集合，d:类别属性，U:训练集)        //返回一棵决策树
```

```
{
if U 为空，返回一个值为 Failure 的单节点；                    //一般不会出现，为了程序的健壮性
if U 是由其值为相同类别属性值的记录组成，返回一个带有该类别值的单节点；
//此分支至此结束
if A 为空，则返回一个单节点，其值为在 U 的记录中找出的频率最高的决策属性值；
//这时对记录将出现误分类
将 A 中具有最大 I(d;a) 的属性赋给 a；
将属性 a 的值赋给{aj|j=1,2,…,m}；
将分别由对应于 a 的值的 aj 的记录组成的 U 的子集赋值给{uj|j=1,2,…,m}；
返回一棵树，其根标记为 a，树枝标记为 a1，a2,…，am；
//递归算法
再分别构造以下树：ID3(A-{a},d,u1)，ID3(A-{a},d,u2)，…，ID3(A-{a},d,um)；
}
```

3．ID3算法的优点和缺点

ID3 算法的优点表现在算法理论清晰、方法简单，学习能力较强，其缺点如下：

- 信息增益的计算偏向于特征取值较多的属性，而特征取值最多的属性并不一定是最有判别力的属性。
- 该算法的时间复杂度 $O(n)$ 是例子个数、特征个数、节点个数之积的线性函数。该算法需要多次遍历数据库，效率不高，不如朴素贝叶斯分类。
- 该算法容易产生过拟合。
- 该算法只能用于离散值的属性，不能直接用于连续值的属性。
- ID3 是单变量决策树（在分支节点上只考虑单个属性），对许多复杂概念的表达较困难，属性相互关系强调不够，容易导致决策树中子树的重复或有些属性在决策树的某一路径上被检验多次。
- 该算法抗噪性差，训练例子中正例和反例的比例较难控制。

5.4.3　C4.5 算法

ID3 算法存在的一个问题是，信息增益偏向于拥有属性值较多的特征属性，因为根据熵的公式可知，特征取值越多，熵越大。例如，在表 5-13 所示的训练集中，显然信用级别和工资级别对判断是否逾期没有任何用处。

表 5-13　训练集

信 用 级 别	工 资 级 别	是 否 逾 期
1	1	是
2	1	否
3	2	是
4	2	否

下面来计算信用级别和工资级别这两个特征的信息增益值。

H(逾期)=-2/4log2/4-2/4log2/4=1

H(逾期|信用级别)=-1/4log1/1-1/4log1/1-1/4log1/1-1/4log1/1=0

H(逾期|工资级别)=-2/4(1/2log1/2+1/2log1/2) -2/4(1/2log1/2+1/2log1/2)=1

Gain(逾期，信用级别)=1-0=1

Gain(逾期，工资级别)=1-1=0

由该例可知，信用级别的信息增益大于工资级别的信息增益，这验证了信息增益偏向于拥有属性值较多的特征属性这说法。实际上，这两个特征的信息增益都应该为 0 才合理，因为它们对判断类别（是否逾期）没有任何帮助。

为此，J.Ross Quinlan 于 1993 年又提出了 C4.5 算法，该算法最重要的改进是用信息增益率（Gain ratio）取代信息增益（Gain）作为衡量特征属性判别力的指标。

1. 信息增益率

信息增益率使用"分裂信息"值将信息增益规范化。分裂信息用 $split\_info(S,A)$ 表示，其中，S 代表训练样本集，A 代表特征属性，S_i 表示含有第 i 个属性值的样本集。定义如下：

$$Split\_info(S,A) = -\sum_{i=1}^{m} \frac{|S_i|}{|S|} \log_2 \frac{|S_i|}{|S|} \tag{5-20}$$

实际上，分裂信息就是某个特征属性的熵。例如，在例 5-7 中，特征"天气"中晴、阴、雨的出现概率分别为 5/14、4/14、5/14，则天气的分裂信息计算如下：

$$Split\_info(天气) = -\frac{5}{14}\log_2\frac{5}{14} - \frac{4}{14}\log_2\frac{4}{14} - \frac{5}{14}\log_2\frac{5}{14} = 1.58$$

接下来，将信息增益除以分裂信息就得到信息增益率，信息增益率定义如下：

$$Gain\_ratio(S,A) = \frac{gain(S,A)}{split\_info(S,A)} \tag{5-21}$$

例如，在例 5-7 中，"天气"的信息增益是 0.247，因此，天气的信息增益率计算如下：

$$Gain\_ratio(S,A) = \frac{gain(S,A)}{split\_info(S,A)} = \frac{0.247}{1.58} = 0.156$$

一个特征属性分割样本的属性值越多，均匀性越强，该属性的分裂信息 $split\_info$ 就越大，信息增益率就越小。因此，$split\_info$ 降低了选择那些值较多且均匀分布的属性的可能性。

例如，含 n 个样本的集合按属性 A 划分为 n 组（每组一个样本），A 的分裂信息为 $\log_2 n$。属性 B 将 n 个样本平分为两组，则 B 的分裂信息为 1。若 A、B 有同样的信息增益，显然，按信息增益率度量应选择 B 属性。由此可见，采用信息增益率作为选择特征属性的标准，克服了信息增益度量的缺点，但是该算法偏向于选择取值较集中的属性（即熵值最小的属性），而这个属性并不一定是对分类最重要的属性。

2．C4.5算法的伪代码描述

假设用 S 代表当前样本集，当前候选属性集用 A 表示，则 C4.5 算法 C4.5*formtree*(S, A) 的伪代码如下：

```
算法：Generate_decision_tree 由给定的训练数据产生一棵决策树
输入：训练样本 samples；候选属性的集合 attributelist
输出：一棵决策树
DecisionTree C4.5formtree(S, S.attributelist){
（1）创建根节点 N。
（2）IF S 都属于同一类 C，则返回 N 为叶节点，标记为类 C。
（3）IF attributelist 为空 OR S 中所剩的样本数少于某给定值，
则返回 N 为叶节点，标记 N 为 S 中出现最多的类。
（4）FOR·each  attributelist 中的属性
计算信息增益率 information gain ratio；
（5）N 的测试属性 test.attribute = attributelist 具有最高信息增益率的属性。
（6）IF 测试属性为连续型，则找到该属性的分割阈值。
（7）For each 由节点 N 一个新的叶子节点{
        If 该叶子节点对应的样本子集 S' 为空
            则分裂此叶子节点生成新的叶子节点，将其标记为 S 中出现最多的类
        Else
            在该叶子节点上执行 C4.5formtree(S', S'.attributelist)，继续对它分裂；
        }
（8）计算每个节点的分类错误，进行剪枝。}
```

3．C4.5算法举例

【**例 5-8**】使用 C4.5 算法重新对例 5-7 进行决策树分类。

解： 具体分为以下 4 步。

（1）计算各个特征属性对类别的信息增益，信息增益的计算方法与 ID3 算法完全相同。

$Gain$(活动,天气)=H(活动)-H(活动|天气)=0.94-0.693=0.247

$Gain$ (活动;温度) = H(活动)-H(活动|温度) = 0.94-0.911 = 0.029

$Gain$ (活动;湿度) = H(活动)-H(活动|湿度) = 0.94-0.789 = 0.151

$Gain$ (活动;风速) = H(活动)-H(活动|风速) = 0.94-0.892 = 0.048

（2）计算各个特征属性的分裂信息。

$$Split\_info(天气) = -\frac{5}{14}\log_2\frac{5}{14} - \frac{4}{14}\log_2\frac{4}{14} - \frac{5}{14}\log_2\frac{5}{14} = 1.58$$

$$Split\_info(温度) = -\frac{4}{14}\log_2\frac{4}{14} - \frac{6}{14}\log_2\frac{6}{14} - \frac{4}{14}\log_2\frac{4}{14} = 1.56$$

$$Split\_info(湿度) = -\frac{7}{14}\log_2\frac{7}{14} - \frac{7}{14}\log_2\frac{7}{14} = 1$$

$$Split\_info(风速) = -\frac{6}{14}\log_2\frac{6}{14} - \frac{8}{14}\log_2\frac{8}{14} = 0.985$$

（3）计算各个特征的信息增益率。

$Gain\_ratio(活动;天气)=0.247/1.58=0.156$

$Gain\_ratio(活动;温度)=0.029/1.56=0.0186$

$Gain\_ratio(活动;湿度)=0.151/1=0.151$

$Gain\_ratio(活动;风速)=0.048/0.985=0.049$

由此可见，天气的信息增益率最大，因此选择天气作为决策树的根节点。

（4）"天气=阴"条件下所有样本的类别均已确定。接下来分别对"天气=晴"和"天气=雨"的样本子集再利用 C4.5 算法对各个特征求信息增益率。

- 在"天气=晴"子集中，计算出"温度"属性的信息增益率为 0.375，"湿度"属性信息增益率为 1，"风速"属性信息增益率为 0.021，因此选择"湿度"为该分支的根节点，然后再向下分支。"湿度"取"高"的例子全为取消类，"湿度"取"正常"例子全为进行类。

- 在"天气=雨"子集中，计算出"温度"属性的信息增益率为 0.021，"湿度"属性的信息增益率为 0.021，"风速"属性的信息增益率为 1，因此选择"风速"为该分支的根节点，然后再向下分枝。"风速"取"强"的例子全为"取消"类，"风速"取"弱"的例子全为"进行"类。

因为所有训练样本都已确定类别，所以 C4.5 算法停止，最终输出的决策树如图 5-21 所示。

4．C4.5算法的优点和缺点

C4.5 算法对 ID3 算法的另一个改进是能够处理连续型数值数据。C4.5 处理连续型属性的过程如下：

（1）按照属性值对训练数据进行排序。

（2）用不同的阈值对训练数据进行动态划分。

（3）当输入改变时确定一个阈值。

（4）取当前样本的属性值和前一个样本的属性值的中点作为新的阈值。

（5）根据阈值生成两个区间，所有的样本被分配到这两个区间中。

（6）得到所有可能的阈值、增益和增益比例。

每一个数值属性都划分为两个区间,即大于阈值或小于等于阈值。

C4.5 算法的缺点如下:

- 在构造树的过程中,包括求分裂信息和求信息增益,都需要对数据集进行多次的顺序扫描和排序,因而导致算法计算效率低。
- 由于决策树分类算法非常容易过拟合,因此对于生成的决策树必须要进行剪枝。剪枝的算法非常多,C4.5 剪枝算法有优化的空间。思路主要有两种,一种是预剪枝,即在生成决策树的时候就决定是否剪枝,另一个是后剪枝,即先生成决策树,然后再通过交叉验证来剪枝。
- C4.5 算法生成的是多叉树,即一个父节点可以有多个子节点。很多时候,在计算机中二叉树模型比多叉树的运算效率高,如果采用二叉树,可以提高效率。

5.4.4　CART 算法

分类与回归树算法(Classification and Regression Trees,CART)是由 Leo Breiman 等人于 1984 年提出的,该算法既可用于分类也可用于回归。不同于 C4.5 算法,CART 算法的本质是对特征空间进行二元划分(即 CART 生成的决策树是一棵二叉树),并能够对离散属性(Nominal Attribute)与连续属性(Continuous Attribute)进行分裂。

Cart 决策树介绍

CART 算法的基本思想是使用基尼指数(Gini Index)作为度量数据集纯度的指标,该值越小,数据集样本的纯度越高,因此应该选择基尼指数最小的属性作为决策树的根节点,这和信息增益相反。

1. 基尼指数

如果一个划分将数据集 T 分成两个子集 S_1 和 S_2,则分割后的的 $gini_{split}$ 是:

$$gini_{split}(T) = \frac{N_1}{N}gini(S_1) + \frac{N_2}{N}gini(S_2) \tag{5-22}$$

其中,

$$gini(S_j) = 1 - \sum_{j=1}^{n}\left(\frac{|S_i|}{|S|}\right)^2 \tag{5-23}$$

2. CART算法举例

【例 5-9】使用 CART 算法对例 5-7 中的离散型样本集进行决策树分类。

解: 计算每个特征属性的基尼指数,然后选择基尼指数最小的属性作为决策树的根节点，以"天气"属性的基尼指数计算为例。

（1）计算"天气"属性每个特征属性划分的基尼值。天气属性有 3 个划分（属性值）：D_1=晴、D_2=阴、D_3=雨，先计算这 3 个划分的 $gini(S_i)$。

观察在含有"晴"的样本中，有 2 个"进行"（占 2/5），有 3 个"取消"（占 3/5），则：

$gini(D_1)=1-(2/5)^2-(3/5)^2=0.48$

观察含有"阴"的样本中，4 个样本都是"进行"（占 4/4），则：

$gini(D_2)=1-(4/4)^2=0$

观察在含有"雨"的样本中，有 3 个"进行"（占 3/5），有 2 个"取消"（占 2/5），则：

$gini(D_3)=1-(3/5)^2-(2/5)^2=0.48$

（2）然后计算天气属性的基尼指数，将每个划分的基尼值乘以该划分的出现概率即可：

$gini(天气)=5/14×0.48+4/14×0+5/14×0.48=0.343$

（3）按照上述方法分别计算其他属性的基尼指数。

$gini(温度)=4/14×0.5+6/14×0.44+4/14×0.375=0.439$

$gini(湿度)=7/14×0.49+7/14×0.245=0.368$

$gini(风速)=8/14×0.375+6/14×0.5=0.429$

由此可见，"天气"的基尼指数最小，应选用"天气"作为决策树的根节点。

（4）分别对"天气=晴"和"天气=雨"分支下的样本子集利用 CART 算法，对各个特征子集求基尼指数，选择基尼指数最小的特征属性作为分支下的根节点。最终得到的决策树如图 5-21 所示。

【例 5-10】使用 CART 算法对表 5-14 所示的连续型样本集进行决策树分类。

表 5-14 连续型样本集

年　　龄	风　　险
17	高
20	高
23	高
32	低
43	高
68	低

解：要计算年龄的基尼指数，首先将年龄进行排序，然后分别计算两个相邻值中点的基尼指数。本例有 6 个属性值，因此有 5 个中点，分别是 18.5、21.5、27.5、37.5 和 55.5。

以 27.5 的基尼指数计算为例：小于 27.5 的样本有 3 个，类别全是高。因此：

$$gini(S_1<27.5)=1-(\frac{3}{3})^2=0$$

大于 27.5 的样本有 3 个，类别是 2 个低，1 个高。因此：

$$gini(S_1 > 27.5) = 1 - ((\frac{1}{3})^2 + (\frac{2}{3})^2) = 0.44$$

然后根据上述划分的基尼值计算基尼指数：

$$gini_{split}(27.5) = \frac{3}{6} \times 0 + \frac{3}{6} \times 0.44 = 0.22$$

以同样的方法计算其余 4 个中点值的基尼指数，结果如下：

$$gini_{split}(18.5) = 0.4，gini_{split}(37.5) = 0.417$$

最后，选择其中中点值最小的基尼指数作为该特征属性的基尼指数，因此年龄的基尼指数为 0.22。建立的决策树如图 5-22 所示。

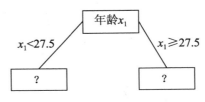

总结：在构建决策树的过程中，对于连续属性，可能的分割点是两个相邻属性值的中点；对于离散属性，可能的分割点是属性值的所有子集。

图 5-22 选择 27.5 作为决策树的根节点

5.4.5 决策树分类算法的 sklearn 实现

在 sklearn 的 tree 模块中，决策树类既可以用于分类，又可以用于回归。其中，分类决策树的类名是 DecisionTreeClassifier，而回归决策树的类名是 DecisionTreeRegressor。二者的参数定义几乎完全相同，但是意义不全相同。

DecisionTreeClassifier 类的主要参数及含义如下：

- criterion：特征属性判别力的评价标准，取值可以是 gini（基尼指数）或 entropy（信息增益），默认值为 gini。
- splitter：取值为 best 或 random（默认）。best 是在所有特征中找最好的划分，适合样本量小的情况；而 random 是随机抽取部分特征，再在这些特征中找最好的划分。如果样本数据量非常大，应选择 random，以减少计算开销。
- max_features：划分时考虑的最大特征数。默认是 None，表示划分时考虑所有特征，log2 表示划分时最多考虑 $\log_2 N$ 个特征。如果是 sqrt 或 auto，则表示划分时最多考虑 $\sqrt{n}$ 个特征。一般来说，如果样本特征数不多，比如小于 50，推荐使用默认的 None。
- max_depth：决策树的最大深度，取值为整数或 None。设置决策树的最大深度时，深度越大，越容易过拟合，推荐树的深度范围为 5～20。
- min_samples_split：设置节点的最小样本数量，当样本数量小于此值时，节点将不会再划分。

- min_samples_leaf：限制叶子节点的最少样本数，如果某叶子节点数目小于样本数，则会和兄弟节点一起被剪枝。
- min_weight_fraction_leaf：限制叶子节点所有样本的权重和的最小值，如果小于这个值，则会和兄弟节点一起被剪枝。该参数的默认值为 $0\sigma()$函数变量是很大，就是不考虑权重问题。
- max_leaf_nodes：限制最大叶子节点数，可以用来防止过拟合，默认是 None，即不限制最大的叶子节点数。
- class_weight：指定样本各类别的权重，主要是为了防止在训练集中某些类别的样本过多导致训练的决策树过于偏向这些类别。这里可以自己指定各个样本的权重，如果使用 balanced，则算法会自己计算权重，样本量少的类别所对应的样本权重会高。
- min_impurity_split：限制决策树的增长，如果某节点的不纯度（如基尼系数、信息增益、均方差、绝对差）小于这个阈值，则该节点不再生成子节点，即为叶子节点。

【程序 5-7】使用决策树分类对 5.2.1 节中表 5-7 所示的数据集和鸢尾花数据集进行分类。

```
import numpy as np
import matplotlib.pyplot as plt
from sklearn import datasets            #引入 sklearn 自带的数据集
from sklearn.tree import DecisionTreeClassifier    #引入决策树分类模块
X ,Y= [],[]                            #读取数据
fr = open("D:\\knn.txt")
for line in fr.readlines():
    line = line.strip().split()
    X.append([int(line[0]),int(line[1])])
    Y.append(int(line[-1]))
X=np.array(X)                          #转换成 NumPy 数组，X 是特征属性集
y=np.array(Y)                          #y 是类别标签集
#iris = datasets.load_iris()           #去掉这 3 行的注释符即可对鸢尾花数据集分类
#X = iris.data[:, [0, 2]]
#y = iris.target
# 训练决策树模型，限制树的最大深度为 4
clf = DecisionTreeClassifier("entropy",max_depth=4)
clf.fit(X, y)
# 画分类界面图
x_min, x_max = X[:, 0].min() - 1, X[:, 0].max() + 1
y_min, y_max = X[:, 1].min() - 1, X[:, 1].max() + 1
xx, yy = np.meshgrid(np.arange(x_min, x_max, 0.1), np.arange(y_min, y_max,
0.1))
Z = clf.predict(np.c_[xx.ravel(), yy.ravel()])
Z = Z.reshape(xx.shape)
plt.contourf(xx, yy, Z, alpha=0.3)
plt.scatter(X[:, 0], X[:, 1], c=y, alpha=1)
plt.show()
```

程序对表 5-7 所示的数据集的分类结果如图 5-23 所示，对鸢尾花数据集的分类结果如

图 5-24 所示。分类结果表明决策树分类算法能有效地对样本进行分类。

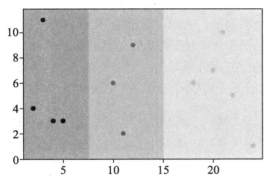 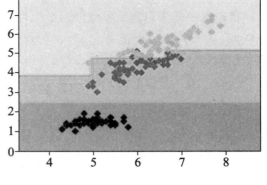

图 5-23　表 5-7 所示的数据集的分类结果　　　　图 5-24　鸢尾花数据集的分类结果

5.5　随机森林分类算法

随机森林（Random Forest，RF）是一种基于决策树的分类器集成算法，它使用重抽样技术从样本中生成多棵决策树作为分类器，并利用分类器对样本进行训练和预测。

随机森林分类算法最初由 Leo Breiman 于 2001 年提出，它的特点是：需要调整的参数较少，不必担心过度拟合；分类速度很快，能高效地处理大样本数据；能估计哪个特征在分类中更重要，抗噪声能力较强等。随机森林分类是一种典型的集成学习方法，下面先介绍集成学习理论。

5.5.1　集成学习理论

集成学习将多个性能一般的普通模型进行有效集成，形成一个性能优良的集成模型，将性能一般的普通模型称为个体学习器。如果所有个体学习器都属于同类模型，则将这些个体学习器产生的集成模型称为同质集成模型（随机森林就是一种同质集成模型），并称这些属于同类模型的个体学习器为基学习器。反之，将属于不同类型的个体学习器组合产生的集成模型称为异质集成模型。

若某学习问题能被个体学习器高精度地学习，则称该学习问题是强可学习问题，并称相应个体学习器为强学习器；反之，则可定义为弱可学习问题，并称相应个体学习器为弱学习器。当直接构造强学习器比较困难时，可通过构造一组弱学习器生成强学习器，将强可学习问题转化为弱可学习问题。

1. 弱学习器准确率对集成学习模型的影响

合理选择弱学习器是集成学习必须首要解决的问题。例如，对于图 5-25 所示的二分类任务（圆圈表示分类正确，叉号表示分类错误），图中每个分类器的分类正确率均为 1/3，则由少数服从多数原则进行组合得到集成模型的分类正确率为 0。而对于图 5-26 中的二分类问题，每个分类器的正确率均为 2/3，得到的集成模型的分类正确率达到了 5/6。

分类器 1　　× ○ ○ × × ×　　　　分类器 1　　× ○ ○ × ○ ○
分类器 2　　○ × × × × ○　　　　分类器 2　　○ × × ○ × ○
分类器 3　　× × × ○ ○ ×　　　　分类器 3　　× ○ ○ ○ ○ ×
集成模型　　× × × × × ×　　　　集成模型　　× ○ ○ ○ ○ ○

图 5-25　弱学习器分类准确率较低时　　　图 5-26　弱学习器分类准确率较高时

由此可见，如果弱学习器的分类准确率较低，则组合生成的集成学习模型的分类准确率会更低；如果弱学习器的分类准确率较高，则生成的集成学习模型的分类准确率才会更高。一般来说，弱学习器的准确率至少应大于 60%才适合组合成集成学习模型。

使用集成学习包括两个基本步骤：
（1）根据数据集构造若干个弱学习器。
（2）对这些弱学习器进行组合得到集成模型。

2. Bagging集成策略

对于给定的样本数据集 D，Bagging 集成学习主要通过 Bootstrap 自助采样技术生成训练样本数据子集。假设 D 中包含有 n 个样本数据，自助采样对 D 进行 n 次有放回地随机抽样，从而抽取到一组和原始样本集同样容量的训练样本子集，重复 k 轮上述抽样，从而得到 k 组训练样本子集。可将那些未被抽到的样本构成测试集，用于测试集成学习模型的泛化性能。

【例 5-11】现有一组年龄与年收入的统计数据如表 5-15 所示，试用 Bagging 集成学习方法构造一个随机森林的训练样本集。

表 5-15　年龄与年收入的数据样本集D　　　（单位：万元）

编号	1	2	3	4	5	6	7	8	9
年龄	34	21	25	18	30	40	50	55	60
年收入	4	2	3	5	6	15	8	10	5

解：数据集中包含 9 个样本数据，假设对数据集进行 10 轮有放回地随机抽样，则生成的 10 个训练样本子集分别记为 D_1，D_2，$\cdots$，D_{10}。限于篇幅，表 5-16 仅列出了部分训

练样本子集（D_1，D_2，D_3）。

表 5-16　由数据样本生成的随机森林训练样本子集（部分）

训练样本子集D_1								
编号	1	2	3	4	5	6	7	8	9
年龄	21	21	25	25	30	40	50	50	60
年收入	2	2	3	3	6	15	8	8	5

训练样本子集D_2								
编号	1	2	3	4	5	6	7	8	9
年龄	34	34	34	18	18	40	50	55	55
年收入	4	4	4	5	5	15	8	10	10

训练样本子集D_3								
编号	1	2	3	4	5	6	7	8	9
年龄	34	25	25	30	30	30	55	55	60
年收入	4	3	3	6	6	6	10	10	5

通过表 5-16 可以看出，由于是有放回地抽样，因此生成的训练样本子集中一般会存在重复的样本。之所以有放回地抽样，因为这样才能保证每次抽取时的概率可能是一样的，即为了达到独立同分布，这样就保证了每一棵决策树都是相互独立的。

5.5.2　随机森林分类算法的理论与实例

随机森林分类算法是一种集成学习方法，它利用 Bootstrap（鞋带的英文，意为自助）重抽样技术从原始样本中抽取多组样本，对每组 Bootstrap 样本进行决策树建模，然后组合多棵决策树的预测，通过投票得出最终的预测结果。具体来说，随机森林分类算法是由很多决策树分类模型（$h(X, \theta_i)$, $i=1, 2, \cdots, k$）组成的组合分类模型，并且参数集（θ_i）是独立同分布的随机向量，在给定自变量 X 的前提下，每棵决策树分类模型都有一票投票权，根据票数来选择最优的分类结果。

1．随机森林分类算法的原理

RF 的基本原理是：首先利用 Bootstrap 抽样从原始训练集中选取 k 个样本集，并且每个样本集的样本容量都与原始训练集一样；其次，对 k 个样本集分别建立 k 个决策树模型，得到 k 种分类结果；最后，根据 k 种分类结果对每个样本进行投票决定其最终分类。RF 分类算法的原理如图 5-27 所示。

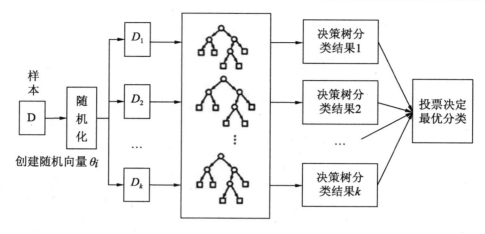

图 5-27   RF 分类算法的原理图

为了生成不同的决策树，RF 通过构造不同的训练集增加分类模型间的差异，从而提高组合分类模型的泛化预测能力。通过 k 轮训练，得到一个分类模型序列（$h_1(X), h_2(X), \cdots, h_k(X)$)，再用它们构建一个多分类模型系统，该系统的最终分类结果可以采用简单多数投票法，最终的分类决策如下：

$$H(X) = \arg\max_Y \sum_{i=1}^{k} I(h_i(X) = Y) \tag{5-24}$$

其中，$H(X)$表示组合分类模型，h_i是单个决策树分类模型，Y 表示输出变量，$I(*)$是示性函数。公式（5-24）说明了使用多数投票决策的方法来决定最终的分类。

随机森林是通过一种 Bootstrap 自助法重抽样技术生成很多个树分类器，具体步骤如下：

（1）从原始训练数据中生成 k 个自助样本集，每个自助样本集是每棵分类树的全部训练数据。

（2）每个自助样本集生长为单棵分类树。随机森林并不会利用所有的特征属性构建决策树，而是在树的每个节点处从 M 个特征中随机挑选 m 个特征（$m \leqslant M$)，按照节点基尼指数最小的原则从 m 个特征中选出一个特征对节点进行分裂，让这棵分类树进行充分生长，使每个节点的基尼指数达到最小，不进行通常的剪枝操作。

由此可见，随机森林有两个重要的参数：

• 随机森林中树的个数，树的个数等于 k（自助样本集的个数）。

• 树节点预选的变量个数，等于 m（随机挑选的特征个数），在整个森林的生长过程中，m 的值一般维持不变。

2. Random subspace方法

所谓 Random subspace 方法，是指在对决策树的每个节点进行分裂时，从全部特征属性中等概率随机抽取一个属性子集（通常取 $\lceil \log_2 M \rceil$ 个属性，M 为特征总数），再从这个子集中选择一个最有判别力的属性来分裂节点。由于构建每棵决策树时，随机抽取训练样本和属性子集的过程都是独立的且总体都是一样的，因此 θ_i, $i=1, 2, \cdots, k$ 是一个独立同分布的随机变量序列。训练随机森林的过程就是训练各棵决策树的过程，由于各棵决策树的训练是相互独立的，因此随机森林的训练可以通过并行计算来实现，这将大大提高了生成模型的效率。

3. 弱分类器决策树构造实例

随机森林中的每棵决策树就是一个弱分类器，随机森林分类算法必须先构建很多棵决策树作为弱分类器，下面是一个构建弱分类器的实例。

【例 5-12】表 5-17 是一个病毒性肺炎的诊断样本数据集，试用该数据集构造一棵作为随机森林弱分类器的决策树。

表 5-17 病毒性肺炎的诊断样本数据集

编 号	体 温	咳 嗽	腹 泻	头 疼	肺 炎
1	偏高	是	是	否	是
2	很高	否	否	否	否
3	很高	是	否	是	是
4	正常	是	是	是	是
5	正常	否	否	是	否
6	偏高	是	否	否	是
7	偏高	是	否	是	是
8	很高	是	是	否	是
9	偏高	否	是	是	是
10	正常	是	否	否	否
11	正常	是	否	是	是
12	正常	否	是	是	是
13	偏高	否	否	否	否
14	很高	否	是	否	是
15	很高	否	是	否	是
16	偏高	否	否	是	是

解：表 5-17 中有 4 个特征属性，即 $M=4$，因此从中随机选择 $\lceil \log_2 4 \rceil = 2$ 个属性用于

确定该决策树根节点的划分属性。通过随机抽样，选择"咳嗽""腹泻"这两个属性，然后分别计算这两个属性的基尼指数。

（1）咳嗽的基尼指数计算如下：

$$gini(是,咳嗽)=1-\left(\frac{7}{8}\right)^2-\left(\frac{1}{8}\right)^2=0.219$$

$$gini(否,咳嗽)=1-\left(\frac{5}{8}\right)^2-\left(\frac{3}{8}\right)^2=0.469$$

$$gini(D,咳嗽)=\frac{8}{16}\times0.219+\frac{8}{16}\times0.469=0.344$$

（2）根据是否腹泻，可以将数据集划分为：

$$D_1=\{1,4,8,9,12,14,15\}；\quad D_2=\{2,3,5,6,7,10,11,13,16\}$$

则腹泻的基尼指数计算如下：

$$gini_3(D,体温)=\frac{3}{9}\times gini(D(正常))+\frac{6}{9}\times gini(D(\neg 正常))=0.2$$

根据上述计算结果，应选择"腹泻"作为决策树的根节点的划分属性，得到如图 5-28 所示的初始决策树。

由于"腹泻=是"中的所有样本属于同一类别，因此不需要再划分。对于"腹泻=否"中的样本递归调用上述过程，继续进行划分。由于已使用"腹泻"作为根节点的划分属性，因此在对"腹泻=否"进行划分时不再考虑该属性，此时 $m=3$，随机选择 $s=2$ 个属性作为当前节点划分的候选属性。

根据随机抽样，选择"头疼""体温"两个属性，分别计算它们对于 D_2 的基尼指数。

$gini(D_2,头疼)=0.344$

$gini(D_2,体温)=0.444$

根据计算结果，应选择"头疼"作为该节点的划分属性，得到如图 5-29 所示的新决策树。

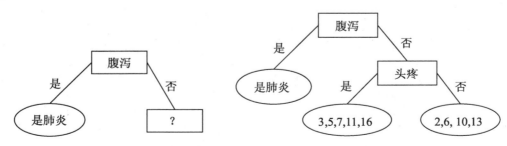

图 5-28　选择"腹泻"作为决策树的根节点　　图 5-29　更新后的决策树 1

新决策树叶节点所对应的特征子集中只剩下两个属性（咳嗽和体温），即 $M=2$，由于 $log_2 2=1$，因此随机选择一个属性作为划分当前节点的候选属性。于是随机选择"体温"对分支"头疼=是"进行划分，分别对该属性的 3 种二元划分计算基尼指数，得到：

$$gini_1(D, 体温) = \frac{2}{9} \times gini(D(很高)) + \frac{7}{9} \times gini(D(\neg 很高)) = 0.3$$

$$gini_2(D, 体温) = \frac{4}{9} \times gini(D(偏高)) + \frac{5}{9} \times gini(D(\neg 偏高)) = 0.266$$

$$gini_3(D, 体温) = \frac{3}{9} \times gini(D(正常)) + \frac{6}{9} \times gini(D(\neg 正常)) = 0.2$$

根据上述结果，应选择"体温=正常""体温≠正常"作为"头疼=是"数据子集的两个分支。

对于"头疼=否"，所对应的特征的子集中只剩下两个属性（咳嗽和体温），即 $M=2$，因此随机选择一个属性"咳嗽"作为划分当前节点的候选属性。由于"咳嗽"属性只有两个属性值，直接用其两个属性值作为分支即可，由此得到如图 5-30 所示的更新后的决策树。

在图 5-30 所示的决策树中，"体温=非正常""咳嗽=否"分支中的所有样本都属于同一类别，因此不需要再划分。对于"体温=正常"分支的样本数据子集，选择"咳嗽"作为划分属性；对于"咳嗽=是"分支的样本数据子集，选择"体温"作为划分属性，划分方式为"体温=正常""体温≠正常"，从而得到如图 5-31 所示的最终决策树。

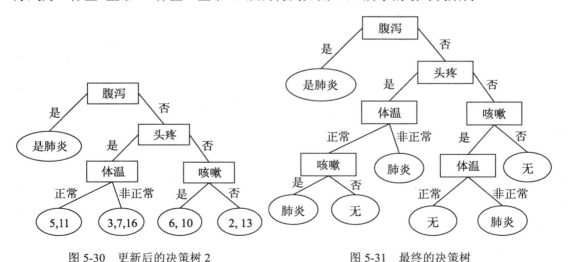

图 5-30　更新后的决策树 2　　　　　　图 5-31　最终的决策树

需要注意的是，由于构造决策树的过程中要随机选择属性子集，因此所求的最终决策树并不唯一。

4．随机森林分类实例

上例是直接在样本集 D 上构造随机森林的一棵决策树的过程。如果要在样本集上构造 k 棵决策树，则需要先用 Bootstrap 有放回抽样的方法得到训练样本子集 D_1、D_2、$\cdots$、D_k，然后分别在这 k 个子集上构造出 k 棵决策树，最后将这 k 棵决策树作为弱学习器组合成一个具有较强泛化能力的随机森林模型。

【例 5-13】 对表 5-17 所示的数据集构造出 3 棵决策树，作为随机森林的 3 个弱学习器，并使用该随机森林预测新样本{体温：正常、咳嗽：否、腹泻：是、头疼：否}的类别。

解： 首先进行三轮 Bootstrap 重抽样，得到如下 3 个训练样本子集。

D_1={1,2,2,3,4,5,6,7,7,7,8,13,13,14,14,16}
D_2={1,1,3,4,5,6,8,9,9,10,11,12,12,13,14,16}
D_3={3,4,4,4,5,7,7,8,9,10,11,11,12,13,13,14}

然后分别使用 D_1、D_2、D_3 训练样本子集构造相应的 CART 决策树 L_1、L_2 和 L_3。最终，构造的决策树 L_1 如图 5-32 所示，L_2 如图 5-33 所示，L_3 与图 5-31 所示的决策树完全相同。

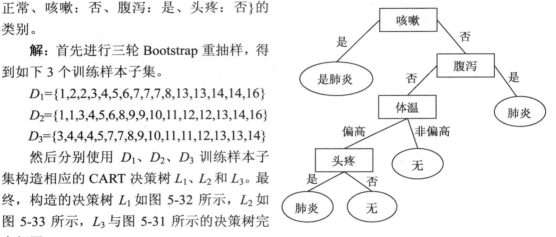

图 5-32　$L1$ 决策树

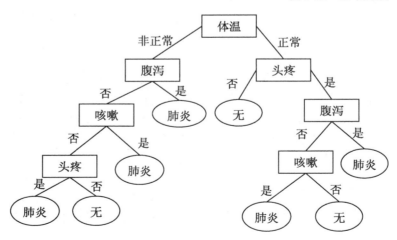

图 5-33　$L2$ 决策树

最后，对于新样本{体温：正常、咳嗽：否、腹泻：是、头疼：否}要预测它的类别。将该样本分别使用 $L1$、$L2$、$L3$ 来判定类别，结果为：$L1$：肺炎；$L2$：无肺炎；$L3$：肺炎。

3 个弱分类器的投票结果是 2:1，因此新样本应判定为"肺炎"类别。

🔔提示：在随机森林分类中，弱分类器（决策树）的数量越多越好，但是计算时间也会越长。

5. 随机森林分类算法的特点

大量研究证明：随机森林分类算法的预测准确率很高，对异常值和噪声具有很好的容忍度且不容易出现过拟合。可以说，随机森林是一种自然的非线性分类建模工具。

随机森林分类算法的优点如下：

- 每棵树都选择部分样本及部分特征，一定程度上能避免过拟合。
- 每棵树随机选择样本并随机选择特征，因此具有很好的抗噪能力，性能稳定。
- 能处理很高维度的数据，并且不需要做特征选择和降维处理。
- 对于不平衡的分类数据集来说，随机森林分类算法可以平衡误差。
- 由于每棵树相互独立、可以同时生成，容易做成并行化方法。

随机森林分类算法的缺点是参数较复杂，模型训练和预测速度都比较慢。

5.5.3　随机森林分类算法的 sklearn 实现

在 sklearn 的 ensemble（集成学习）模块中，RandomForestClassifier 类用于实现随机森林分类。该类构造函数的语法如下：

```
class sklearn.ensemble.RandomForestClassifier(n_estimators='warn',criterion=
'gini', max_depth=None, min_samples_split=2, min_samples_leaf=1, min_
weight_fraction_leaf=0.0, max_features='auto', max_leaf_nodes=None, min_
impurity_decrease=0.0, min_impurity_split=None, bootstrap=True, oob_score=
False, n_jobs=None, random_state=None, verbose=0, warm_start=False, class_
weight=None)
```

其中，重要参数的含义如下：

- n_estimators：随机森林里树的数量，在 sklearn 0.2 版本中默认值为 10，在 sklearn 0.22 版中默认值为 100。
- criterion：特征属性判别力的评价标准，取值是 gini（默认值）或 entropy。
- max_features：允许单棵决策树使用特征的最大数量，取值是 auto/None（不限制）或 sqrt（总特征数的平方根）或数值（总特征的 20%）。
- max_depth：树的最大深度，–1 表示完全生长（不限制）。
- min_samples_split：拆分内部节点所需要的最小样本数，默认值为 2。

- min_samples_leaf：叶子节点所需要的最小样本数。
- oob_score：是否使用包外样本（即模型抽样时没有选择的数据）来估计泛化精度。
- n_jobs：模型拟合和预测时并行运行的作业数，默认值为 None，表示不使用并行运算，-1 表示使用所有的处理器进行并行运算。

1. 使用sklearn进行随机森林分类实例

【程序 5-8】使用随机森林分类对 5.2.1 节中表 5-7 所示的数据集和鸢尾花数据集进行分类。

```
import numpy as np
import matplotlib.pyplot as plt
from sklearn import datasets
from sklearn.ensemble import RandomForestClassifier    #引入随机森林分类模块
X ,Y= [],[]                             #读取数据
fr = open("D:\\knn.txt")
for line in fr.readlines():
    line = line.strip().split()
    X.append([int(line[0]),int(line[1])])
Y.append(int(line[-1]))                 #将最后一列存入 Y
X=np.array(X)                           #转换成 NumPy 数组，X 是特征属性集
y=np.array(Y)                           #y 是类别标签集
#iris = datasets.load_iris()            #去掉这 3 行的注释符即可对鸢尾花数据集分类
#X = iris.data[:, [0, 2]]
#y = iris.target
# 训练随机森林模型，限制树的最大深度为 5，树的数目为 10 棵
clf = RandomForestClassifier(max_depth=5, n_estimators=10)
clf.fit(X, y)
# 画分类界面图
x_min, x_max = X[:, 0].min() - 1, X[:, 0].max() + 1
y_min, y_max = X[:, 1].min() - 1, X[:, 1].max() + 1
xx, yy = np.meshgrid(np.arange(x_min, x_max, 0.1), np.arange(y_min, y_max,
0.1))
Z = clf.predict(np.c_[xx.ravel(), yy.ravel()])
Z = Z.reshape(xx.shape)
plt.contourf(xx, yy, Z, alpha=0.3)
plt.scatter(X[:, 0], X[:, 1], c=y, marker='D',alpha=1)
plt.show()
```

程序对表 5-7 所示数据集的分类结果如图 5-34 所示，对鸢尾花数据集的分类结果如图 5-35 所示。注意，随机森林的每次分类结果都不完全相同。从图 5-34 和图 5-35 中可见，随机森林分类算法可以有效地对样本数据进行分类。

总体来说，随机森林分类效果（错误率）与两个因素有关：
- 森林中任意两棵树的相关性：相关性越大，错误率越大。
- 森林中每棵树的分类能力：每棵树的分类能力越强，整个森林的错误率越低。

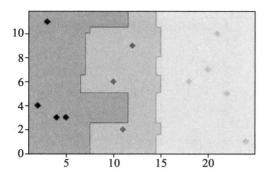

图 5-34　表 5-7 所示的数据集的分类结果

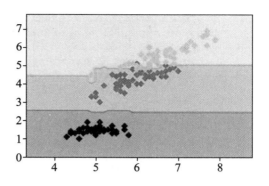

图 5-35　鸢尾花数据集的分类结果

2．随机森林分类的调参

在 RandomForestClassifier()参数中，下列 3 个参数应该仔细调整寻找最优值，因为它们对模型的预测能力有很大影响。

- 增加 max_features 一般能提高每棵树的分类能力，因为在每个节点上有更多的特征可供选择。但同时也会使森林中任意两棵树的相关性增大，导致分类错误率增大，并且增加 max_features 还会降低算法的速度。因此，应当选择一个折中的 max_features。
- n_estimators 决定子树的数量，较多的子树可以让模型有更好的性能，但同时会让程序变慢。应该在计算能力允许的范围内选择尽可能高的值，这会使预测结果更好、更稳定。
- min_samples_leaf：叶是决策树的末端节点，较小的叶子使模型更容易捕捉训练数据中的噪声。一般来说，应该偏向于将最小叶子节点数目的设置大于 50，以防止过拟合。也可以尽量尝试多种叶子大小种类，以找到最优的那一个。

【**程序 5-9**】寻找随机森林分类算法中最优的 max_features 参数。

```
import matplotlib.pyplot as plt
from sklearn.model_selection import  train_test_split        #数据分割模块
from sklearn.model_selection import cross_val_score          #交叉验证模块
from sklearn.ensemble import RandomForestClassifier
from sklearn import datasets
X, y = datasets.make_classification(n_samples=1000,n_features=30,
n_informative=15,flip_y=.5, weights=[.1, .9])
X_train,X_test,Y_train,Y_test=train_test_split(X,y,test_size=0.1)
mf_range = range(2, 28)
k_error = []                           #保存预测错误率
for k in mf_range:                     #循环，k 取值为 2～27，查看 RF 分类的预测准确率
    rf=RandomForestClassifier(n_estimators=29,min_samples_leaf=5,max_
features=k,n_jobs=2)
    #cv 参数决定数据集划分比例，这里按照 9:1 的比例来划分训练集和测试集
```

```
    scores = cross_val_score(rf, X, y, cv=9, scoring='accuracy')
    k_error.append(1 - scores.mean())        #把每次的错误率添加到数组中
#画图，x 轴为 k 值，y 值为误差值
plt.plot(mf_range, k_error)
plt.xlabel('max_features for RF')
plt.ylabel('Error')
plt.show()
```

程序的运行结果如图 5-36 所示。

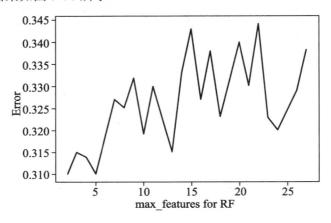

图 5-36　max_features 参数与分类错误率的关系

从图 5-36 中可见，最优的 max_features 值一般出现在总特征数的平方根附近。这验证了 max_features 参数的值取平方根是比较合理的观点。

5.6　利用运动手环数据预测身体姿态

运动手环作为一种可穿戴式设备，已经受到越来越多的人的欢迎，运动手环中的传感器能获取各项数据，如佩戴者是移动还是静止，周围的磁场强度、温度，佩戴者的心跳脉搏、血压等。

获取到运动手环传感器采集的大量数据后，就可以对数据进行分析和建模了。通过各项特征属性的数值判断用户的身体状态，根据用户的状态向用户提供更加精准、便利的服务，如用户坐久了，就提示用户该运动一下，如用户剧烈运动久了，就提示用户该休息一下。

本实例收集了 A、B、C、D、E 5 位用户运动手环上的传感器数据，每位用户的数据集包含一个特征文件（a.feature）和一个标签文件（a.label）。其中，特征文件中的每一行对应某一个时刻的所有传感器数值，标签文件中每行记录了和特征文件中对应时刻的标记过的用户姿态，两个文件的行数相同，相同行之间相互对应。

在特征文件 a.feature 中共有 41 列特征属性，这 41 列特征属性的含义如表 5-18 所示。

表 5-18　a.feature 文件中特征属性的含义

列号	1	2	3～15	16～28	29～41
含义	时间戳	心率	传感器1	传感器2	传感器3

其中，时间戳用来记录当前时间。在传感器 1 对应的 13 列数据特征中，如表 5-19 所示。其中包含：1 项温度数据、3 项一型三轴加速度数据、3 项二型三轴加速度数据、3 项三轴陀螺仪数据和 3 项三轴磁场数据。

表 5-19　传感器 1 对应的 13 列数据特征

列号	3	4～6	7～9	10～12	13～15
含义	温度	一型三轴加速度	二型三轴加速度	三轴陀螺仪	三轴磁场

人体的温度数据可以反映当前活动的剧烈程度，一般，人在静止状态时体温趋于稳定在 36.5℃上下；当温度高于 37℃时，可能是进行了短时间的剧烈运动，如跑步或骑行等。

在数据中有两个型号的加速度传感器，可以通过互相印证的方式保证数据的完整性和准确性。通过加速度传感器对应的 3 个数值可以知道空间中 x、y、z 3 个轴上对应的加速度，而空间上的加速度和用户的姿态有密切的关系，如用户向上起跳时，z 轴上的加速度会激增。

陀螺仪是角运动检测的常用仪器，可以判断出用户佩戴传感器时的身体角度是水平、倾斜还是垂直的。这些数值都是推断用户姿态（如跑步、走路或睡觉）的重要指标。

磁场传感器可以检测用户周围的磁场强度和数值大小，这些数据可以帮助理解用户所处的环境。比如在一个办公场所，用户座位附近的磁场是比较强而且固定的，而在郊外，磁场是比较弱的，当磁场发生改变时，就可以推断用户的位置和场景发生了变化。

标签文件中只有一列数据，取值为 0～24，每一行代表与特征文件中对应行的用户姿态类别，共有 25 种身体姿态。例如，0 表示无活动状态，1 表示坐态，2 表示有位移地慢跑，3 表示快速跑，4 表示无位移跑（在跑步机上跑），5 表示就餐等。标签文件作为训练集的标准参考准则，可以进行特征的分类，因此这是一个有 25 个类别的分类问题。

1. 任务描述

假设现在出现了一个新用户，运动手环通过传感器采集了他的运动数据，那么该如何得到这个新用户的状态呢？又或者对同一用户如果传感器采集了新的数据，怎样根据新的数据判断当前用户处于什么状态呢？

在明确这是一个分类问题的前提下，可以选定某种分类模型，通过训练数据进行模型学习，然后对每个测试样本给出对应的分类结果。机器学习的分类模型众多，本实例中将分别使用 K-近邻、决策树和朴素贝叶斯 3 种分类模型来实现分类任务。

2．编程思路

实现分类任务的具体编程思路如下：

（1）在当前程序目录下创建 A、B、C、D、E 5 个文件夹，分别存放 5 个用户的特征数据文件和标签数据文件。例如文件夹 A 下存放 A.feature 和 A.label 两个文件。

（2）使用 Pandas 库的 read_csv()函数读取每个文件的内容，在该函数中指定分隔符为逗号，缺失值为问号且文件不包含表头行。将该函数放到循环语句中，就能依次读取所有文件的内容了。

（3）从特征文件和标签文件中将所有数据加载到内存中，由于存在缺失值，此步骤还需要进行简单的缺失值处理。具体步骤如下：

① 编写数据导入函数 load_datasets()，设置传入两个参数，分别是特征文件的列表 feature_paths 和标签文件的列表 label_paths。定义 feature 数组变量，列数量和特征维度一致为 41；定义空的标签变量，列数量与标签维度一致为 1。

② 使用 Pandas 库的 read_csv()函数读取一个特征文件，其中指定分隔符为逗号，缺失值为问号且文件不包含表头行。使用 Imputer()函数，通过设定 strategy 参数为'mean'，使用平均值对缺失数据进行补全。fit()函数用于训练预处理器，transform()函数用于生成预处理结果。将预处理后的数据加入特征属性集中并依次遍历完所有特征文件。

③ 处理标签文件与处理特征文件相似，首先使用 Pandas 库的 read_csv()函数读取一个标签文件，其中指定分隔符为逗号且文件不包含表头行。由于标签文件没有缺失值，因此直接将读取的新数据加入 label 集合中，依次遍历完所有标签文件，得到标签集合 label。最后将特征集合 feature 与标签集合 label 合并。

（4）划分训练集和测试集。首先使用 train_test_split()函数，通过设置测试集比例 test_size 为 0.1 将数据随机打乱，便于后续分类器的初始化和训练。

设置数据路径 feature_paths 和 label_paths。使用 Python 的分片方法将数据路径中的前 4 个值（即用户 A、B、C、D 的数据）作为训练集和参数传入 load_dataset()函数中，得到训练集合的特征 x_train 和训练集的标签 y_train。将最后一个值（即用户 E 的数据）对应的数据作为测试集送入 load_dataset()函数中，得到测试集合的特征 x_test 和测试集的标签 y_test。

（5）依次创建 K-近邻、决策树、朴素贝叶斯对应的分类器，并使用训练数据进行训练。分别使用默认的参数创建 K-近邻分类器 knn、决策树分类器 dt 和高斯贝叶斯分类器 gnb，并将训练集 x_train 和 y_train 送入 fit()函数进行训练，训练后的分类器分别保存到变量 knn、dt 和 gnb 中。

（6）使用测试集 x_test 进行分类器预测并得到分类结果。通过对真实标签值和预测值的比对，计算出模型整体的准确率和召回率，以此来评测模型效果。

按照上述步骤，编写运动手环预测身体状态的程序。

【**程序 5-10**】运动手环预测身体姿态。

```python
import pandas as pd  #导入 pandas 模块用于读取数据文件
import numpy as np
from sklearn.impute import SimpleImputer   #导入缺失值处理模块 SimpleImputer
#导入生成训练集和测试集模块
from sklearn.model_selection import train_test_split
from sklearn.metrics import classification_report  #导入分类结果报告模块

from sklearn.neighbors import KNeighborsClassifier
from sklearn.tree import DecisionTreeClassifier
from sklearn.naive_bayes import GaussianNB
#读取特征文件列表和标签文件列表中的内容，归并后返回
def load_datasets(feature_paths, label_paths):        #数据载入函数
    feature = np.ndarray(shape=(0,41))
    label = np.ndarray(shape=(0,1))
    for file in feature_paths:
        df = pd.read_csv(file, delimiter=',', na_values='?', header=None)
# SimpleImputer()函数使用平均值对缺失值进行补全
        imp = SimpleImputer(missing_values=np.nan, strategy='mean')
        imp.fit(df)
        df = imp.transform(df)
        feature = np.concatenate((feature, df))

    for file in label_paths:                          #依次遍历完所有标签文件
        df = pd.read_csv(file, header=None)
        label = np.concatenate((label, df))   #将新读入的数据合并到标签集合中

    label = np.ravel(label)                           #将标签归整为一维向量
    return feature, label                             #将特征和标签合并

if __name__ == '__main__':
    ''' 数据路径 '''
    featurePaths = ['A/A.feature','B/B.feature','C/C.feature','D/D.feature',
'E/E.feature']
    labelPaths = ['A/A.label','B/B.label','C/C.label','D/D.label',
'E/E.label']
    ''' 读入数据  '''
    x_train,y_train = load_datasets(featurePaths[:4],labelPaths[:4])
    x_test,y_test = load_datasets(featurePaths[4:],labelPaths[4:])
    x_train, x_, y_train, y_ = train_test_split(x_train, y_train, test_size
= 0.1)

    knn = KNeighborsClassifier().fit(x_train, y_train)
    print('Training done')
    answer_knn = knn.predict(x_test)

    dt = DecisionTreeClassifier().fit(x_train, y_train)
    print('Training done')
    answer_dt = dt.predict(x_test)
```

```
gnb = GaussianNB().fit(x_train, y_train)
print('Training done')
answer_gnb = gnb.predict(x_test)

print('\n\nThe classification report for knn:')
print(classification_report(y_test, answer_knn))
print('\n\nThe classification report for DT:')
print(classification_report(y_test, answer_dt))
print('\n\nThe classification report for Bayes:')
print(classification_report(y_test, answer_gnb))
```

程序的运行结果如下：

```
The classification report for knn:
              precision    recall  f1-score   support
         0.0       0.56      0.59      0.58    102341
         1.0       0.92      0.94      0.93     23699
         2.0       0.94      0.78      0.85     26864
         3.0       0.82      0.82      0.82     22132
        ......
        17.0       0.89      0.96      0.92     33034
        24.0       0.00      0.00      0.00      7733
    accuracy                           0.69    374783
   macro avg       0.64      0.63      0.63    374783
weighted avg       0.69      0.69      0.68    374783
The classification report for DT:
              precision    recall  f1-score   support
         0.0       0.55      0.73      0.63    102341
         1.0       0.66      0.96      0.78     23699
         2.0       0.81      0.86      0.84     26864
         3.0       0.94      0.72      0.82     22132
        ......
        17.0       0.85      0.85      0.85     33034
        24.0       0.44      0.29      0.35      7733
    accuracy                           0.65    374783
   macro avg       0.64      0.59      0.59    374783
weighted avg       0.64      0.65      0.62    374783
The classification report for Bayes:
              precision    recall  f1-score   support
         0.0       0.62      0.81      0.70    102341
         1.0       0.97      0.91      0.94     23699
         2.0       1.00      0.65      0.79     26864
         3.0       0.60      0.66      0.63     22132
        ......
        17.0       0.75      0.91      0.82     33034
        24.0       0.60      0.23      0.34      7733
    accuracy                           0.68    374783
   macro avg       0.74      0.61      0.62    374783
weighted avg       0.74      0.68      0.66    374783
```

在程序中，使用 classification_report()函数对 3 种分类器的分类结果从精确率、召回率、F1 值 3 个维度进行了衡量（support 表示支持的样本数）。如表 5-20 所示为 3 种分类器的分类结果。

表 5-20　3 种分类器的分类结果

指标＼模型	K-近邻	决策树	朴素贝叶斯
准确率	0.69	0.64	0.74
召回率	0.69	0.64	0.68
F1 值	0.68	0.60	0.67

结论：在这个实例中，从精确率的角度来衡量，贝叶斯分类器的效果最好；从召回率和 F1 值的角度衡量，K-近邻效果最好；贝叶斯分类器和 K-近邻的效果好于决策树。

在所有的特征数据中，可能存在缺失值或者冗余特征。如果将这些特征不加处理直接送入后续的计算，可能会导致模型准确度下降并且增大计算量。在特征选择阶段，通常需要借助辅助软件（如 Matplotlib）对数据进行可视化并进行统计。读者可以思考如何筛选冗余特征，提高模型的训练效率，也可以尝试调用 sklearn 提供的其他分类器进行数据预测。

5.7　习　　题

1. 以下哪种算法生成的决策树一定是二叉树？（　　　）

A．ID3　　　　　　　B．C4.5　　　　　　　C．CART　　　　　　D．都不一定

2. 在 C4.5 算法中，若特征属性 A 的取值只有两种，两种取值的样本数都是 5 个，则属性 A 的分裂信息 split_info(A) 的值为（　　　）。

A．1　　　　　　　　B．2　　　　　　　　C．3　　　　　　　D．5

3. 以下哪个 sklearn 函数的参数为训练集？（　　　）

A．fit()　　　　　B．predict()　　　　C．fit_predict()　　　D．transform(x)

4. 如果要在大型数据集上训练决策树，为了花费更少的时间来训练这个模型，下列哪种做法是正确的？（　　　）

A．增加树的深度　　　　　　　　B．增加学习率

C．减小树的深度　　　　　　　　D．减少树的数量

5. 朴素贝叶斯分类是通过比较各个类别的哪个值的大小进行分类的？（　　　）

A．$P(c_j|x)$　　　　B．$P(x|c_j)$　　　　C．$P(c_j)/P(x)$　　　D．$P(c_j)$

6. 混淆矩阵的真负率公式是（　　　）。

A．TP/(TP+FN)　　B．FP/(FP+TN)　　C．FN/(TP+FN)　　　D．TN/(TN+FP)

7. 混淆矩阵中的 TP=16，FP=12，FN=8，TN=4，F1-score 是（　　　）。

A．4/13　　　　　　B．8/13　　　　　　C．4/7　　　　　　D．2/3

8. 若某个消息出现的概率是 0.25，则该消息的自信息量是_____。

9．ID3 算法选取_____最大的节点作为根节点；C4.5 算法选取_____最大的节点作为根节点。

10．在 K-近邻算法中，K 的含义是_____；在 K-均值算法中，K 的含义是_____。

11．对于分类模型，fit()函数的参数为_____；对于聚类模型，fit()函数的参数为_____。

12．给定贝叶斯公式 $P(c_j|x) = (P(x|c_j)P(c_j))/P(x)$，公式中的 $P(c_j|x)$ 称为_____（填写先验概率、后验概率或全概率）。朴素贝叶斯分类的依据是要求上式中_____的值最大。

13．在决策树分类中，属性的信息增益等于_____与_____的差。

14．决策树是用样本的属性作为节点，用_____作为分支的树结构。

15．CART 算法是选择基尼指数最_____（填大或小）的节点作为根节点。

16．只能对离散型数据进行决策树分类的算法是_____。

17．Bootstrap 重采样技术采用_____（填有放回或无放回）抽样。

18．在 sklearn 中，fit()函数的返回值是_____，predict()函数的返回值是_____。

19．什么是训练集？聚类的训练集和分类的训练集有何区别？

20．简述分类的一般步骤。

21．简述什么是集成学习。集成学习的精确率一定比单个学习器的精确率更高吗？

22．设有甲、乙、丙三个车间生产同一种产品，已知各车间的产量分别占全厂产量的 25%、35% 和 40%，各车间的产品次品率依次为 5%、4% 和 2%。现从待出厂的产品中检查出一个次品，试用朴素贝叶斯分类预测该次品最有可能是由哪个车间生产的，并指出该分类的特征属性和类别属性。

23．假设在某地区切片细胞中正常（w_1）和异常（w_2）两类的先验概率分别为 $p(w_1)=0.9$，$p(w_2)=0.1$。现有一个待识别细胞呈现状态 x，由其类条件概率密度分布曲线查得 $p(x|w_1)=0.2$，$p(x|w_2)=0.4$，试对该细胞进行分类。

24．试用如表 5-21 所示的训练数据训练一个朴素贝叶斯模型。表中的 $x1$ 和 $x2$ 为特征属性，取值集合分别为 $x1=\{1,2,3\}$，$x2=\{S,M,L\}$，y 为类别属性，预测新样本 $x=(3,S)$ 的类别值。

表 5-21　训练数据

	1	2	3	4	5	6	7	8	9	10	11	12	13	14	15
$x1$	1	1	1	1	1	2	2	2	2	2	3	3	3	3	3
$x2$	S	M	M	S	S	S	M	M	L	L	L	M	M	L	L
y	0	0	1	1	0	0	0	1	1	1	1	1	1	1	0

25．分别使用 sklearn 中的 K-近邻、朴素贝叶斯、决策树和随机森林 4 种分类算法对鸢尾花数据集进行分类，然后使用 PCA 降维算法将鸢尾花数据集维度降为 2，最后使用 Matplotlib 在一幅图中将 4 种分类算法的分类界面在 4 个子图中显示出来。

第 6 章　回归与逻辑回归

回归（Regression）是统计学中的一种方法，常用来预测某个变量的变化趋势，其预测值是连续的，而逻辑回归是一种名为"回归"实为"分类"的分类模型。本章将先介绍线性回归，然后介绍如何将线性回归模型转换为线性分类模型，最后介绍最常用的线性回归模型——逻辑回归。

6.1　线　性　回　归

回归是指研究一组随机变量$(Y_1, Y_2, \cdots, Y_i)$与另一组变量$(X_1, X_2, \cdots, X_k)$之间关系的统计分析方法，又称回归分析。其中，Y_i是研究中需要特别关注的，将Y_i称为因变量，X_i则被看成影响Y_i的因素，将X_i称为自变量。

一般而言，若有k个自变量和一个因变量，则因变量的值可分解成两部分：一部分由自变量影响，即表示为它的函数，函数形式已知且含有未知参数；另一部分由其他未考虑因素和随机性影响，称为随机误差。当函数为参数未知的线性函数时，称为线性回归分析模型；当函数为参数未知的非线性函数时，称为非线性回归分析模型（或称为曲线回归），当自变量的个数大于 1 时称为**多元回归**，当因变量的个数大于 1 时称为多重回归。

6.1.1　相关与回归

从统计角度看，变量之间的关系可分为两种，即函数关系和相关关系。函数关系是人们比较熟悉的，设有两个变量x和y，变量y随变量x一起变化，并完全依赖于x，当x取某个值时，y依确定的关系取相应的值，则称y和x是函数关系，记为$y=f(x)$，如图 6-1 所示。例如，若单价固定，某种商品的销售额和销售量之间的关系就是函数关系。

在实际问题中，有些变量之间的关系不是那么明确，但又的确存在一定的关系。例如，子女身高和父母身高之间的关系，这两个变量之间不存在完全确定的关系，但存在一定的趋势，即子女的身高往往受到父母身高的影响，但子女身高同时又存在很大的不确定性。把变量之间这种不确定关系称为相关关系，如图 6-2 所示。例如，商品的消费额(y)与居民收入(x)之间的关系就是相关关系。如果两个变量之间存在相关关系，则可用回归来研究一个变量对另一个变量的影响。

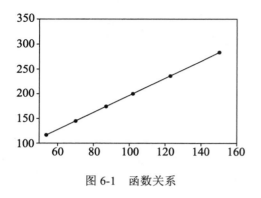

图 6-1 函数关系

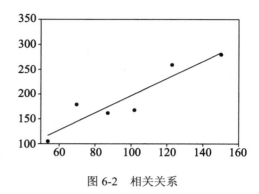

图 6-2 相关关系

相关关系的强弱可用皮尔逊相关系数（Pearson Correlation Coefficient）来度量。

设 x_i 为变量 X 的一系列取值，y_i 为变量 Y 的一系列取值，$\bar{x}$、$\bar{y}$ 表示 x、y 的平均值，$Var[X]$、$Var[Y]$ 表示 X、Y 的方差，则皮尔逊相关系数的定义如下：

$$r = \frac{\sum_{i=1}^{n}(x_i - \bar{x})(y_i - \bar{y})}{\sqrt{\sum_{i=1}^{n}(x_i - \bar{x})^2 \sum_{i=1}^{n}(y_i - \bar{y})^2}} = \frac{Cov(X,Y)}{\sqrt{Var[X]Var[Y]}} \quad (6\text{-}1)$$

可见，两个变量(X,Y)的皮尔森相关系数 $r(X,Y)$ 等于它们之间的协方差 $Cov(X,Y)$ 除以它们各自的标准差的乘积。

相关系数 r 的取值在[-1,1]之间，其中，1 表示完全正相关，-1 表示完全负相关，0 表示不相关。从图 6-2 可以看出，相关系数的绝对值越接近于 1，则各个样本点越靠近拟合线。

相关分析与回归分析既有联系又有区别。它们的联系表现在：相关分析是回归分析的前提，回归分析是相关分析的拓展。它们的区别包括以下几点：

- 相关分析不区分自变量和因变量，而回归分析则必须区别自变量和因变量。
- 相关分析不能估计推算的具体数值，而回归分析则可以用自变量数值推算因变量的估计值。
- 互为因果关系的两个变量可以拟合为两个回归方程，但其相关系数只有一个。

6.1.2 线性回归分析

当因变量和自变量为线性关系时，则称为线性回归（Linear Regression）。最简单的情形是一元线性回归，大体上是由有线性关系的一个自变量和一个因变量组成的，其模型是 $Y=a+bX+\varepsilon$（X 是自变量，Y 是因变量，ε 是随机误差）。一元线性回归的图形如图 6-3 所示。若进一步假定线性回归的随机误差服从正态分布，则将其称作正态线性模型。

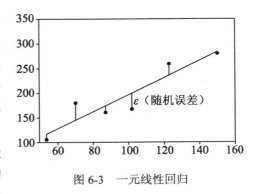

图 6-3　一元线性回归

线性回归分析是利用称为线性回归方程的最小平方函数对一个或多个自变量和因变量之间的关系进行建模的一种回归分析。这种函数是一个或多个称为回归系数的模型参数的线性组合。

在回归分析中，如果只含一个自变量和一个因变量，且二者的关系可用一条直线近似表示，则把这种回归分析称为一元线性回归分析；如果回归分析中包括两个或两个以上的自变量，且因变量和自变量之间是线性关系，则把这种回归分析称为多元线性回归分析。

线性回归分析的任务就是寻找一条拟和直线，使所有散点到该直线的距离之和最小（即随机误差之和最小）。

多元线性回归有多个自变量（特征），每个自变量对因变量的强弱影响取决于特征前面的参数。设 $x_1, x_2, \cdots, x_n$ 表示 n 个特征，则多元线性回归方程如下：

$$h_\theta(x) = \theta_0 + \theta_1 x_1 + \theta_2 x_2 + \cdots + \theta_n x_n + \varepsilon \qquad (6\text{-}2)$$

多元线性回归的拟合函数如下（拟合函数是所求拟合线的函数，因此没有随机误差）：

$$h(x) = h_\theta(x) = \theta_0 + \theta_1 x_1 + \theta_2 x_2 + \cdots + \theta_n x_n \qquad (6\text{-}3)$$

在机器学习领域，通常将样本数据表示为特征向量的形式，可令 $x_0=1$，对于任意给定的一个样本，可将其表示为特征向量 $\boldsymbol{X}=(x_0, x_1, x_2, \cdots, x_n)$，参数 θ 也可表示为特征向量 $\boldsymbol{\theta}=(\theta_0, \theta_1, \theta_2, \cdots, \theta_n)^{\mathrm{T}}$，（其中，T 表示转置），则式（6-3）可以写成：

$$h_\theta(x) = [\theta_0, \theta_1, \theta_2, \cdots, \theta_n] \times \begin{bmatrix} x_0 \\ x_1 \\ x_2 \\ \cdots \\ x_n \end{bmatrix} = \boldsymbol{\theta}^{\mathrm{T}} \boldsymbol{X} \ (x_0 = 1) \qquad (6\text{-}4)$$

提示：向量默认是竖向的，$\boldsymbol{\theta}^{\mathrm{T}}$ 表示 $\boldsymbol{\theta}$ 转置，因此 $\boldsymbol{\theta}^{\mathrm{T}}$ 是横向的。$\boldsymbol{\theta}^{\mathrm{T}} \boldsymbol{X}$ 是 $\boldsymbol{\theta}$ 和 $\boldsymbol{X}$ 两个 n 维向量的内积，等价于 $\sum\limits_{i=0}^{n} \theta_i x_i$。

为了求最优的参数 $\boldsymbol{\theta}$ 向量，需要使用损失函数（Loss Function）对 $h(x)$ 进行评估。损失函数又称为错误函数（Error Function）或 J 函数。

对于给定的带标签的训练样本 $\boldsymbol{X}$，设其标签值为 y，则希望线性回归模型关于该训练样本的预测值 $f(\boldsymbol{X})$ 与真实值 y 尽可能接近。通常采用平方误差来度量 $f(\boldsymbol{X})$ 和 y 的接近程度，即：

$$e = [y - f(\boldsymbol{X})]^2 \tag{6-5}$$

这是单个样本的误差，用 e 表示。在机器学习的训练样本集中通常有多个样本，可将所有训练样本所产生的误差的总和看成线性回归模型的总误差。因此，对于任意给定的 n 个训练样本 X_1，X_2，…，X_n，令其标签值分别为 $y_1, y_2, \cdots, y_n$，则所有样本的总误差为：

$$J(\boldsymbol{\theta}) = \sum_{i=1}^{n} (y_i - f(X_i))^2 \tag{6-6}$$

$J(\boldsymbol{\theta})$ 就是线性回归模型的损失函数。显然，线性回归模型的目标是让所有样本的总误差最小，因此可将 $\min J(\boldsymbol{\theta})$ 定义为线性回归模型的目标函数。这种使所有样本与拟合线之间总误差最小的方法称为最小二乘法。

最小二乘法就是有很多给定点（训练样本），需要找出一条线去拟合这些点，那么可以先假设这条拟合线的方程（参数未知），然后把数据点代入假设的方程中得到预测值，并使实际值与预测值相减的平方和最小，从而求得方程的参数。这样就求出了线性回归方程。

6.1.3 线性回归方程参数的求法

线性回归分析的关键是求出线性回归方程式（6-3）中参数 $\boldsymbol{\theta}$ 向量的值。求参数 $\boldsymbol{\theta}$ 的值有两种方法：正规解方程法（又称最小二乘法）和梯度下降法。

线性回归介绍

1. 正规解方程法

正规解方程法首先求解损失函数 $J(\boldsymbol{\theta})$ 的方程式（6-6），然后对 $J(\boldsymbol{\theta})$ 求 $\boldsymbol{\theta}$ 的偏导数。由于 $J(\boldsymbol{\theta})$ 是个凸函数，当倒数等于 0 时，$J(\boldsymbol{\theta})$ 取得最小值，因此此时即求得参数 $\boldsymbol{\theta}$。

直接求解损失函数 $J(\boldsymbol{\theta})$ 的方程需要先将 $J(\boldsymbol{\theta})$ 向量化，步骤如下：

（1）令训练样本集的特征矩阵为 $\boldsymbol{X}_b = (X_1, X_2, \cdots, X_n)^{\mathrm{T}} = (x_{ij})_{n \times m}$，相应的样本标签值为 $y = (y_1, y_2, \cdots, y_n)$，则可将上述损失函数转换为：

$$J(\boldsymbol{\theta}) = \sum_{i=1}^{n}(y_i - f(\boldsymbol{X}_i))^2 = (y - f(\boldsymbol{X}))^{\mathrm{T}}(y - f(\boldsymbol{X})) \qquad (6\text{-}7)$$

这是因为，对于任意向量 $\boldsymbol{P}$ 和向量中的元素 P_i，有 $\sum_{i=1}^{n}(P_i)^2 = \boldsymbol{P}^{\mathrm{T}}\boldsymbol{P}$。

而 $f(\boldsymbol{X}_i) = \theta_0 + \theta_1 \boldsymbol{X}_1^{(i)} + \theta_2 \boldsymbol{X}_2^{(i)} + \cdots + \theta_n \boldsymbol{X}_n^{(i)}$，且

$$\boldsymbol{X}_b = \begin{bmatrix} 1 & \boldsymbol{X}_1^{(1)} & \boldsymbol{X}_2^{(1)} & \cdots & \boldsymbol{X}_n^{(1)} \\ 1 & \boldsymbol{X}_1^{(2)} & \boldsymbol{X}_2^{(2)} & \cdots & \boldsymbol{X}_n^{(2)} \\ \cdots & & & & \cdots \\ 1 & \boldsymbol{X}_1^{(m)} & \boldsymbol{X}_2^{(m)} & \cdots & \boldsymbol{X}_n^{(m)} \end{bmatrix} \qquad (6\text{-}8)$$

特征矩阵 $\boldsymbol{X}_b$ 实际上就对应样本的特征属性集合，例如表 6-1 所示的房价样本的特征集合。

表 6-1　房价样本的特征集合

房 子 面 积	房 间 数 量	楼 间 距	离学校距离
60	2	10	5
90	2	7	10
120	3	8	4
40	1	4	2
89	2	10	22

（2）因为
$$\boldsymbol{X}_b \cdot \boldsymbol{\theta} = \begin{bmatrix} 1 & \boldsymbol{X}_1^{(1)} & \boldsymbol{X}_2^{(1)} & \cdots & \boldsymbol{X}_n^{(1)} \\ 1 & \boldsymbol{X}_1^{(2)} & \boldsymbol{X}_2^{(2)} & \cdots & \boldsymbol{X}_n^{(2)} \\ \cdots & & & & \cdots \\ 1 & \boldsymbol{X}_1^{(m)} & \boldsymbol{X}_2^{(m)} & \cdots & \boldsymbol{X}_n^{(m)} \end{bmatrix} \cdot \begin{bmatrix} \boldsymbol{\theta}_0 \\ \boldsymbol{\theta}_1 \\ \boldsymbol{\theta}_2 \\ \cdots \\ \boldsymbol{\theta}_n \end{bmatrix} = f(\boldsymbol{X}) \qquad (6\text{-}9)$$

将其代入公式 6-7 得：$J(\boldsymbol{\theta}) = (y - f(\boldsymbol{X}))^{\mathrm{T}}(y - f(\boldsymbol{X})) = (y - \boldsymbol{X}_b \cdot \boldsymbol{\theta})^{\mathrm{T}}(y - \boldsymbol{X}_b \cdot \boldsymbol{\theta})$ （6-10）

将上式右边分解得：
$$J(\boldsymbol{\theta}) = (y - \boldsymbol{X}_b \cdot \boldsymbol{\theta})^{\mathrm{T}}(y - \boldsymbol{X}_b \cdot \boldsymbol{\theta}) = \boldsymbol{\theta}^{\mathrm{T}}\boldsymbol{X}_b^{\mathrm{T}}\boldsymbol{X}_b\boldsymbol{\theta} - 2(\boldsymbol{X}_b\boldsymbol{\theta})^{\mathrm{T}}y + y^{\mathrm{T}}y \qquad (6\text{-}11)$$

这是因为：$(\boldsymbol{X}_b \cdot \boldsymbol{\theta})^{\mathrm{T}} = \boldsymbol{\theta}^{\mathrm{T}}\boldsymbol{X}_b^{\mathrm{T}}$，$-y \cdot (\boldsymbol{X}_b \cdot \boldsymbol{\theta}) = -(\boldsymbol{X}_b \cdot \boldsymbol{\theta})^{\mathrm{T}}y$。

（3）对 $\boldsymbol{\theta}$ 求偏导数，并令偏导数等于 0，得：
$$\frac{\partial(J(\boldsymbol{\theta}))}{\partial \boldsymbol{\theta}} = 2\boldsymbol{X}_b^{\mathrm{T}}\boldsymbol{X}_b\boldsymbol{\theta} - 2\boldsymbol{X}_b^{\mathrm{T}}y = 0 \qquad (6\text{-}12)$$

这是因为：$\dfrac{\partial}{\partial \boldsymbol{X}}(\boldsymbol{X}\boldsymbol{X}^{\mathrm{T}})=2\boldsymbol{X}$，$\dfrac{\partial}{\partial \boldsymbol{\theta}}(\boldsymbol{X}\boldsymbol{\theta})=\boldsymbol{X}^{\mathrm{T}}$。

推出：$\boldsymbol{X}_b^{\mathrm{T}}\boldsymbol{X}_b\boldsymbol{\theta}=\boldsymbol{X}_b^{\mathrm{T}}\boldsymbol{y}$

因此：
$$\boldsymbol{\theta}=(\boldsymbol{X}_b^{\mathrm{T}}\boldsymbol{X}_b)^{-1}\boldsymbol{X}_b^{\mathrm{T}}\boldsymbol{y} \tag{6-13}$$
$$f(\boldsymbol{X})=\boldsymbol{X}_b\boldsymbol{\theta}=\boldsymbol{X}_b(\boldsymbol{X}_b^{\mathrm{T}}\boldsymbol{X}_b)^{-1}\boldsymbol{X}_b^{\mathrm{T}}\boldsymbol{y}$$

需要注意的是，正规解方程法需要计算矩阵 $\boldsymbol{X}^{\mathrm{T}}\cdot\boldsymbol{X}$ 的逆矩阵，因此只有在 $\boldsymbol{X}^{\mathrm{T}}\cdot\boldsymbol{X}$ 是可逆矩阵的条件下才能获得唯一解。而实际上，当矩阵 $\boldsymbol{X}$ 的行向量之间存在一定的线性相关性时，即不同样本之间的属性标记值存在一定的线性相关时，将会使矩阵 $\boldsymbol{X}^{\mathrm{T}}\cdot\boldsymbol{X}$ 不可逆，自变量之间存在线性相关情况，在机器学习中称为**多重共线现象**。

实际上，自变量之间的线性相关不仅会造成矩阵 $\boldsymbol{X}^{\mathrm{T}}\cdot\boldsymbol{X}$ 不可逆，而且在 $\boldsymbol{X}^{\mathrm{T}}\cdot\boldsymbol{X}$ 可逆的情况下也有可能导致对参数向量 $\boldsymbol{\theta}$ 的计算不稳定，即样本数据的微小变化会导致参数 $\boldsymbol{\theta}$ 的计算结果发生巨大的波动（发生过拟合现象）。此时，使用不同的训练样本获得的回归模型之间会产生很大的差异，导致回归模型不稳定，而且缺少泛化能力。

为了解决这个问题，需要一种称为岭回归（Ridge Regression）的改进方法。岭回归的基本思想是：在线性回归模型的损失函数 $J(\boldsymbol{\theta})$ 中增加一个针对 $\boldsymbol{\theta}$ 的范数惩罚函数，通过对目标函数进行正则化处理，将参数 $\boldsymbol{\theta}$ 中所有参数的取值压缩到一个相对较小的范围内，即要求 $\boldsymbol{\theta}$ 中所有参数的取值不能过大，由此可得到岭回归的损失函数

$$J(\boldsymbol{\theta})=(\boldsymbol{y}-\boldsymbol{X}\cdot\boldsymbol{\theta})^{\mathrm{T}}(\boldsymbol{y}-\boldsymbol{X}\cdot\boldsymbol{\theta})+\lambda\boldsymbol{\theta}^{\mathrm{T}}\boldsymbol{\theta} \tag{6-14}$$

其中，新增的最后一项称为惩罚项，λ 称为正则化参数（$\lambda\geqslant0$）。当 λ 的取值较大时，惩罚项 $\lambda\boldsymbol{\theta}^{\mathrm{T}}\boldsymbol{\theta}$ 就会对损失函数的最小化产生一定的干扰，优化算法就会对回归模型参数 $\boldsymbol{\theta}$ 赋予较小的取值以消除这种干扰。因此，正则化参数 λ 的较大取值会对模型参数 $\boldsymbol{\theta}$ 的取值产生一定的抑制作用。λ 的值越大，$\boldsymbol{\theta}$ 的取值就会越小，对共线性的影响也越小；当 $\lambda=0$ 时，退化为传统的线性回归方法。

令 $J(\boldsymbol{\theta})$ 对参数 $\boldsymbol{\theta}$ 的偏导数为 0，得：

$$\boldsymbol{\theta}=(\boldsymbol{X}^{\mathrm{T}}\boldsymbol{X}+\lambda\boldsymbol{I})^{-1}\boldsymbol{X}^{\mathrm{T}}\boldsymbol{y} \tag{6-15}$$

其中，$\boldsymbol{I}$ 为 m 阶单位矩阵，这样即使 $\boldsymbol{X}^{\mathrm{T}}\boldsymbol{X}$ 本身不是可逆矩阵，加上 $\lambda\boldsymbol{I}$ 也可以使 $\boldsymbol{X}^{\mathrm{T}}\boldsymbol{X}+\lambda\boldsymbol{I}$ 组成可逆矩阵。

岭回归方法采用参数向量 $\boldsymbol{\theta}$ 的 L2 范数作为惩罚函数，具有便于计算和数学分析的优点。然而当参数个数较多时，需要将重要参数赋予较大的值，而将不太重要的参数赋予较小的值，甚至对某些参数赋予 0 值。此时需要其他范数作为惩罚函数对目标函数做正则化处理。例如，使用参数向量的 L1 范数作为惩罚函数，这称为 Lasso 回归。

正规解方程法需要计算矩阵 $\boldsymbol{X}^{\mathrm{T}}\cdot\boldsymbol{X}$ 的逆，它是一个 $n\times n$ 的矩阵（n 是特征的个数）。

这样一个矩阵求逆的计算复杂度大约在 $O(n^{2.4})$ 到 $O(n^3)$ 之间,具体值取决于计算方式。换句话说,如果训练集特征个数翻倍的话,其计算时间大概会变为原来的 5.3($2^{2.4}$)到 8(2^3)倍。

因此,当特征的个数很多时,正规解方程法求解速度将会非常慢。但有利的一面是,这个方程在训练集上对于每一个实例来说是线性的,其复杂度为 $O(m)$,因此只要有能放得下它的内存空间,它就可以对大规模数据集进行训练。同时,一旦得到了线性回归模型(通过解正规方程或者其他的算法),那么进行预测的速度是非常快的,因为在模型中计算复杂度对于要进行预测的实例数量和特征个数都是线性的。换句话说,当实例个数变为原来的两倍多的时候(或特征个数变为原来的两倍多),预测时间也是原来的两倍多。

2.正规解方程法求解参数实例

【例 6-1】假设有如表 6-2 所示数据的房屋销售。

表 6-2 房屋销售数据

面积(m^2)	123	150	87	102
售价(万元)	250	320	160	220

现有一套面积为 $46m^2$ 的房屋,试预测它的售价是多少?

解:本例中只有一个自变量(面积),因此是一个一元线性回归问题。设该一元线性回归方程为 $y = \theta_0 + \theta_1 x_1$。

(1)求参数 θ_0、θ_1 的值,本例使用正规方程解法。

根据公式 $\boldsymbol{\theta} = (\boldsymbol{X}_b^{\mathrm{T}} \boldsymbol{X}_b)^{-1} \boldsymbol{X}_b^{\mathrm{T}} \boldsymbol{y}$ 估计回归方程的参数 θ_0 和 θ_1。

$$\boldsymbol{X}_b^{\mathrm{T}} \boldsymbol{X}_b = \begin{bmatrix} 1 & 1 & 1 & 1 \\ 123 & 150 & 87 & 102 \end{bmatrix} \times \begin{bmatrix} 1 & 123 \\ 1 & 150 \\ 1 & 87 \\ 1 & 102 \end{bmatrix} = \begin{bmatrix} 4 & 462 \\ 462 & 55602 \end{bmatrix}$$

$$(\boldsymbol{X}_b^{\mathrm{T}} \boldsymbol{X}_b)^{-1} = \begin{bmatrix} 4 & 462 \\ 462 & 55602 \end{bmatrix}^{-1} = \begin{bmatrix} 6.2 & -0.05 \\ -0.05 & 0.00045 \end{bmatrix}$$

$$\boldsymbol{X}_b^{\mathrm{T}} \boldsymbol{y} = \begin{bmatrix} 1 & 1 & 1 & 1 \\ 123 & 150 & 87 & 102 \end{bmatrix} \times \begin{bmatrix} 250 \\ 320 \\ 160 \\ 220 \end{bmatrix} = \begin{bmatrix} 950 \\ 115110 \end{bmatrix}$$

$$\boldsymbol{\theta} = (\boldsymbol{X}_b^{\mathrm{T}} \boldsymbol{X}_b)^{-1} \boldsymbol{X}_b^{\mathrm{T}} \boldsymbol{y} = \begin{bmatrix} 6.2 & -0.05 \\ -0.05 & 0.00045 \end{bmatrix} \times \begin{bmatrix} 950 \\ 115110 \end{bmatrix} = \begin{bmatrix} -40 \\ 2.4 \end{bmatrix}$$

解得:$\theta_1 = 2.4$,$\theta_0 = -40$。

即所求得的一元线性回归函数为 $y=2.4x-40$。

（2）一套面积为 $46m^2$ 的房屋的售价为 $y=2.4\times46-40=70.4$ 万元。

3．梯度下降法

梯度下降（Gradient Descent）法在机器学习中是很普遍的算法，它不仅可以用于线性回归问题，还可以应用到神经网络等机器学习模型中。梯度下降法是一种求局部最优解的方法，该方法的整体思路是通过迭代逐渐调整参数，从而使得损失函数达到最小值。

梯度下降法适合在特征个数非常多、训练实例非常多、内存无法满足要求的场景中使用，能很好地解决正规方程法计算复杂度高的问题。sklearn 官网建议，如果训练数据规模超过 10 万，推荐使用随机梯度法估计模型的参数。

在单变量函数中，梯度其实就是函数的微分，代表函数在某个给定点的切线的斜率，对于损失函数 $J(\theta)$ 来说，它的图形是一个碗形，从任意值到最小值的路径上梯度是逐渐减小的，当梯度减小到 0 时，到达最小值。

梯度就是分别对每个变量进行微分，然后用逗号分隔开，梯度是用<>包括起来，说明梯度其实是一个向量。在多变量函数中，梯度是一个向量，向量有方向，梯度的方向指出了函数在给定点上升最快的方向，梯度的反方向就是函数在给定点下降最快的方向。

比如我们处在一座大山的某一处，由于不知道怎么下山，于是决定走一步算一步，也就是每走到一个位置的时候，就求解当前位置的梯度，沿着梯度的负方向也就是当前最陡峭的位置向下走一步，然后继续求解当前位置的梯度，向这一步所在位置沿着最陡峭、最易下山的位置再走一步。这样一步步地走下去，一直走到山脚。这其实就是梯度下降所解决的问题：计算误差函数关于参数向量的局部梯度，然后沿着梯度下降的方向进行下一次迭代。当梯度值为 0 的时候，就达到了误差函数的最小值。

从上面的解释可以看出，梯度下降不一定能够找到全局的最优解，有可能得到的是局部最优解。但是，如果损失函数是凸函数（比如线性回归的损失函数），梯度下降法得到的解就一定是全局最优解。

具体来说，开始时需要选定一个随机的 θ（这个值称为随机初始值），然后逐渐去改进它，每一次变化一小步，每一步都试着降低损失函数 $J(\theta)$，直到算法收敛到一个最小值，如图 6-4 所示。

在梯度下降法中一个重要的参数是步长，超参数学习率的值决定了步长的大小。如果学习率太小，必须经过很多次迭代，算法才能收敛，这是非常耗时的。另一方面，如果学习率太大，将跳过最低点，到达山谷的另一面，可能下一次的值比上一次还要大。这可能使算法发散，导致函

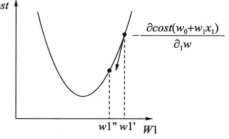

图 6-4　梯度下降法示意

数值变得越来越大，永远不可能收敛到最小值。

梯度下降法的步骤如下：

（1）对损失函数 $J(\theta)$ 求 θ_j 的偏导数。

$$\frac{\partial}{\partial \boldsymbol{\theta}} J(\boldsymbol{\theta}) = \frac{\partial}{\partial \boldsymbol{\theta}} \sum_{i=1}^{n} (y_i - f(X_i))^2 = 2(y - f(\boldsymbol{X}))\boldsymbol{X}^{(i)} \qquad (6\text{-}16)$$

（2）每次对 θ_j 的值减去一个步长值，不断循环，然后比较 $\dfrac{\partial}{\partial \boldsymbol{\theta}} J(\boldsymbol{\theta})$ 的值是否变小，如果变大就改变方向。

Repeat{

$$\boldsymbol{\theta}_j := \boldsymbol{\theta}_j - \alpha \frac{\partial}{\partial \boldsymbol{\theta}_j} J(\boldsymbol{\theta}_0, \boldsymbol{\theta}_1, \cdots, \boldsymbol{\theta}_n) \qquad (6\text{-}17)$$

}

其中，α 是步长，也称学习率，步长小了收敛慢，步长大了容易跳过收敛值，然后在收敛值附近震荡。因此，在使用梯度下降法的过程中，需要不断尝试不同的 α 值，从而找到最合适的 α。

线性回归使梯度下降法求最优化问题只有一个全局最优解，而没有其他局部最优解。这是因为 $J(\boldsymbol{\theta})$ 是凸二次函数（碗形），因此这里的梯度下降会一直收敛到全局最小。

梯度下降算法是在每次迭代后，将当前的向量 $\boldsymbol{\theta}$ 代入 $J(\boldsymbol{\theta})$ 损失函数，从而使得其值逐渐减小，直到最后收敛。

6.1.4　线性回归模型的 sklearn 实现

在 sklearn 中，既可以使用 LinearRegression 实现基于最小二乘法的线性回归，也可以使用随机梯度下降模型 SGDRegressor 实现基于梯度下降法的线性回归。

1. 用最小二乘法实现线性回归

在 sklearn 的 linear_model 模块中有一个 LinearRegression 类，该类使用最小二乘法实现线性回归分析。该类构造函数的语法如下：

```
sklearn.linear_model.LinearRegression(fit_intercept=True, normalize=False,
copy_X=True, n_jobs=1)
```

其中的主要参数含义如下：

- fit_intercept：取值有 boolean、optional 和 default True，表示是否计算截距，默认为计算。如果使用中心化的数据，可以设置为 False，不考虑截距。但一般还是要计算截距。

- normalize：取值有 boolean、optional 和 default False，表示标准化开关，默认为关闭。该参数在 fit_intercept 设置为 False 时自动忽略。如果该参数值为 True，回归则会标准化输入参数(X-X 均值)/||X||，但还是建议将标准化的工作放在训练模型之前；如果该参数值为 False，在训练模型前可使用 sklearn.preprocessing.StandardScaler 进行标准化处理。
- copy_X：取值有 boolean、optional 和 default True，默认为 True，否则 X 会被改写。
- n_jobs：取值有 int、optional 和 default 1int，默认为 1，当为-1 时默认使用全部的 CPU。

LinearRegression 类提供了如下两个属性：

- coef_：回归系数（即斜率）。该属性的类型为 array，维数为 shape(n_features)或者 (n_targets, n_features)。
- intercept_：截距。

【程序 6-1】假设有一个房屋销售的数据，如表 6-3 所示。

表6-3　房屋销售数据

面积（m^2）	123	150	87	102
售价（万元）	250	320	160	220

现有一套面积为 $200m^2$ 的房屋，试预测它的售价是多少。

程序如下：

```
import matplotlib.pyplot as plt
from sklearn import linear_model
plt.rcParams['font.sans-serif']='SimHei'
X,y = [],[]
fr = open('C:\\lr.txt')
for line in fr.readlines():
    lineArr = line.strip().split()
    X.append([int(lineArr[0])])
    y.append(float(lineArr[1]))
X=[[123],[150],[87],[102]]
y=[[250],[320],[160],[220]]
model=linear_model.LinearRegression()
model.fit(X,y)
y2=model.predict(X)                          #y2 为预测值
plt.xlabel('面积')
plt.ylabel('房价')
#plt.title('房价和面积的回归分析')
plt.grid(True)
plt.axis([80,160,150,350])
#plt.plot(X,y,'k.')
plt.scatter(X,y,color='y', marker='o')
plt.plot(X,y2,'g-')                          #画拟合线
plt.legend(['预测值','真实值'])
```

```
plt.show()
print("截距：",model.intercept_)                      #截距
print("斜率：",model.coef_)                            #斜率
a=model.predict([[200]])                              #预测 200 的 Y 值
print("value is {:.2f}".format(a[0][0]))
```

程序的预测结果包括如图 6-5 所示的图形及下面的文本。可以看出，程序很好地获得了拟合直线（即回归线）。

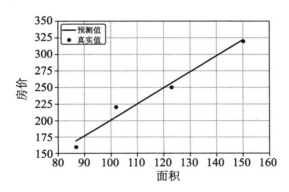

图 6-5　线性回归分析的运行结果

```
截距：[-40.04016064]
斜率：[[2.40294511]]
预测的房价是 440.55
```

2. 用梯度下降法实现线性回归

随机梯度下降法（Stochastic Gradient Descent）是一种模拟退火（Simulated Annealing，SA）原理对损失函数进行最小化的计算方式，主要用于多元线性回归算法，是一种比较高效的最优化方法。sklearn 的 SGDRegressor() 函数用于实现梯度下降法的回归分析。该函数的语法如下：

```
SGDRegressor(loss='squared_loss', penalty='l2', alpha=0.0001, l1_ratio=
0.15, n_iter_no_change=5, fit_intercept=True, shuffle=True, verbose=0,
epsilon=0.1, random_state=None, learning_rate='invscaling', eta0=0.01,
power_t=0.25, warm_start=False, average=False)
```

其中的主要参数含义如下：

- loss：损失函数的计算方法，默认值为 squared_loss，表示普通最小二乘法，huber 表示稳健回归（Robust Regression）的 Huber loss，epsilon_insensitive 表示线性 SVM。

- n_iter_no_change：梯度下降的迭代次数，默认值为 5，值设置得越大，步长越小，准确率越高。

- penalty：为损失函数添加正则项，如'none'、'l2'、'l1'或'elasticnet'。其中，l2 表示岭回归 Ridge Regression（L2 正则化），l1 表示 Lasso Regression（L1 正则化），Elastic

Net 是 L1 正则化和 L2 正则化的结合，通过一个参数调整比例。加入少量的正则化一般会给模型性能带来一定的提升。一般情况下会选择 Ridge（L2 正则化）；如果得知数据中只有少量的特征是有用的，那么推荐使用 Lasso Regression（L1 正则化）或 Elastic Net。一般来说，Elastic Net 比 Lasso Regression 效果要好，因为当遇到强相关性特征或特征数量大于训练样本时，Lasso 会表现异常。

【程序 6-2】使用梯度下降法的线性回归分析举例。

```python
from sklearn.linear_model import LinearRegression, SGDRegressor
sgd_reg = SGDRegressor(n_iter=100)
sgd_reg .fit(X_train_s, y_train)
score = sgd_reg .score(X_test, y_test)

import numpy as np
import matplotlib.pyplot as plt
from sklearn import linear_model
plt.rcParams['font.sans-serif']='SimHei'
X,y = [],[]
X=[[123],[150],[87],[102]]
y=[[250],[320],[160],[220]]
X=np.array(X)
y=np.array(y)
model=linear_model.SGDRegressor(loss="huber", penalty="l2", max_iter=5000)
model.fit(X, y.ravel())
y2=model.predict(X)                          #y2 为预测值
print(y2)
plt.axis([80,160,150,350])
plt.scatter(X,y,color='y', marker='o')
plt.plot(X,y2,'g-')                          #画拟合线
plt.legend(['预测值','真实值'])
plt.show()
print("截距: ",model.intercept_)             #截距
print("斜率: ",model.coef_)                  #斜率
```

程序的预测结果包括如图 6-6 所示的图形及如下文本。可以看出，梯度下降法获得的拟合直线没有最小二乘法准确，这是因为梯度下降法只能求得近似最优解。

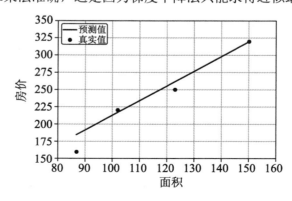

图 6-6　梯度下降法线性回归分析

```
截距:  [0.01658042]
斜率:  [2.13292121]
```

提示：梯度下降法只有在样本足够多的情况下才有较高的准确性。本例由于样本数量太少，梯度下降法的准确率并不高。

3．评估线性回归分析的误差

为了衡量预测值与真实值之间的差距，可以通过 *MSE*、*MAE*、*R-squared* 等多种评价函数进行评价。

（1）*MAE*：平均绝对误差（mean_absolute_error）。

$$MAE(y, f(X)) = \frac{1}{N}\sum_{i=1}^{N}|y_i - f(X_i)| \tag{6-18}$$

其中，y_i 是第 i 个样本的真实值，$f(X_i)$ 是第 i 个样本的预测值。

（2）*MSE*：均方误差（mean_squared_error）。

$$MSE(y, f(X)) = \frac{1}{N}\sum_{i=1}^{N}(y_i - f(X_i))^2 \tag{6-19}$$

（3）*R-squared*：R 平方值（r2_score）。

$$R^2(y - f(X)) = 1 - \left[\sum_{i=1}^{N}(y_i - f(X_i))^2 \bigg/ \sum_{i=1}^{N}(y_i - \overline{y})^2\right] \tag{6-20}$$

其中，$\overline{y}$ 是所有样本真实值的均值。

【程序 6-3】评估梯度下降法的线性回归模型的误差与样本容量之间的关系。

```
import numpy as np
import matplotlib.pyplot as plt
from sklearn import linear_model
from sklearn.metrics import mean_squared_error        #导入误差评估库
from sklearn.model_selection import train_test_split
def plot_learning_curves(model, X, y):                 #定义绘制曲线的函数
    X_train, X_val, y_train, y_val = train_test_split(X, y, test_size=0.2)
    train_errors, val_errors = [], []
    for m in range(1, len(X_train)):
        model.fit(X_train[:m], y_train[:m])
        y_train_predict = model.predict(X_train[:m])
        y_val_predict = model.predict(X_val)
      # train_errors 表示训练误差, val_errors 表示验证误差
        train_errors.append(mean_squared_error(y_train_predict, y_train[:m]))
        val_errors.append(mean_squared_error(y_val_predict, y_val))
    plt.plot(np.sqrt(train_errors), "r-+", linewidth=2, label="train")
    plt.plot(np.sqrt(val_errors), "b-", linewidth=3, label="val")
    plt.xlabel("Training set size")
    plt.ylabel("RMSE")
m = 100
X = 6 * np.random.rand(m, 1) - 3
```

```
y = 0.5 * X**2 + X + 2 + np.random.randn(m, 1)
lin_reg = linear_model.LinearRegression()
plot_learning_curves(lin_reg, X, y)
```

程序的运行结果如图 6-7 所示。可以看出，随着样本数量的增加，尤其是当样本达到一定数量时，验证误差迅速减小，训练误差和验证误差之间的差距不大且基本维持稳定。

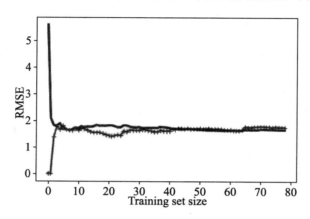

图 6-7　梯度下降法的误差与样本容量的关系

6.2　逻辑回归

逻辑回归（又称 Logistic 回归、逻辑斯蒂回归）虽然名为回归，但实际上却是一种线性分类模型，其本质是利用多元线性回归的思想做线性分类预测。

逻辑回归和线性回归的目标都是通过训练得到一条直线。二者不同的是，线性回归的直线尽可能拟合输入变量 X 的分布，使训练集中的所有样本点到直线的距离尽可能短，而逻辑回归的直线尽可能拟合决策边界，使训练集样本中不同类的样本点尽可能分离开。

6.2.1　线性分类模型的原理

1. 回归与分类的区别

回归与分类的区别在于：可以将分类看作一个函数，它把特征映射到类的类别空间上（其类别值 y 是离散值），也可将回归看成一个函数，它把自变量的值映射到因变量的值上（因变量的值 y 是连续的）。

因此，如果预测值是连续的，就是回归问题，如果预测值是离散的，就是分类问题。

例如，如图 6-8 所示为手机性能与硬件配置表，其中，核心数和内存是特征属性。如果用跑分（连续值）来衡量手机性能就是回归问题；如果用性能分类来衡量就是分类问题。

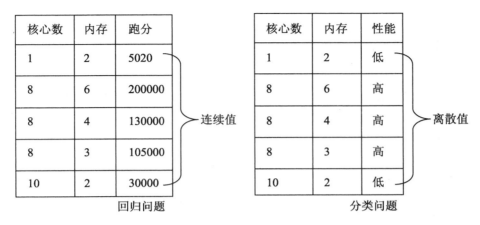

核心数	内存	跑分
1	2	5020
8	6	200000
8	4	130000
8	3	105000
10	2	30000

连续值

回归问题

核心数	内存	性能
1	2	低
8	6	高
8	4	高
8	3	高
10	2	低

离散值

分类问题

图 6-8　回归与分类的区别

将图 6-8 中的数据集作为训练集训练模型，并用该模型预测一台新手机（4 核 CPU，3GB 内存）的跑分值，那么就是一个典型的多元线性回归问题。如果要预测该新手机所属的性能类别，那么就是一个分类问题。

容易想到，如果对因变量"跑分"人为地设置一个阈值，如 10 000，低于该阈值的将其归类为低性能，高于或等于该值的则归类为高性能。可见，只要将线性回归模型输出的连续值通过比较阈值的方法进行离散化，就能将线性回归模型改造成相应的线性分类模型。

2．跃阶函数与激活函数

将线性回归模型改造成线性分类模型的关键在于，如何将线性回归模型输出的连续值进行离散化。最直接的想法是设置若干个阈值，将回归模型的输出值的取值范围分割为有限个不相交的区间，每个区间表示一个类别，由此实现模型连续值输出的离散化。然而，这种方法必须人为主观设置阈值。阈值怎样设置才合理呢？通常的想法是，对于二分类问题，将阈值设置为所有样本因变量的中位数或均值。但这样是不合理的，因为样本的中位数并不能代表总体的中位数（总体中有些样本可能并未被观测到），而且有些分类问题，如及格或不及格，并不是以均值或中位数来划分类别的。

从数学理论上看，人为设置阈值相当于使用跃阶函数对线性回归模型的输出值进行函数映射。然而，跃阶函数是不连续函数（如图 6-9 所示），无法求导数，而求线性回归模型的参数时通常要用求导数的方法求极小值来确定。因此引入跃阶函数之后将导致线性回归模型无法求方程的参数。

为此，人们设计出了一些具有良好数学性质（如可导）的激活函数（Activation Function）来代替跃阶函数，以实现对连续值的离散化，如图 6-10 所示。

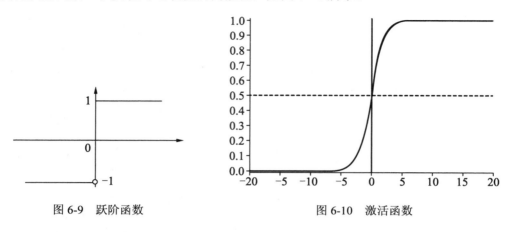

图 6-9　跃阶函数　　　　　　　　　　图 6-10　激活函数

引入了激活函数的线性回归模型就成为线性分类模型。由此可见，线性分类模型就是在线性回归模型 $f(X)$ 的基础上增加了一层激活函数的映射 $g(f(X))$，其原理如图 6-11 所示。

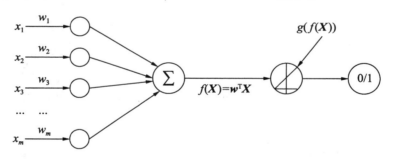

图 6-11　线性分类模型的原理

因此，线性分类模型与线性回归模型比较相似，只是在特征到结果的映射中加入了一层激活函数 $g(f(X))$ 的映射。激活函数必须与单位跃阶函数类似但又具有良好的单调可微性。

逻辑回归就是一种线性分类模型，它使用的激活函数叫作 *Sigmoid* 函数。*Sigmoid* 函数的数学表达式如下：

$$Sigmoid(x) = \frac{1}{1 + e^{-x}} \tag{6-21}$$

如图 6-12 所示为 *Sigmoid* 函数的图形表示，它与跃阶函数的图形很相似，但在跃阶处不是跳跃的，而是连续可微的。

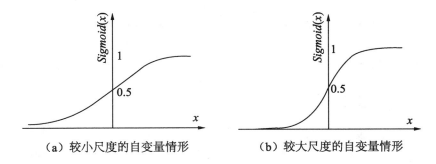

（a）较小尺度的自变量情形　　（b）较大尺度的自变量情形

图 6-12　*Sigmoid* 函数的图形

当 *x*=0 时，*Sigmoid* 函数值为 0.5；随着 *x* 值的增大，对应的 *Sigmoid* 值逼近 1；随着 *x* 值的减小，*Sigmoid* 值逼近 0，但 *Sigmoid* 函数值永远不可能达到 1 和 0。

6.2.2　逻辑回归模型及实例

1．逻辑回归的假设函数

线性回归模型的函数是 $f(\boldsymbol{X})=\boldsymbol{\theta}^{\mathrm{T}}\boldsymbol{X}$。逻辑回归模型在线性回归模型的基础上增加了一层 *Sigmoid* 映射。在图 6-11 中，如果令 $g(x)=Sigmoid(x)$，将 $f(\boldsymbol{X})=\boldsymbol{\theta}^{\mathrm{T}}\boldsymbol{X}$ 看作自变量 *x* 代入 $g(x)$，即可得到逻辑回归模型，因此逻辑回归模型的函数可表示如下：

$$h_{\theta}(x) = g(\boldsymbol{\theta}^{\mathrm{T}}\boldsymbol{X}) = \frac{1}{1+\mathrm{e}^{-\theta^{\mathrm{T}}x}}$$

$$g(z) = \frac{1}{1+\mathrm{e}^{-z}} \tag{6-22}$$

因为 $h_{\theta}(x)$ 函数的值域等于 $g(x)$ 函数的值域(0，1)，因此可将 $h_{\theta}(x)$ 看成一个关于 *X* 的概率分布。用于表示 *X* 为正例的概率，即 $h_{\theta}(x)$ 越接近于 1，则 *X* 属于正例的可能性越大，$h_{\theta}(x)$ 越接近于 0，则 *X* 属于正例的可能性越小。

逻辑回归用来处理 0/1 问题，即预测结果属于 0 或 1 的二分类问题。注意，逻辑回归的假设函数服从伯努利分布，即：

$$p(f(\boldsymbol{X})=1 \,|\, \boldsymbol{X}) = H(\boldsymbol{X}) = \frac{1}{1+\mathrm{e}^{-\theta^{\mathrm{T}}x}} = \frac{\mathrm{e}^{\theta^{\mathrm{T}}x}}{1+\mathrm{e}^{\theta^{\mathrm{T}}x}} \tag{6-23}$$

$$p(f(\boldsymbol{X})=0 \,|\, \boldsymbol{X}) = 1-H(\boldsymbol{X}) = 1-\frac{1}{1+\mathrm{e}^{-\theta^{\mathrm{T}}x}} = \frac{1}{1+\mathrm{e}^{\theta^{\mathrm{T}}x}} \tag{6-24}$$

对于每个样本 *X*，都希望逻辑回归模型对其分类的类别为真实类别的概率越大越好。具体来说，对于由任意给定的 *n* 个样本构成的训练集 $D=\{X_i, y_i\}$，其中，y_i 表示 X_i 的标签，

如果样本 X_i 为正例，则希望 $P(y_i=1|X_i)=H(X_i)$ 的值越大越好，如果 X_i 为反例，则希望 $P(Y_i=0|X_i)=1-H(X_i)$ 的值越大越好。

由于 y_i 的两个取值状态互补，故可将式（6-23）和式（6-24）结合起来，得到：

$$P(y_i|x_i) = H(X_i)^{y_i}[1-H(X_i)]^{1-y_i} \tag{6-25}$$

此时，无论 X_i 为正例或反例，都希望 $P(y_i|X_i)$ 的值越大越好，由此得到 $H(X)$ 的似然函数 L。显然，该似然函数的值越大越好，因此 $\max L$ 为逻辑回归模型的目标函数。

$$l = \prod_{i=1}^{n} H(X_i)^{y_i}[1-H(X_i)]^{1-y_i} \tag{6-26}$$

为了方便计算，两边求对数，得到对数似然函数为：

$$L = \ln l = \sum_{i=1}^{n}\left[y_i\ln H(X_i) + (1-y_i)\ln[1-H(X_i)]\right]$$
$$= \sum_{i=1}^{n}\left[y_i\ln\frac{H(X_i)}{1-H(X_i)} + \ln[1-H(X_i)]\right]$$
$$= \sum_{i=1}^{n}\left[y_i(\theta\cdot X_i) - \ln(1+e^{\theta\cdot X_i})\right]$$

对 $L(\theta)$ 求导数，令导数为 0 时得到极大值，就可以得到参数 θ 的估计值。

一个样本逻辑回归函数的值正好是该样本属于正例的概率值。如果该值大于 0.5，就可以判定该样本属于正例的概率大于属于反例的概率；如果该值小于 0.5，则可判定该样本属于反例的概率大于属于正例的概率。因此，在逻辑回归分析中，把 0.5 作为分类的阈值，如图 6-13 所示。大于 0.5 的样本划分为正例，小于 0.5 的样本划分为反例，这样就解决了用线性回归模型直接作为分类模型需要主观选择阈值的问题。

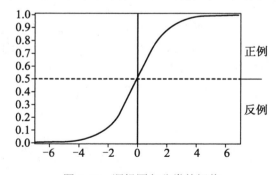

图 6-13　逻辑回归分类的阈值

2. 逻辑回归分类应用举例

【例 6-2】为了分析顾客是否购买人造黄油 y 与人造黄油的可涂抹性 X_1、保质期 X_2 之间的关系，某超市随机调查了 24 名顾客，得到的数据如表 6-4 所示。试用逻辑回归对该问题进行建模，并判定新样本（X_1=3，X_2=1）的人造黄油是否是顾客所要购买的。

表 6-4　购买人造黄油的数据

顾　　客	X_1	X_2	y	顾　　客	X_1	X_2	y
1	2	3	1	13	5	4	0
2	3	4	1	14	4	3	0
3	6	5	1	15	7	5	0
4	4	4	1	16	3	3	0
5	3	2	1	17	4	4	0
6	4	7	1	18	5	2	0
7	3	5	1	19	4	2	0
8	2	4	1	20	5	5	0
9	5	6	1	21	6	7	0
10	3	6	1	22	5	3	0
11	3	3	1	23	6	4	0
12	4	5	1	24	6	6	0

解：这是一个二分类问题，因为有两个自变量，所以设逻辑回归模型为

$$\begin{cases} z = b_0 + b_1 x_1 + b_2 x_2 \\ p(y=1) = \dfrac{e^z}{1+e^z} \end{cases}$$

为了求模型的参数 b_0、b_1、 b_2，计算似然函数：

$$L = \prod_{i=1}^{24} \left(\frac{e^{z_i}}{1+e^{z_i}} \right)^{y^i} \left(1 - \frac{e^{z_i}}{1+e^{z_i}} \right)^{1-y^i}$$

$z_i = b_0 + b_1 x_1^{(i)} + b_2 x_2^{(i)}$。其中，$x_1^{(i)}$、$x_2^{(i)}$、$y^i$ 分别表示第 i 个顾客对应的可涂抹性 X_1、保质期 X_2 和是否购买黄油 y 的值。

接下来，通过梯度下降法求解如下似然函数的最优化问题：

$$\boldsymbol{b} = \arg\max_{\boldsymbol{b}} \left\{ \sum_{i=1}^{n} \left[y^i (b_i \bullet X_i) - \ln(1 + e^{b_i \bullet X_i}) \right] \right\}$$

通过编程计算，解得参数：b_0=3.528，b_1=−1.943，b_2=1.119。

得到所求逻辑回归模型为：

$$\begin{cases} z = 3.528 - 1.943x_1 + 1.119x_2 \\ p(y=1) = \dfrac{e^z}{1+e^z} \end{cases}$$

测试该模型的精确率。该模型用于预测的混淆矩阵如表 6-5 所示。

表 6-5　购买黄油的混淆矩阵

	预测购买	预测不购买
实际购买	10	2
实际不购买	2	10

由此可以计算出精确率为 10/12=0.883。

最后，预测新样本所属分类。只需将测试数据代入逻辑回归方程中求得 Sigmoid 函数的值，就能根据该值对测试数据进行分类。当 $X_1=3$，$X_2=1$ 时：

$$p(y=1) = \frac{e^z}{1+e^z} = \frac{e^{3.528-1.943\times3+1.119\times1}}{1+e^{3.528-1.943\times3+1.119\times1}} = 0.765 > 0.5$$

因此该样本应划分为正例，即顾客会购买人造黄油。

3. 逻辑回归分析的特点

逻辑回归分析的优点主要有：
- 预测结果是介于 0～1 的概率，不仅能确定类别，还能判断类别的准确程度。
- 适用于连续型和离散型自变量，容易使用和解释。

逻辑回归分析的缺点主要有：
- 对模型中自变量多重共线性较为敏感。例如，两个高度相关的自变量同时放入模型，可能导致较弱的一个自变量回归符号不符合预期，符号被扭转。需要利用因子分析或者变量聚类分析等手段来选择代表性的自变量，以减少候选变量之间的相关性。
- 预测结果呈 S 形，因此从 log(odds) 向概率转化的过程是非线性的，在两端随着 log(odds) 值的变化，概率变化很小，边际值太小，slope 也太小，而中间概率的变化很大，很敏感，导致很多区间的变量变化对目标概率的影响没有区分度，无法确定阀值。

6.3　逻辑回归模型的 sklearn 实现

6.3.1　sklearn 中的逻辑回归模型

在 sklearn 的 linear_model 模块中提供了一个 LogisticRegression 类，用来实现逻辑回

归模型。该类构造函数的语法如下：

```
class sklearn.linear_model.LogisticRegression( penalty='l2', dual=False,
tol=0.0001, C=1.0, fit_intercept=True, intercept_scaling=1, class_weight
=None, random_state=None, solver='liblinear', max_iter=100, multi_class=
'ovr', verbose=0, warm_start=False, n_jobs=1)
```

主要参数的含义如下：

- penalty：用来指定损失函数的正则化参数，取值为 l1 或 l2（默认值），其中，l2 支持 newton-cg、sag 和 lbfgs 这 3 种算法。如果选择 l2，solver 参数可以选择 liblinear、newton-cg、sag 和 lbfgs 这 4 种算法；如果选择 l1，就只能使用 liblinear 算法。

- solver：用来设置损失函数的优化方法，取值有以下 4 种：

  ➢ liblinear：solver 参数的默认值，表示使用开源的 liblinear 库实现，内部使用梯度下降法来迭代优化损失函数。

  ➢ lbfgs：拟牛顿法的一种，利用损失函数二阶导数矩阵（即海森矩阵）来迭代优化损失函数。

  ➢ newton-cg：利用损失函数二阶导数矩阵来迭代优化损失函数。

  ➢ sag：随机平均梯度下降，是梯度下降法的变种。它和普通梯度下降法的区别是，每次迭代仅用一部分样本来计算梯度，适用于样本数据多的时候。

- C：正则化系数 λ 的倒数，必须为正数，默认值为 1。值越小，代表正则化越强。

- fit_intercept=True：是否存在截距，默认存在。

- intercept_scaling=1：增加一个合成的特征值，仅在正则化项为 liblinear 且 fit_intercept 设置为 True 时有用。

- class_weight=None：类型权重参数，用于标示分类模型中各种类型的权重。默认不输入，即所有分类的权重一样。选择 balanced 表示自动根据 y 值计算类型权重。

- multi_class：设置多分类问题如何转换为二分类问题，该参数仅对多分类问题有作用，可选参数为 ovr（默认值）和 multinomial。ovr 表示把多分类中的某一类看成正例，把其他类都看成反例，然后在上面做二分类逻辑回归，最后再递归对其他类做二分类逻辑回归。multinomial 的方法：如果模型有 T 类，则每次在 T 类样本里面选择两类样本，记为 $T1$ 类和 $T2$ 类，把所有输出为 $T1$ 和 $T2$ 的样本放在一起，把 $T1$ 作为正例，把 $T2$ 作为负例，进行二元逻辑回归，得到模型参数，然后再选择其他两类作为 $T1$ 和 $T2$ 类，如此迭代，一共需要 $T(T-1)/2$ 次分类。可以看出，OvR 相对简单，但分类效果相对略差。而 MvM 分类相对精确，但是分类速度没有 OvR 快。如果选择了 OvR，则 4 种损失函数的优化方法 liblinear、newton-cg、lbfgs 和 sag 都可以选择；如果选择了 multinomial，则只能选择 newton-cg、lbfgs 和 sag。

🔖提示：除了 LogisticRegression 类之外，LogisticRegressionCV 和 logistic_regression_path

类也用于逻辑回归分析。LogisticRegression 和 LogisticRegressionCV 的主要区别是，LogisticRegressionCV 使用了交叉验证来选择正则化系数 C，而 LogisticRegression 需要自己每次指定一个正则化系数。

logistic_regression_path 类比较特殊，它拟合数据后，不能直接进行预测，只能为拟合数据选择合适逻辑回归的系数和正则化系数。该类主要用于模型选择。

sklearn 的逻辑回归分为线性逻辑回归和多项式逻辑回归。线性逻辑回归的分类界面是直线或超平面，而多项式逻辑回归的分类界面是非线性的。

6.3.2　利用逻辑回归模型预测是否录取学生

1．线性逻辑回归实例

下面使用线性逻辑回归对样本数据进行分类，并对分类结果进行可视化。

【程序 6-4】某校根据学生的语文和数学两门课的成绩来决定是否录取学生，数据存放在文件 logi1.txt 中，其格式如下：

```
# 数据格式：语文成绩,数学成绩,是否被录取（1 代表被录取，0 代表未录取）
34 , 78 , 0
60, 86 , 1
79, 75, 1
……
```

用逻辑回归模型对该数据集进行分类。程序如下：

```
import numpy as np
import matplotlib.pyplot as plt
from sklearn.model_selection import train_test_split
from matplotlib.colors import ListedColormap
from sklearn.linear_model import LogisticRegression
plt.rcParams['font.sans-serif'] = ['SimHei']              #用来正常显示中文标签
def plot_decision_boundary(model, axis):                  #画分类界面的函数定义
    x0, x1 = np.meshgrid(
        np.linspace(axis[0], axis[1], int((axis[1] - axis[0]) * 100)).
reshape(-1, 1),
        np.linspace(axis[2], axis[3], int((axis[3] - axis[2]) * 100)).
reshape(-1, 1),
    )
    X_new = np.c_[x0.ravel(), x1.ravel()]
    y_predict = model.predict(X_new)
    zz = y_predict.reshape(x0.shape)
    custom_cmap = ListedColormap(['#EF9A9A', '#FFF59D', '#90CAF9'])
    plt.contourf(x0, x1, zz, cmap=custom_cmap)
# 读取数据
data = np.loadtxt('D:\\logi1.txt', delimiter=',')
data_X = data[:, 0:2]                                     #取数据的第 0 列和第 1 列
```

```
data_y = data[:, 2]                                          #取数据的第 2 列
# 划分训练集和测试集
X_train, X_test, y_train, y_test = train_test_split(data_X, data_y,
random_state=666)
# 训练模型
log_reg = LogisticRegression(solver='newton-cg')
log_reg.fit(X_train, y_train)
# 结果可视化
plot_decision_boundary(log_reg, axis=[0, 100, 0, 100])
plt.scatter(data_X[data_y == 0, 0], data_X[data_y == 0, 1], color='red')
plt.scatter(data_X[data_y == 1, 0], data_X[data_y == 1, 1], color='blue')
plt.xlabel('成绩 1')
plt.ylabel('成绩 2')
plt.title('课程成绩与是否录取的关系')
plt.show()
# 评估模型预测的精确率
print(log_reg.score(X_train, y_train))
print(log_reg.score(X_test, y_test))
```

程序的运行结果如下，表明在训练集上的预测精确率为 0.9067，在测试集上的准确率为 0.92，输出图形如图 6-14 所示。由此可见，两类样本中的大部分样本数据都能被正确地分类。

```
0.9066666666666666
0.92
```

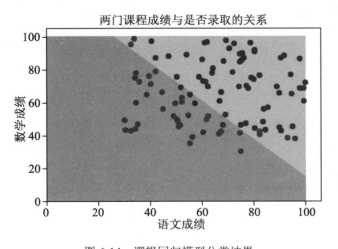

图 6-14　逻辑回归模型分类结果

2．多项式逻辑回归实例

逻辑回归是一种线性分类，它相当于在特征平面中找一条直线，用这条直线分割所有的样本所对应的分类。但使用直线分类太过简单，因为在很多情况下样本的分类决策边界并不是一条直线，而是曲线。也就是说，这些样本点的分布是非线性的。为了用逻辑回归

实现非线性分类，可以引入多项式项来改变特征，从而更改样本的分布状态。

Pipeline()函数常用在多项式逻辑回归编程中，它可以把多个"处理数据的节点"按顺序打包在一起，将数据在前一个节点处理完的结果转到下一个节点中继续处理。除了最后一个节点外，其他节点都必须实现 fit()和 transform()方法，最后一个节点只要实现 fit()方法即可。当训练样本数据被送进 Pipeline 对象中进行处理时，它会逐个调用节点的 fit()和 transform()方法，然后用最后一个节点的 fit()方法来拟合数据。

实现多项式逻辑回归的编程步骤如下：

（1）使用管道（Pipeline）对特征添加多项式项。在程序 6-5 中，多项式项 degree 的值是 2，在实际应用中需要对 degree 参数进行调整，以获取最佳的参数。

（2）对数据进行归一化处理。

（3）归一化后的数据执行 LogisticRegression()函数。

【程序 6-5】使用多项式逻辑回归对程序 6-4 中的数据集进行分类。

```python
import numpy as np
import matplotlib.pyplot as plt
from sklearn.model_selection import train_test_split
from matplotlib.colors import ListedColormap
from sklearn.linear_model import LogisticRegression
from sklearn.pipeline import Pipeline                    #引入管道
from sklearn.preprocessing import PolynomialFeatures    #引入管道特征
from sklearn.preprocessing import StandardScaler    #引入标准化模块
plt.rcParams['font.sans-serif'] = ['SimHei']            #用来正常显示中文标签
def plot_decision_boundary(model, axis):
    x0, x1 = np.meshgrid(
        np.linspace(axis[0], axis[1], int((axis[1] - axis[0]) * 100)).
reshape(-1, 1),
        np.linspace(axis[2], axis[3], int((axis[3] - axis[2]) * 100)).
reshape(-1, 1),
    )
    X_new = np.c_[x0.ravel(), x1.ravel()]
    y_predict = model.predict(X_new)
    zz = y_predict.reshape(x0.shape)
    custom_cmap = ListedColormap(['#EF9A9A', '#FFF59D', '#90CAF9'])
    plt.contourf(x0, x1, zz, cmap=custom_cmap)
def PolynomialLogisticRegression(degree):                #定义多项式逻辑回归
    return Pipeline([
        ('poly', PolynomialFeatures(degree=degree)),    #对特征添加多项式项
        ('std_scaler', StandardScaler()),                #对数据进行归一化处理
        ('log_reg', LogisticRegression(solver='newton-cg'))
    ])
# 读取数据
data = np.loadtxt('D:\\logi1.txt', delimiter=',')
data_X = data[:, 0:2]                                    #取第 0 列和第 1 列
```

```
data_y = data[:, 2]                                          #取第 2 列
# 数据分割
X_train, X_test, y_train, y_test = train_test_split(data_X, data_y,
random_state=666)
# 训练模型
poly_log_reg = PolynomialLogisticRegression(degree=2)
poly_log_reg.fit(X_train, y_train)
# 结果可视化
plot_decision_boundary(poly_log_reg, axis=[0, 100, 0, 100])
plt.scatter(data_X[data_y == 0, 0], data_X[data_y == 0, 1], color='red')
plt.scatter(data_X[data_y == 1, 0], data_X[data_y == 1, 1], color='blue')
plt.xlabel('语文成绩')
plt.ylabel('数学成绩')
plt.show()
# 模型测试
print(poly_log_reg.predict_proba(X_test))                    #每个样本属于每个类别的概率
print(poly_log_reg.score(X_train, y_train))
print(poly_log_reg.score(X_test, y_test))
```

　　程序的运行结果如图 6-15 所示，输出的文本如下。从运行结果可以看出，使用多项式逻辑回归后分类界面呈弧形，这种非线性的分类界面使分类的准确率提高到了 0.92。

```
[[8.36442165e-05 9.99916356e-01] ……]
0.92
0.92
```

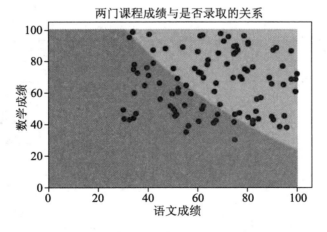

图 6-15　多项式逻辑回归的运行结果

　　提示：在程序 6-5 中，当执行 poly_log_reg.fit(X_train, y_train)时，首先由 StandardScaler()
在训练集上执行 fit()和 transform()方法，transform()后的数据又被传递给 Pipeline
对象的下一步，即 LogisticRegression()。LogisticRegression()是最后一步，它只会
执行 fit()方法，最终将转换后的数据传递给 LosigsticRegression()。

6.4　利用逻辑回归模型预测贷款违约行为

贷款违约预测是现代金融机构信用风险管理的基础。金融机构审批贷款时会收集客户的个人信息，包括年龄、收入、学历、职业、家庭情况和借贷历史等，在对各项信息综合考虑的基础上决定是否审批贷款。为了避免贷款违约，金融机构在对借款人发放贷款的时候必须对借款人的信用程度进行评估打分，预测贷款违约的概率，并做出是否发放贷款的判断。随着金融行业信息化的快速发展，几乎每天都会产生大量的公司和个人贷款或还款的信息，因此利用这些数据来预测借款人是否有能力或者愿意偿还贷款成为可能。

本案例利用逻辑回归模型预测贷款人是否会发生违约行为。通过贷款数据（包括个人信息、财务状况和贷款状态等）来训练模型，通过模型分析贷款人的偿还能力，预测贷款申请人是否会发生违约。根据贷款状态是否违约及各特征变量的值，判定贷款申请人会不会违约是一个二分类问题，也是一个监督学习的场景，可以通过分类算法来处理。

本案例采用的数据集的部分样本如表 6-6 所示，该数据集共包含 698 条样本记录，存放在 bankload.xls 文件中。每条记录有 8 个特征属性，1 个类别属性（是否违约）。数据集已经做过预处理，去掉了个人姓名、身份证号等唯一属性，并将所有数据都已经转换为数值型数据。

表 6-6　预测贷款违约行为数据集的部分样本

年龄	教育程度	工龄	地址	收入	负债率	信用卡负债	其他负债	违约
41	3	17	12	176.00	9.30	11.36	5.01	1
27	1	10	6	31.00	17.30	1.36	4.00	0
40	1	15	14	55.00	5.50	0.86	2.17	0
41	1	15	14	120.00	2.90	2.66	0.82	0
24	2	2	0	28.00	17.30	1.79	3.06	1
41	2	5	5	25.00	10.20	0.39	2.16	0

案例程序的编写思路如下：

（1）读取数据集。本案例把读取数据集的功能封装成函数 get_data()。在该函数中，通过 pd.read_excel()方法读取 Excel 文件，如果 Excel 文件读取失败，则通过 pd.read_csv()方法以另一种方式读取该数据集文件。

（2）特征选择。由于逻辑回归模型适用于特征维度适中、离散变量少的大容量样本，在特征变量选取适当的情况下，能够对二分类问题有更为准确的评分效果。为此，本例采用 feature_selection 包中的 SelectKBest 类，该类可根据某种检验方法（比如卡方检验 chi2），自动选择 k 个得分最高的特征,本例选择 4 个得分最高(即判别力最强)的特征。卡方检验是检验定性自变量与定性因变量相关性的方法。

(3)样本平衡调整。在贷款违约样本中,一般总是违约的样本数远小于不违约的样本数,这导致两个类别的样本数显著不平衡。如果用一般的方法直接处理不平衡的数据,则少数没有准确分类的样本会使预测结果不准确,由此导致预测分析结果出现较大误差从而影响实际工作。例如,在银行客户的贷款字段中更加关注违约情况,并且违约情况是所有贷款数据中的少数派类别。如果对于违约和非违约的数据占比不做任何干预调整,那通常会造成对违约类别的错误预测,最终导致对用户贷款预测出现极大偏差。样本不均衡的解决方法分为下采样和过采样。所谓下采样,就是将样本数量过多的一类样本进行压缩,这种方法会误杀样本数量;所谓过采样,就是通过某种算法生成一些新样本,将样本数较少的一类样本补齐。通常采用 SMOTE 算法生成新样本,在 Python 中的 imblearn 包可以实现 SMOTE 算法。

(4)测试训练集的预测效果。本实例将测试数据集预测效果的功能封装成函数 test()。在该函数中,先调用 LogisticRegression 类的 fit()函数拟合模型,并用 score()函数计算模型准确率的得分,然后使用 train_test_split()函数划分训练集和测试集,使用 predict()函数对测试集的数据进行预测。

(5)预测结果可视化。为了使预测结果更加直观、容易理解,本实例分别绘制散点图和小提琴图来展示预测结果。

按照上述步骤,编写预测贷款违约行为程序。

【程序 6-6】利用逻辑回归预测贷款违约行为。

```
import pandas as pd
import numpy as np
import matplotlib.pyplot as plt
import seaborn as sns
from sklearn.linear_model import LogisticRegression as LR
from sklearn.model_selection import train_test_split
from pandas import DataFrame as df
from sklearn.feature_selection import SelectFromModel
from sklearn.linear_model import Lasso
from sklearn.feature_selection import SelectKBest
from sklearn.feature_selection import chi2       # 基于卡方的特征筛选
#将默认字体改成宋体,还可以是 SimHei 体
plt.rcParams['font.sans-serif']=['SimSun']
plt.rcParams['axes.unicode_minus']=False          # 解决负号显示不正常的问题
def get_data(pathname='./loan/bankloan.xls'):  # 读入数据
    try:
        bank_data = pd.read_excel(pathname)
        x = bank_data.iloc[:, :8]
        y = bank_data.iloc[:, 8]
        return x, y
    except:
```

```
        bank_data = pd.read_csv(pathname)
        return bank_data
def screening(x, y):                                # 特征选择
    selector = SelectKBest(chi2, k=4)               # 选择 4 个特征
    selector.fit_transform(x, y)
    cols =x.columns[selector.get_support(indices=True)]
    print(cols)                                     # 打印选择的特征
    return cols
def test(x, y):                                     # 测试训练集的效果
    lr = LR(solver='liblinear')                     # 创建逻辑回归模型
    lr.fit(x, y)
    print('模型的准确率为{0}%'.format('%.2f'%(lr.score(x, y)*100)))
    # 划分训练集和测试集
    x_train, x_test, y_train, y_test = train_test_split(x, y)
    y_pred = lr.predict(x_test)
    # 绘制两种图形比较预测集与测试集
    #1.绘制散点图
    plt.figure(figsize=(14,12))
    plt.subplots_adjust(hspace=.3)                  # 调整子图间的距离
    plt.subplot(311)
    plt.scatter(range(len(x_test)), y_test+0.5, c='g', s=2, label='test')
    plt.scatter(range(len(x_test)), y_pred, c='r', s=2, label='pred')
    plt.title('测试结果')
    plt.yticks([0, 1], ['不违约', '违约'])
    plt.legend()
    plt.ylim([-0.5,2.5])
    # 2. 绘制小提琴图
    # 先合并数据
    data = pd.concat([df(y_pred, columns=['pred']),df(y_test.tolist(),
columns=['test'])], axis=1)
    data = data.stack().reset_index()               # 分类数据
    # 删除无用的数据
    data = data.drop(columns=[data.columns[0]])
    # 对每一列重命名
    data = data.rename(columns={data.columns[0]:'labels', data.columns
[1]:'value' })
    data['xzhou'] = 1
    # 小提琴图
    plt.subplot(312)
    plt.title('测试结果')
    sns.violinplot(data=data, x='xzhou', y='value', split=True , hue=
'labels')
    plt.yticks([0, 1], ['不违约', '违约'])
    return lr                                       # 将模型返回
def predicted(predicted_data, cols, lr):
    # 给每一条贷款数据插入编号
    predicted_data['sno'] = [i for i in range(len(predicted_data))]
    predicted_x = predicted_data[cols]              # 应用筛选出来的特征
    predicted_result = lr.predict(predicted_x) # 预测
    plt.subplot(313, facecolor='k')
    plt.scatter(predicted_data['sno'], predicted_result, s=4, c='r')
```

```
    plt.title('预测可能违约情况分布')
    plt.xlabel('贷款人编号')
    plt.ylabel('违约情况')
    plt.xticks([i*10 for i in range(11)])
    plt.yticks([0, 1], ['不违约', '违约'])
    plt.grid(axis='x', alpha=.5)
    plt.ylim([-0.5, 1.5])
def main():
    X, Y = get_data()                    # 获取样本数据
    cols = screening(X, Y)               # 筛选特征
    X = X[cols].values
    lr = test(X, Y)                      # 测试模型
if __name__ == '__main__':
    main()
```

程序运行的结果如下，输出的散点图如图 6-16 所示，小提琴图如图 6-17 所示。

```
Index(['工龄', '地址', '负债率', '信用卡负债'], dtype='object')
模型的精确率为 81.43%
```

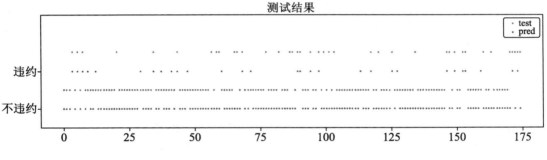

图 6-16　程序 6-6 输出的散点图

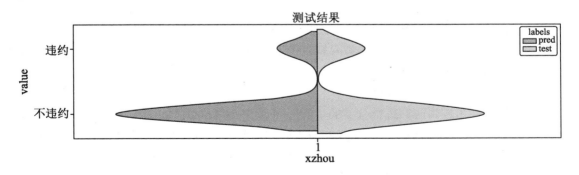

图 6-17　程序 6-6 输出的小提琴图

　　本案例对贷款违约的预测是二分类问题（逾期或不逾期），样本容量较小，起重要作用的特征数目为 4 个，即"工龄""地址""负债率""信用卡负债"。由于特征数目较少，因此 Logistic 回归模型可以很好地处理该问题，准确率达到了 81.43%。由图 6-16 可知，

违约的样本数远小于不违约的样本数。由图 6-17 可知，小提琴图沿着中轴线左右两边基本对称，表明预测结果基本正确。

由于逻辑回归来自线性回归，因此不建议使用 PCA/SVD 这些降维算法获取无法解释的特征与变量之间的关系，建议使用特征选择方法。如果使用 L1 正则化，则会使得部分特征对应的参数为 0，这个问题可使用 Embedded 嵌入法解决。

6.5 习　　题

1. 关于逻辑回归模型，以下说法错误的是（　　　）。

A．逻辑回归属于有监督学习

B．逻辑回归是回归分析的一种

C．逻辑回归使用最大似然估计来训练回归模型

D．逻辑回归的损失函数是通过最小二乘法来定义的

2. $h_\theta(x) = \theta^T X$ 可作为（　　　）模型的公式。

A、逻辑回归　　　　　　　　　　　　B．多元线性回归

C．多重线性回归　　　　　　　　　　D．神经网络

3. 要实现非线性分类，可以使用（　　）。

A．多元逻辑回归　　　　　　　　　　B．多项式逻辑回归

C．多重共线性回归　　　　　　　　　D．非线性逻辑回归

4. 对于一个测试样本，逻辑回归模型的输出值_____样本属于该类别的概率值。（填等于、小于或大于）

5. 回归与分类的区别是，_____的预测值是连续值。（填回归或分类）

6. 逻辑回归使用_____函数对线性回归进行变换。

7. 如果直接用线性回归进行分类，会存在什么问题？

8. 回归与分类的区别是什么？

9. 简述使用逻辑回归进行分类的步骤。

10. 简述使用极大似然估计法求解逻辑回归模型参数的步骤。

11. 对 sklearn 自带的糖尿病数据集（加载方法：load-diabetes()）进行线性回归分析，输出线性回归方程的参数，并使用降维算法将该数据集的维度降为 2，将线性回归分析的结果用图形显示出来。

12. 对 sklearn 自带的波士顿房价数据集（加载方法：load-boston()）进行逻辑回归分析，输出逻辑回归的准确率。

第 7 章　人工神经网络

人工神经网络是一种模拟人类大脑神经系统结构的机器学习方法。Simpson 从神经网络的拓扑结构出发，给出了一个简明扼要的定义：人工神经网络是一个非线性的有向图，图中含有可以通过改变权值大小来存放模式的加权边，并且可以从不完整或未知的输入中找到模式。Kohonen 对人工神经网络的定义是：人工神经网络是由具有适应性的简单单元组成的广泛并行互连的网络，它的组织能够模拟生物神经系统对真实世界做出交互反应。

本章首先介绍人工神经网络的构成基础——感知机模型，然后介绍人工神经网络的核心要素，最后介绍人工神经网络的新进展——深度学习。

神经网络介绍

7.1　神经元与感知机

人的神经系统是由众多神经元相互连接而成的一个复杂系统，神经元是神经组织的基本单位。如图 7-1 所示，神经元由细胞体和延伸部分组成，延伸部分按功能分为两类，一类称为树突，用来接收来自其他神经元的信息（神经元的输入），另一类则用来传递和输出信息，称为轴突（神经元的输出）。

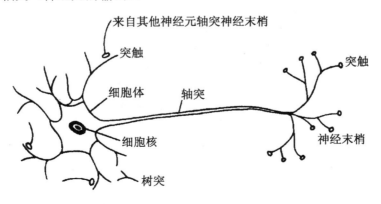

图 7-1　生物神经元的基本结构

神经元对信息的接收和传递都是通过突触进行的，单个神经元可通过树突从别的神经元接收多达上千个突触输入，前一个神经元的信息经由其轴突传到末梢之后，通过突触对后面各个神经元产生影响。当有若干树突输入时，其中有些是兴奋性的，有些是抑制性的，如果兴奋性突触活动强度总和超过抑制性突触活动强度的总和，使得细胞体内电位超过某一阈值时，细胞体的膜会发生单发性的尖峰电位，这一尖峰电位将会沿着轴突传播到四周与其相联系的神经元中。

7.1.1　人工神经元与逻辑回归模型

人工神经元是用人工方法模拟生物神经元而形成的模型，是对生物神经元的抽象与简化，它是一个多输入、单输出的非线性元件，单个神经元总是前向型的。神经元的输入相当于生物神经元的树突，用来接收其他神经元发射的信号，它的输出相当于轴突，用来发出信号给其他神经元。

如图 7-2 所示，人工神经元具有许多的输入信号，并且对每个输入都有一个加权系数 w_{ij}，称为权值（weight），权值的正负模拟了生物神经元中突触的兴奋和抑制，其大小则代表突触的不同连接强度。因此，人工神经元具有信息整合能力，即对于多个输入信号，神经元可将这些信号整合成一个输出信号。许多人工神经元分层连接在一起就形成人工

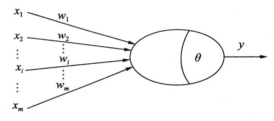

图 7-2　人工神经元模型

神经网络，其中，中间层的神经元对所有的信号进行计算处理，然后将结果输出给下一层的神经元。

在神经元中，对信号的处理采用的是激活函数，其输入、输出的关系如下：

$$y = \sigma\left(\sum_{i=1}^{m} w_i x_i - \theta\right) \tag{7-1}$$

其中，θ 为给定的阈值，σ 表示激活函数。

从人工神经元的图示和公式来看，一个人工神经元和逻辑回归模型很相似，它们唯一的区别是逻辑回归模型的公式 $y = \sigma\left(\sum_{i=1}^{m} w_i x_i\right)$ 中没有阈值 θ。

这是因为，逻辑回归模型使用 Sigmoid 函数，它的阈值为 0.5，而人工神经元将该阈值减去，因此人工神经元模型的阈值总是 0。

7.1.2　感知机模型

感知机模型是一种只有一层神经元参与数据处理的最简单的神经网络模型，其功能是对输入信号进行分类。因此，感知机模型是一种分类器。感知机模型通过输入层接收输入信息，输入层的神经元个数与输入变量的个数相同。感知机的输入层仅负责接收外部信息而不参与数据处理，因此通常也将输入层称为感知层。

感知机模型通过输入层接收到外部信息之后，会将这些信息传输至输出层神经元。输出层神经元是感知机的数据处理单元，因此也将输出层称为处理层。感知机模型的输出层神经元通常使用双极性阈值函数 $sgn(t)$ 作为激活函数，因此输出值只能为-1 或 1。具体取值与输入信号和神经元之间的连接权重有关。具体来说，假设输入层第 i 个神经元与输出层神经元的连接权重为 w_i，则感知机模型的输出为：

$$f(X) = sgn\left(\sum_{i=1}^{m} w_i x_i + b\right) \tag{7-2}$$

其中，b 表示神经元的阈值 θ。由于神经元的阈值也是一个可学习的参数，并且是一个常数，因此将其转化为偏置项 b。显然 $b=-\theta$，因而可以在输入层增加一个输入值恒为 1 的神经元，使得输出所对应的偏置 b 为该神经元与输出层神经元的连接权重，此时感知机模型如图 7-3 所示。

如图 7-3 表示先计算加权输入和偏置的总和，记为 a，然后用 $h()$ 函数将 a 转换为输出 y。

与逻辑回归模型相似，感知机模型的输入也可表示为向量形式，输入向量 $X=(1, x_1, x_2, x_m)^T$，连接权重为 $W=(b, w_1, w_2, w_m)^T$，由此可将感知机模型表示为如下形式：

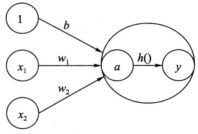

图 7-3　感知机模型的结构

$$f(X) = \begin{cases} 1, & W^T X \geqslant 0 \\ -1, & W^T X < 0 \end{cases} \quad \text{或} \quad f(X) = sgn(W^T X) \tag{7-3}$$

显然 $W^T X=0$ 为感知机的决策边界，因此感知机其实是一个决策边界为 $W^T X=0$ 的线性分类器，可用于解决线性可分的二分类任务。以输入向量为 $X=(1, x_1, x_2)^T$ 的感知机模型为例，使用该模型可解决如图 7-4 所示的线性可分的二分类问题，但可以证明，感知机模型无法解决线性不可分问题和多分类问题。

1．感知机模型举例

【例 7-1】现有一个感知机模型，它有两个输入（x_1 和 x_2），其偏置 $b=4$，要求该感知机经过训练学习后，当输入为 5 和 8 时，输出为 1，当输入为 2 和-3 时，输出为-1。

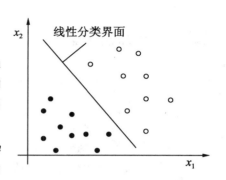

图 7-4　线性可分的二分类问题

解：（1）设置参数。设 $w_1(n)$ 和 $w_2(n)$ 为权重系数，n 为重复执行次数；α 为学习速率系数，令 $\alpha=0.05$；y 为实际输出；e 为期望输出。

（2）主观选取权重系数的初始值，令 $w_1(n)=0.5$，$w_2(n)=-0.5$。

（3）输入 x_1 和 x_2，并计算实际输出 y。

当 $x_1=5$、$x_2=8$ 时，$X= w_1(0)\times x_1+ w_2(0)\times x_2+b=0.5\times 5+(-0.5)\times 8+4=2.5$；

当 $x_1=2$、$x_2=-3$ 时，$X= w_1(0)\times x_1+ w_2(0)\times x_2+b=0.5\times 2+(-0.5)\times(-3)+4=6.5$；

因此 $y=f(2.5)=1$，$y=f(6.5)=1$，而题设要求输入为 2 和-3 时，期望输出 $e=-1$，显然不满足此要求，因此执行第（4）步。

（4）修正权重系数，对于 $y=f(6.5)$，期望输出为 $e=-1$，实际输出为 $y=1$。

$w_1(1)=w_1(0)+ \alpha\times(e-y)\times x_1=0.5+0.05\times(-1-1)\times 2=0.3$

$w_2(1)=w_2(0)+ \alpha\times(e-y)\times x_2=-0.5+0.05\times(-1-1)\times(-3)=-0.2$

使用新的权重系数，转入第（3）步再次计算实际输出是否等于期望输出。计算得：

当 $x_1=5$、$x_2=8$ 时，$X=3.9$，当 $x_1=2$、$x_2=-3$ 时，$X=5.2$，仍不符合要求，因此继续转到第（4）步修改权重系数。

当权重系数修改到第 6 次时，$w_1(6)=-0.7$，$w_2(6)=1.3$，转入第（3）步再次计算实际输出是否等于期望输出。计算得：

当 $x_1=5$、$x_2=8$ 时，$X=10.9$，当 $x_1=2$、$x_2=-3$ 时，$X=-1.3$，而 $y=f(10.9)=-1$，$y=f(-1.3)=-1$，因此上述权重值符合期望输出的要求。

（5）指定参数符合条件，学习结束。因此，其中一套符合神经元学习的参数为 $w_1=-0.7$，$w_2=1.3$，$b=4$，$\alpha=0.05$。

2．感知机模型的学习算法描述

感知机模型的原始形式可使用如下算法来描述：

输入：训练数据 $T=\{(x_1, y_1), (x_2, y_2), \cdots, (x_N, y_N)\}$，其中，$x_i\in X$，$y_i\in Y=\{+1,-1\}$，$i=1, 2, \cdots, N$；学习率 $\alpha(0<\alpha\leqslant 1)$；

输出：参数 w,b；感知机模型 $f(x)=sgn(w\cdot x+b)$。

（1）选取初值 w_0、b_0。

（2）在训练集中选取数据 (x_i, y_i)。

（3）如果 $y_i(w \cdot x_i + b) \leqslant 0$，则令 $w = w + \eta y_i \cdot x_i$，令 $b = b + \eta y_i$。

（4）转至第（2）步，直至训练集中没有误分类点。

7.1.3　感知机模型的 Python 实现

【程序 7-1】现有 10 个带标签的样本作为训练数据保存在列表 datas 中，使用感知机模型对该样本集进行线性分类。该程序分为以下两步实现。

（1）绘制样本散点图。

为了便于观察，先画出这些样本点的散点图，如图 7-5 所示。代码如下：

```
import numpy as np
import random as random
import matplotlib as mpl
import matplotlib.pyplot as plt
#训练数据
datas = [[(1,2),-1],[(2,1),-1],[(2,2),-1],[(1,4),1],[(3,3),1],[(5,4),1],
[(3,3), 1], [(4, 3), 1], [(1, 1), -1],[(2, 3), -1], [(4, 2), 1]]
random.shuffle(datas)                        #将序列中所有元素随机排序
fig = plt.figure('Input Figure')
plt.rcParams['font.sans-serif']=['SimHei']   #用来正常显示中文标签
xArr = np.array([x[0] for x in datas])
yArr = np.array([x[1] for x in datas])
xPlotx,xPlotx_,xPloty,xPloty_ = [],[],[],[]
for i in range(len(datas)):
    y = yArr[i]
    if y>0:                                  #正例
        xPlotx.append(xArr[i][0])
        xPloty.append(xArr[i][1])
    else:                                    #负例
        xPlotx_.append(xArr[i][0])
        xPloty_.append(xArr[i][1])
plt.title('Perception 输入数据')
plt.grid(True)
#绘制散点
pPlot1,pPlot2 = plt.plot(xPlotx,xPloty,'b+',xPlotx_,xPloty_,'rx')
plt.legend(handles = [pPlot1,pPlot2],labels=['Positive Sample','Negtive
Sample'],loc='upper center')
plt.show()
```

（2）训练感知机模型并绘制线性分类界面。

代码如下：

```
w = np.array([1,1])                          #权重初始值为 1,1
b = 3                                        #偏置初始值为 3
n = 1
```

```
while True:
    num = 0
    for i in range(len(datas)):
        num += 1
        x = xArr[i]
        y = yArr[i]
        z = y*(np.dot(w,x)+b)      #np.dot()用于矩阵相乘，即计算向量 w 和 x 点积
        if z<=0 :
            w = w+n*y*x            #修改权重值
            b = b+n*y
            break
    if num>=len(datas):
        break
fig = plt.figure('Output Figure')
x0 =np.linspace(0,5,100)
w0,w1 = w[0],w[1]
x1 = -(w0/w1)*x0-b/w1            #计算预测值
plt.title("Perception 输出平面")
plt.xlabel('x0')
plt.ylabel('x1')
plt.annotate('输出分类界面',xy=(0.5,4.5),xytext=(1.7,3.5))
pPlot3, pPlot4= plt.plot(xPlotx,xPloty,'b+',xPlotx_,xPloty_,'rx')
plt.plot(x0,x1,'k', lw=1)        #绘制分类界面
plt.legend(handles = [pPlot3,pPlot4],labels=['Positive Sample','Negative
Sample'],loc='upper right')
plt.show()
print('模型的参数值:',w0,w1,b)      #输出感知机模型的参数值
```

程序的运行结果如图 7-5 所示，输出的分类界面已将样本正确划分为两类。

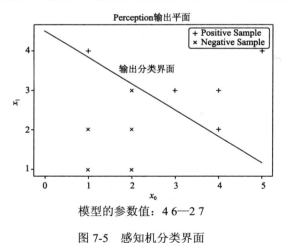

模型的参数值：4 6—2 7

图 7-5　感知机分类界面

7.1.4　多层感知机模型

从程序 7-1 中可以看出，感知机的基本作用就是分类，并且单个感知机只能进行线性

分类。由此可见，单个感知机的局限性在于无法解决非线性分类问题。对此，有"人工智能之父"之称的马文·明斯基曾经提出"感知机无法解决异或问题"。那么为什么单层感知机无法解决异或问题呢，这需要借助如图 7-6 所示的与门、或门、与非门、异或门的原理来解释。

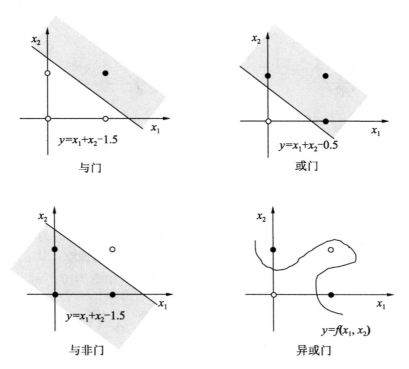

图 7-6　感知机模型和与门、或门、与非门、异或门

可见，异或门实际上是一个非线性分类问题。那么如何来实现异或门呢？答案是用多层感知机（Multilayer Perceptron，MLP），或门、与非门和异或门的真值表，如图 7-7 所示。

或门

x_1	x_2	y
0	0	0
0	1	1
1	0	1
1	1	1

与非门

x_1	x_2	y
0	0	1
0	1	1
1	0	1
1	1	0

异或门

x_1	x_2	y
0	0	0
0	1	1
1	0	1
1	1	0

图 7-7　或门、与非门和异或门的真值表

由图 7-7 可知，将或门和与非门的输出相与，刚好就是异或门的输出。因此异或门可以用其他逻辑门的组合来实现，如图 7-8 所示。

将图 7-8 转换成感知机的形式，得到可实现非线性分类的多层感知机模型，如图 7-9 所示。由此可见，多层感知机就是多个感知机模型组合、连接而成，它实际上就是神经网络的雏形，只是还没引入激活函数。

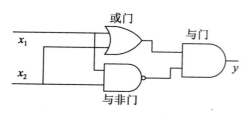

图 7-8　异或门的逻辑门组合图

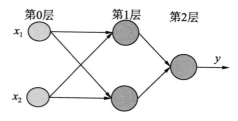

图 7-9　多层感知机模型

大量简单的逻辑组合成复杂的逻辑，恰恰就是神经网络和深度学习的算法思想。

【例 7-2】用多层感知机解决异或门的实现。

解：（1）设置参数。对于异或门来说有 4 组输入：x_1、x_2=0、0；x_1、x_2=0、1；x_1、x_2=1、0；x_1、x_2=1、1。

阈值：神经元 c 为 h_c，神经元 b_1、b_2 为 h_{b1} 和 h_{b2}，神经元 a_1、a_2 为 h_{a1} 和 h_{a2}。

实际输出：神经元 c 的实际输出为 y，e 为期望输出。学习速率：从 b 层到 c 层为 a_c，从 a 层到 b 层为 a_b，n 为重复执行的次数，$f()$ 为激活函数。如图 7-10 所示为本例的多层感知机的结构图。

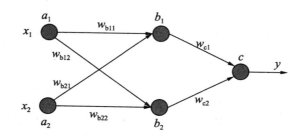

图 7-10　例 7-2 的多层感知机的结构

（2）初始化。$a_c=a_b=0.6$，随机设置各个权重值，设 $w_{b11}=0.054$，$w_{b12}=0.058$，$w_{b21}=-0.029$，$w_{b22}=0.099$，$w_{c1}=0.08$，$w_{c2}=-0.06$，$h_{b1}=-0.07$，$h_{b2}=-0.094$，$h_c=-0.011$。

（3）计算实际输出，然后与期望输出进行比较，如果实际输出与期望输出都相同，则结束训练，否则就转到第（4）步。

各层的输出值：y_{a1} 与 y_{a2} 是输入信号，$y_{b1}=f(w_{b11} \cdot y_{a1}+w_{b21} \cdot y_{a2}+h_{b1})$，$y_{b2}=f(w_{b12} \cdot y_{a1}+w_{b22} \cdot y_{a2}+h_{b2})$，$y_c=f(w_{c1} \cdot y_{b1}+w_{c2} \cdot y_{b2}+h_c)$。

（4）由输出层到输入层逐层调节连接权重系数及阈值，然后转入第（3）步。

实际输出与期望输出的误差与单个感知器有些不同，它们是通过如下公式计算的：

$$d_c = y_c \cdot (1-y_c) \cdot (e-y_c)$$

其中，d_c 是实际输出与期望输出在 c 层的误差。b 层神经元相对于 d_c 的误差为：

$$d_{b1} = y_{b1} \cdot (1-y_{b1}) \cdot (w_{c1} \cdot d_c)$$

$$d_{b2} = y_{b2} \cdot (1-y_{b2}) \cdot (w_{c2} \cdot d_c)$$

其中，d_{b1} 和 d_{b2} 是实际输出与期望输出在 b 层的误差。b 层到 c 层的连接权系数调整为：

$$w_{c1}(n+1) = w_{c1}(n) + a_c \cdot y_{b1} \cdot d_c$$

$$w_{c2}(n+1) = w_{c2}(n) + a_c \cdot y_{b2} \cdot d_c$$

其中，$w_{c1}(n+1)$ 和 $w_{c2}(n+1)$ 为调整了 $n+1$ 次的 b 层到 c 层的连接权系数。

按这样的学习步骤，当迭代了 11 050 次时（n=11 050），连接权系数与阈值为：w_{b11}=-3.73，w_{b12}=-3.73，w_{b21}=-6.22，w_{b22}=-6.18，w_{c1}=7.39，w_{c2}=-7.70，h_{b1}=5.43，h_{b2}=2.24，h_c=-3.34。实际输出为：x_1=0，x_2=0 时，输出 y=0.05；x_1=0，x_2=1 时，y=0.941；x_1=1，x_2=0 时，y=0.941；x_1=1，x_2=1 时，y=0.078。由此可见，多层感知机对异或问题有很好的分类效果。

7.2　人工神经网络的核心要素

虽然多层感知机可以解决非线性分类的问题，但是必须人工来求解连接权系数和阈值等参数，这需要迭代很多次才能一步步找到最优的参数。为此，神经网络在多层感知机的基础上引入了可以求导的激活函数，对激活函数求导，就能得到神经网络的损失函数，令损失函数取最小值，就得到了所求的连接权系数和阈值等参数。

多层感知机和神经网络的区别在于：多层感知机使用跃阶函数作为函数映射，而神经网络使用激活函数作为函数映射。

7.2.1　神经元的激活函数

所谓激活函数，就是在人工神经网络的神经元中运行的函数，负责将神经元的输入映射到输出端。激活函数必须是非线性的连续可微的单调函数，引入激活函数是为了增加神经元的非线性。如果不用激活函数，每一层的输出都是上层输入的线性函数，无论神经网络有多少层，输出都是输入的线性组合，这种情况就是最原始的感知机。如果使用激活函数，则给神经元引入了非线性因素，使得神经网络可以任意逼近任何非线性函数，这样神经网络就可以应用到众多的非线性模型中。

在神经网络中，常用的激活函数有 3 种，分别是 *Sigmoid* 函数、*tanh* 函数和 *ReLU*（The Rectified Linear Unit）函数，这 3 种激活函数的图形及公式如图 7-11 所示。

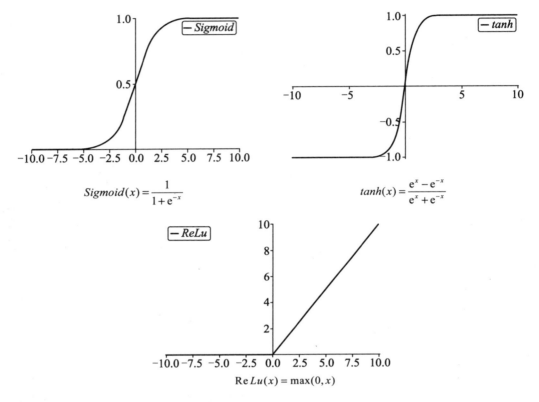

图 7-11　神经网络的 3 种激活函数的图形及公式

下面比较一下这 3 种激活函数的优缺点。

- 使用 *Sigmoid* 函数作为人工神经元的激活函数有两大好处。从实用的角度来讲，*Sigmoid* 函数能将任意的实数值映射到(0,1)区间，当公式（7-1）中 $\sigma()$ 函数的变量 z 是很大的负数时，函数值接近 0；当变量 z 是很大的正数时，函数值接近 1。这个特性在神经元上也能找到很好的解释：函数值接近 0 时表示神经元没有被激活，而接近 1 时表示神经元完全被激活。

- *tanh* 函数是将 *Sigmoid* 函数在 y 轴上进行了拉伸，使得其关于 0 点对称，其阈值为 0，因此作为激活函数无须减去阈值。*tanh* 函数的缺点同 sigmoid 函数的缺点一样，即：当 x 很大或很小时，其导数 $g'(z)$ 接近于 0。会导致梯度很小，权重更新非常缓慢，即梯度消失问题。

- *ReLU* 函数，即线性整流函数，又称修正线性单元。*ReLU* 函数的优点是：在输入为正数的时候（对于大多数输入 z 空间来说），不存在梯度消失问题；计算速度快很多，*ReLU* 函数只有线性关系，不管是前向传播还是反向传播，都比 *sigmoid* 和 *tanh* 快很多（*sigmoid* 和 *tanh* 要计算指数，计算速度比较慢）。*ReLU* 函数的缺点是：当输入为负数时，梯度为 0，会产生梯度消失问题。

从图 7-11 中可以看出，*ReLU* 函数在 0 点处是不可微的，但由于神经元中的输入经过加权求和后，出现 0 值的概率极低，此时任意选择一个子梯度代替即可，因此 *ReLU* 函数仍然能作为激活函数使用。

> 🔔 **提示**：激活函数不能使用线性函数，这是因为，当激活函数为线性函数时，如 $h(x)=cx$，把 $y(x)=h(h(h(x)))$ 的运算对应 3 层神经网络，这个运算会进行 $y(x)=c \cdot c \cdot c \cdot x$ 的乘法运算，但是同样的处理可以由 $y(x)=ax$，$(a=c^3)$ 这一次乘法运算（即没有隐含层的单层神经网络）来实现。因此，激活函数为线性函数时，输出 y 不过是输入特征 x 的线性组合（无论多少层），而不使用神经网络也可以构建这样的线性组合。当激活函数为非线性激活函数时，通过神经网络的不断加深，可以构建出各种复杂而有趣的非线性函数。

7.2.2　损失函数

与其他机器学习模型类似，构建一个满足实际任务需求的神经网络需要考虑多方面的因素。其中，直接影响模型性能的因素包括训练样本集的大小及样本质量，网络结构、优化目标函数形式及模型优化算法。

由于人工神经网络的初始模型的性能难以满足任务需求，需对其进行优化。为此，需要构造用于模型优化的损失函数。下面先构造单个样本的损失函数。

假设经过数据预处理之后所获得的训练样本集为 $D=\{(X_1, y_1), (X_2, y_2), \cdots, (X_n, y_n)\}$，网络模型对于样本 X_i 的输出值为 $f(X_i)$，则可以用 *hinge* 函数度量模型输出值 $f(X_i)$ 与样本真实值 y_i 之间的差异。该损失函数要求正样本的类别值为 1，负样本的类别值为 -1，并且神经网络输出值的取值范围为 $f(X_i) \in [-1,1]$。*hinge* 损失函数的形式如下：

$$L(X_i, y_i) = \max\{0, 1 - f(X_i) \cdot y_i\} \tag{7-4}$$

显然，当 $f(X_i)=1$，$y_i=1$ 或 $f(X_i)=-1$，$y_i=-1$ 时，函数得到最小值 0，而当 $f(X_i)=1$，$y_i=-1$ 或 $f(X_i)=-1$，$y_i=1$ 时，函数得到最大值 2。当然，实际情况下预测值 $f(X_i)$ 一般是类似 0.9 或 -0.9 这样的小数值。因此当神经网络模型预测完全正确时该损失函数的取值为 0，否则，其取值为大于 0 的某个数。

公式（7-4）是单个样本预测值和真实值之间的差异，若将所有样本的差异累加起来，则可得到如下形式的目标函数。

$$J(\boldsymbol{W}) = \frac{1}{n}\sum_{i=1}^{n}\max\{0, 1 - f(X_i) \cdot y_i\} \tag{7-5}$$

其中，W 表示神经网络模型 f 中的全部参数组成的参数向量，因此 $f(X_i)$ 是关于参数向量 W 的函数。在训练集给定并且初始参数已知的情况下，可对上述目标函数进行最优化从而获得优化网络模型。

对于二分类问题，还可使用交叉熵损失函数度量网络模型输出值 $f(X_i)$ 与样本真实值 y_i 之间的差异。针对二分类问题的交叉熵损失函数的定义如下：

$$L(X_i, y_i) = -y_i \ln f(X_i) - (1-y_i)\ln(1-f(X_i)) \tag{7-6}$$

根据交叉熵损失函数所构造的目标函数形式如下：

$$J(W) = -\frac{1}{n}\sum_{i=1}^{n}[y_i \ln f(X_i) + (1-y_i)\ln(1-f(X_i))] \tag{7-7}$$

交叉熵能够衡量同一个随机变量中的两个不同概率分布的差异程度，在机器学习中表示为真实概率分布与预测概率分布之间的差异。交叉熵的值越小，模型预测效果就越好。

交叉熵损失函数的另一个优点是可以推广到多分类情形中，这是 hinge 函数不具备的。交叉熵在多分类问题中常常与 softmax 函数配合使用，该函数将输出的结果进行处理，使多个分类的预测值之和为 1，再通过交叉熵来计算损失。

softmax 函数的用途是，当模型已经有分类预测结果后，将预测结果输入 softmax 函数中就能进行非负性和归一化处理，从而得到 0~1 的分类概率。例如，假设有一个四分类问题，对于某一样本，神经网络的最终输出结果为向量 W=[-0.5, 1.2, -0.1, 2.4]，显然，该样本应划入 2.4 对应的 z_4 类（因为类别值最大），那么，该样本属于 z_4 类的概率值是多大呢？为此，需要用 softmax 函数处理向量 W。softmax 函数的定义如下：

$$softmax(z_j) = \frac{e^{z_j}}{\sum_{k=1}^{K} e^{z_k}}，\text{其中，} j \in [1, 2, \cdots, K] \tag{7-8}$$

对于向量 W=[-0.5, 1.2, -0.1, 2.4]，使用 softmax 函数的处理结果如下：

$$softmax(z_1) = \frac{e^{z_1}}{\sum_{k=1}^{K} e^{z_k}} = \frac{e^{z_1}}{e^{z_1}+e^{z_2}+e^{z_3}+e^{z_4}} = \frac{e^{-0.5}}{e^{-0.5}+e^{1.2}+e^{-0.1}+e^{2.4}} = 0.0383$$

$softmax(z_2)$=0.2094，$softmax(z_3)$=0.0571，$softmax(z_4)$=0.6953。
而 0.6953+0.0571+0.2094+0.0383=1。

因此，该样本属于 z_4 类的概率为 0.6953，相比看似无意义的值“2.4”属于 z_4 类的概率为 0.6953，这种概率值更容易让人理解。

需要说明的是，sigmoid 函数也能将分类值映射到概率值，但 sigmoid 函数是针对二分类问题的，如果将 sigmoid 函数应用于多分类问题，则所有类别的概率之和不一定为 1，相反，softmax 函数的输出值相互关联，其所有类别的概率总和始终为 1。

7.2.3　网络结构

最常见的人工神经网络是前馈神经网络，前馈神经网络由输入层、隐含层和输出层组成。含有一个隐含层的前馈神经网络如图 7-12 所示。

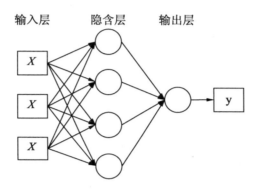

图 7-12　前馈神经网络的结构

对于前馈神经网络来说，要确定神经网络的结构，主要是确定各层的节点数及隐含层的层数。

1. 各层节点数的确定

各层节点数的确定原则主要如下：

- 输入层：输入层对应特征属性，因此输入层的节点数就是特征属性的个数。
- 隐含层：隐含层节点数不仅对建立的神经网络模型的性能影响很大，而且是训练时出现"过拟合"的直接原因，但是目前理论上还没有一种科学的和普遍的确定方法，隐含层节点数不仅与输入/输出层的节点数有关，更与需解决的问题的复杂程度、转换函数的形式及样本数据的特性等因素有关。隐含层节点数一般凭经验来确定，根据经验可以参照如下公式进行设计：

$$l = \sqrt{n+m} + a \tag{7-9}$$

其中：l 为隐含层节点数；n 为输入层节点数，m 为输出层节点数；a 为 1～10 的调节常数。

另外，隐含层节点数还必须满足以下两个条件。

- 隐含层节点数必须小于 $N-1$（N 为训练集样本数），否则，网络模型的系统误差与训练样本的特性无关而趋于 0，即建立的网络模型没有泛化能力，也没有任何实用价值。同理可推得：输入层的节点数（变量数）也必须小于 $N-1$。

- 训练样本数必须多于网络模型的连接权重数，一般为 2～10 倍，否则，样本必须分成几部分并采用"轮流训练"的方法才可能得到可靠的神经网络模型。
- 输出层：输出层对应类别属性，如果是二分类，则输出层的节点个数为 1，如果是多分类问题，假设类别数为 n，则输出层的节点数也为 n。

总之，若隐层节点数太少，网络可能根本不能训练或网络性能很差；若隐层节点数太多，虽然可使网络的系统误差减小，但一方面使网络训练时间延长，另一方面，训练容易陷入局部极小值而得不到最优值，这也是训练时出现"过拟合"的内在原因。因此，合理隐层节点数应在综合考虑网络结构复杂程度和误差大小的情况下用节点删除法和扩张法确定。

2. 隐含层层数的确定

增加隐含层的层数可以降低网络误差，提高精度，但也使网络复杂化，从而增加了网络的训练时间和出现"过拟合"的倾向。一般来讲，设计神经网络应优先考虑 3 层网络（即有 1 个隐含层）。通常情况下，靠增加隐含层节点数来获得较低的误差，其训练效果要比增加隐含层数更容易实现。

7.2.4 反向传播

人工神经网络的训练方法也同 Logistic 类似，不过由于其多层性，还需要利用求导法则对隐含层的节点进行求导，即"梯度下降+链式求导法则"，称为反向传播（Back Propagation）。

反向传播的目的是更新各层的权重值，使神经网络模型的实际输出值与期望输出值尽可能接近。这其实就是神经网络的训练过程。

【例 7-3】假设有图 7-13 所示的神经网络，它的第一层是输入层，其包含两个神经元 i_1、i_2 和截距项 b_1；第二层是隐含层，包含两个神经元 h_1、h_2 和截距项 b_2，第三层是输出层，包含 $o1$ 和 $o2$，每条线上标的 w_i 是层与层之间连接的权重值，激活函数使用 Sigmoid 函数。

该神经网络的输入数据为：$i_1=0.05$，$i_2=0.10$；期望输出值为 $o1=0.01$，$o2=0.99$。初始权重为：$w_1=0.15$，$w_2=0.20$，$w_3=0.25$，$w_4=0.30$；$w_5=0.40$，$w_6=0.45$，$w_7=0.50$，$w_8=0.55$。

试使用反向传播算法，使得该模型的实际输出值与期望输出值尽可能接近。

解：（1）前向传播阶段。该阶段计算在初始权重值的情况下，神经网络在接收输入数据后的实际输出值是多少。

首先计算隐含层神经元 $h1$ 的输入加权和：

$$net_{h1} = w_1 \cdot i_1 + w_2 \cdot i_2 + b_1 \times 1 = 0.15 \times 0.05 + 0.2 \times 0.1 + 0.35 \times 1 = 0.3775$$

则神经元 h_1 的输出为将输入加权和代入 *Sigmoid* 函数的值：

$$out_{h1} = \frac{1}{1 + e^{-net_{h1}}} = \frac{1}{1 + e^{-0.3775}} = 0.5933$$

同理，计算出神经元 *h2* 的输出为 $out_{h2}=0.5969$

然后，计算输出层神经元 *o1* 和 *o2* 的输出值。

$$net_{o1} = w_5 \cdot out_{h1} + w_6 \cdot out_{h2} + b_2 \times 1 = 0.4 \times 0.5933 + 0.45 \times 0.5969 + 0.6 \times 1 = 1.1059$$

$$out_{o1} = \frac{1}{1 + e^{-net_{o1}}} = \frac{1}{1 + e^{-1.1059}} = 0.7514$$

同理，计算出神经元 *o2* 的输出为：$out_{o2}=0.7729$

这样前向传播的过程就结束了，得到实际输出值[0.7514，0.7729]，与期望值[0.01，0.99]相差甚远，因此必须对误差进行反向传播，以更新权重值，再重新计算输出值。

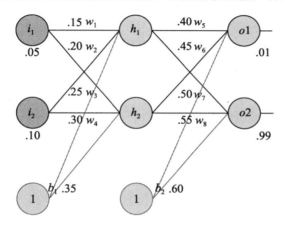

图 7-13　神经网络模型

（2）反向传播阶段。首先使用误差平方和函数计算输出节点 *o1* 和 *o2* 的误差：

$$E_{o1} = \frac{1}{2}(y_{o1} - out_{o1})^2 = \frac{1}{2}(0.01 - 0.7514)^2 = 0.2748$$

$$E_{o2} = \frac{1}{2}(y_{o2} - out_{o2})^2 = \frac{1}{2}(0.99 - 0.7729)^2 = 0.0236$$

则总误差值 $E_{total}=E_{o1}+E_{o2}=0.2984$

然后对隐含层→输出层的权重值进行更新，这需要使用链式求导法则。

以权重值 w_5 为例，如果想知道 w_5 对整体误差产生了多少影响，可以用整体误差对 w_5 求偏导，而该偏导数的值可通过下面的链式求导法则求出。

$$\frac{\partial E_{total}}{\partial w_5} = \frac{\partial E_{total}}{\partial out_{o1}} \cdot \frac{\partial out_{o1}}{\partial net_{o1}} \cdot \frac{\partial net_{o1}}{\partial w_5} \tag{7-10}$$

从图 7-14 中可以更直观地看清楚误差是怎样反向传播的。

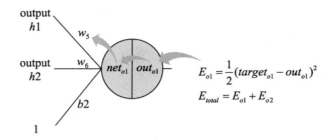

$$E_{o1} = \frac{1}{2}(target_{o1} - out_{o1})^2$$

$$E_{total} = E_{o1} + E_{o2}$$

图 7-14   误差反向传播的过程

下面分别求公式（7-10）等号右边的 3 个偏导数值：

因为 $E_{total} = \frac{1}{2}(y_{o1} - out_{o1})^2 + \frac{1}{2}(y_{o2} - out_{o2})^2$

由于 E_{total} 右边第 2 项相对于 out_{o1} 来说是常数项，所以第 2 项的偏导数为 0。故：

$$\frac{\partial E_{total}}{\partial out_{o1}} = 2 \times \frac{1}{2}(y_{o1} - out_{o1}) \times (-1) + 0 = -(y_{o1} - out_{o1}) = -(0.01 - 0.7514) = 0.7414$$

因为 $out_{o1} = \frac{1}{1 + e^{-net_{o1}}}$

$$\frac{\partial out_{o1}}{\partial net_{o1}} = out_{o1}(1 - out_{o1}) = 0.7514 \times (1 - 0.7514) = 0.1868$$

因为 $net_{o1} = w_5 \cdot out_{h1} + w_6 \cdot out_{h2} + b_2 \times 1$

$$\frac{\partial net_{o1}}{\partial w_5} = 1 \cdot out_{h1} \cdot w_5^{1-1} + 0 + 0 = out_{h1} = 0.5933$$

将三者相乘，得到：

$$\frac{\partial E_{total}}{\partial w_5} = \frac{\partial E_{total}}{\partial out_{o1}} \cdot \frac{\partial out_{o1}}{\partial net_{o1}} \cdot \frac{\partial net_{o1}}{\partial w_5} = 0.7414 \times 0.1868 \times 0.5933 = 0.08217$$

这个值就是 w_5 对整体误差产生了多大影响，最后用该值来更新 w_5 的权重值：

$$w_5^+ = w_5 - \eta \cdot \frac{\partial E_{total}}{\partial w_5} = 0.4 - 0.5 \times 0.08217 = 0.3589$$

接下来使用同样的方法更新 w_6、w_7、w_8 的权重值。

最后使用类似方法，更新输入层→隐含层的权重值：w_1、w_2、w_3 和 w_4。

这样第一轮误差反向传播算法就完成了。接下来再用更新后的权重值重新计算输出值，在这轮更新之后，总误差 E_{total} 由 0.2984 下降至 0.2910。如此反复迭代，在迭代 10000 次以后，总误差为 0.000035，输出为 [0.015912196, 0.984065734]，证明效果还是不错的。

🔔提示：从反向传播的例子可以看出，神经网络的每一层结果之间的关系是嵌套，而不是迭代。这与逻辑回归中是不同的。在逻辑回归中，执行梯度下降，每下降一步，上一步的参数就被下一步的参数替换掉，最终用来求解预测结果 y 的是最后一次迭代出的参数组合。但在神经网络中，上一层的结果和参数会被放到下一层中去求解新的结果，但是上一层的参数还会被保留，没有被覆盖。每次求输出值时都需要执行整个嵌套过程，需要每层中的每个参数。每个参数之间是相互独立的，每层的参数之间也是相互独立的，并不是执行使用上一层或者上一个神经元的参数来求解下一层或者下一个神经元的参数的过程。不断求解的是激活函数的结果，而不是参数。

7.3　人工神经网络的 sklearn 实现

7.3.1　sklearn 人工神经网络模块

在 sklearn 的 neural_network 模块中提供了一个 MLPClassifier 类，用来实现多层感知机分类算法。该类构造函数的语法如下：

```
sklearn.neural_network.MLPClassifier(hidden_layer_sizes=(100, ), activation=
'relu', solver='adam', alpha=0.0001, batch_size='auto', learning_rate=
'constant', learning_rate_init=0.001, power_t=0.5, max_iter=200, shuffle=
True, random_state=None, tol=0.0001, verbose=False, warm_start=False,
momentum=0.9, nesterovs_momentum=True, early_stopping=False, validation_
fraction=0.1, beta_1=0.9, beta_2=0.999, epsilon=1e-08, n_iter_no_change=10)
```

MLPClassifier()函数的主要参数及其含义如下：

- hidden_layer_sizes：用来指定隐含层的层数和每层的节点数。该参数的输入是一个元组，元组的长度表示隐含层的层数，元组的值表示每一层的节点数。如(60,75)表示隐含层有两层，第一层有 60 个神经元（节点），第二层有 75 个神经元。默认值为(100)。

- activation：用来指定激活函数的类型，可取值有 4 种，为 string 类型，即'identity'、'logistic'、'tanh'和'relu'，默认值为 relu，其中，'identity'表示激活函数为 $g(x)=x$，这等价于不使用激活函数。

- solver：设置损失函数的优化方法，取值有以下 3 种。

  ➢ 'lbfgs'：quasi-Newton 方法的优化器；对小数据集来说，lbfgs 收敛更快，效果也更好。

  ➢ 'sgd'：随机梯度下降法。

> 'adam'：一种随机梯度（Stochastic Gradient-based）最优化算法；对于较大规模的数据集，这种算法效果相对好。

- alpha：表示正则化项的系数，取值为 float 类型，默认值为 0.001。
- max_iter：表示训练过程的最大迭代次数。一旦达到该迭代次数或算法收敛，则迭代截止。默认值为 200。
- tol：表示最优化过程中的容忍度阈值，该阈值用于判断收敛条件。默认为 0.0001。
- verbose：表示是否输出算法的中间信息，取值为布尔类型，默认为 False。
- learning_rate_int：表示初始学习率，用来控制更新权重的步长，只有当 solver='sgd' 或'adam'时该参数才有效；取值为 double 类型，可选，默认值为 0.001。
- warm_start：该参数设置为 True 时，将重用上一次调用的解决方案以适应初始化，否则，将擦除以前的解决方案。

MLPClassifier 类的属性如表 7-1 所示。

表 7-1　MLPClassifier类的属性

属　　性	数 据 类 型	说　　明
classes_	array or list of array of shape （n_classes,)	每个输出的类标签
loss_	float,	使用损失函数计算的当前损失
coefs_	list，length n_layers - 1,	列表中的第i个元素对应于层i的权重矩阵
intercepts_	list，length n_layers - 1,	列表中的第i个元素对应于层$i+1$的偏置矢量
n_iter_	int	迭代次数
n_layers_	int	层数
n_outputs_	int	输出的个数
out_activation_	string	输出激活函数的名称

7.3.2　利用人工神经网络预测二手房销售数据

下面是一个利用神经网络模型对二手房销售数据进行分类的程序。

【程序 7-2】有一组二手房销售数据（保存在数组 data 中），特征属性有 2 个，$x1$ 表示房屋价格与市场均价的偏离值，$x2$ 表示房屋到市中心的距离，y 表示是否能在 3 个月内售出。利用神经网络对该销售数据进行分类并绘制出分类界面。程序如下：

```
import numpy as np
import matplotlib.pyplot as plt
from sklearn.neural_network import MLPClassifier    #导入 MLPClassifier 类
from sklearn.preprocessing import StandardScaler    #导入数据预处理类
#二手房销售数据
data = [                                 #每个样本有 2 个特征属性，1 个类别属性
 [-0.017612, 14.053064, 0],[-1.395634, 4.662541, 1],[-0.752157, 6.53862,
```

```
0],[-1.322371, 7.152853, 0],[0.423363, 11.054677, 0],[0.406704, 7.067335,
1],[0.667394, 12.741452, 0],[-2.46015, 6.866805, 1],[0.569411, 9.548755,
0],[-0.026632, 10.427743, 0],[ 0.850433, 6.920334, 1],[1.347183, 13.1755,
0],[1.176813, 3.16702, 1],[-1.781871, 9.097953, 0],[-0.566606, 5.749003,
1], [0.931635, 1.589505, 1],[-0.024205, 6.151823, 1],[-0.036453, 2.690988,
1],[-0.196949, 0.444165, 1],[1.014459, 5.754399, 1], [1.985298, 3.230619,
1],[-1.693453, -0.55754, 1],[-0.576525, 11.778922, 0],[-0.346811, -1.67873,
1],[-2.124484, 2.672471, 1], [1.217916, 9.597015, 0],[-0.733928, 9.098687,
0],[1.416614, 9.619232, 0],[1.38861, 9.341997, 0],[0.317029, 14.739025, 0] ]
dataMat = np.array(data)
X=dataMat[:,0:2]
y = dataMat[:,2]
#神经网络对数据尺度敏感，所以最好在训练前标准化或者归一化
scaler = StandardScaler()                    # 对数据进行标准化
scaler.fit(X)                                # 训练标准化对象
X = scaler.transform(X)                      # 转换数据集
 # solver='lbfgs'，MLP 的求解方法：L-BFGS 在小数据上表现较好
 # alpha:L2 的参数：MLP 是可以支持正则化的，默认为 L2，具体参数需要调整
 # hidden_layer_sizes=(5, 2) 表示 2 个隐藏层，第一层 5 个神经元，第二层 2 个神经元
clf = MLPClassifier(solver='lbfgs', alpha=1e-5,hidden_layer_sizes=(5,2),
random_state=1)
clf.fit(X, y)                                #拟合模型
print('每层网络层系数矩阵维度：\n',[coef.shape for coef in clf.coefs_])
y_pred = clf.predict([[0.317029, 14.739025]])
print('预测结果为：',y_pred)
y_pred_pro =clf.predict_proba([[0.317029, 14.739025]])
print('预测结果概率：\n',y_pred_pro)
cengindex = 0                                #保存每层的层号
for wi in clf.coefs_:
 cengindex += 1                              # 表示第几层神经网络
 print('第%d 层网络层:' % cengindex)
 print('权重矩阵维度:',wi.shape)
 print('系数矩阵:\n',wi)
 # 绘制分割区域
x_min, x_max = X[:, 0].min() - 1, X[:, 0].max() + 1    # 寻找每个维度的范围
y_min, y_max = X[:, 1].min() - 1, X[:, 1].max() + 1    # 寻找每个维度的范围
# 在特征范围内以 0.01 为步长预测每一个点的输出结果
xx1, xx2 = np.meshgrid(np.arange(x_min, x_max, 0.01),np.arange(y_min,
y_max,0.01))
# 先形成待预测样本的形式，再通过模型进行预测
Z = clf.predict(np.c_[xx1.ravel(), xx2.ravel()])
Z = Z.reshape(xx1.shape)          #将输出结果转换为和网格点相同的矩阵形式
 # 绘制区域网格图
plt.rcParams['axes.unicode_minus']=False    #解决负号显示不正常的问题
plt.pcolormesh(xx1, xx2, Z, cmap=plt.cm.Paired)
 # 绘制样本点
plt.scatter(X[:,0],X[:,1],c=y)
plt.show()
```

程序的运行结果如下，输出的图形如图 7-15 所示。

每层网络层系数矩阵维度：
[(2, 5), (5, 2), (2, 1)]
预测结果： [0.]
预测结果概率： [[1. 0.]]
第 1 层网络层：
权重矩阵维度: (2, 5)
系数矩阵：
[[-1.43998773 0.46375523 -1.4550579 -0.60669804 -0.09787806]
 [-0.4918802 -2.15699608 -1.52829012 4.80046274 0.32097249]]
第 2 层网络层：
权重矩阵维度: (5, 2)
系数矩阵：
[[-0.68880931 -0.26463594] [-2.17906667 -0.67777493]
 [-2.50284847 0.09080385] [3.16012326 -0.49573608]
 [0.20608149 0.64214517]]
第 3 层网络层：
权重矩阵维度: (2, 1)
系数矩阵：
[[-4.09324581] [-0.88295375]]

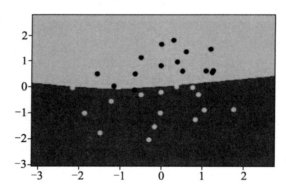

图 7-15 神经网络分类（程序 7-2）的运行结果

从运行结果中可以看出，神经网络作为大型机器学习模型，其分类预测的效果比第 5 章介绍的几种简单模型的效果要好得多。因此，目前各种成熟的商业化机器学习项目大多数都是基于神经网络或支持向量机这两种复杂模型实现的。

7.4 深度学习与深度神经网络

深度学习是与浅层学习相对应的概念，深度神经网络（Deep Neural Networks，DNN）是指包含很多层隐含层的人工神经网络，故此类模型的容量要比浅层学习模型大得多，基于此类模型的机器学习被称为深度学习。但随着网络层数的加深，深度网络模型出现了网络性能的退化、容易陷入局部最优等问题。本节首先介绍深度学习的概念和原理，然后介绍实现深度学习的算法库 TensorFlow，最后介绍深度学习的核心技术——卷积神经网络。

7.4.1　深度学习的概念和原理

数据处理层（隐含层）数较少的神经网络称为浅层神经网络，基于此类模型的机器学习一般称为浅层学习。感知机模型、径向基网络等神经网络模型均为浅层学习模型。虽然已经证明，包含一个隐含层的神经网络模型可以逼近任意函数（线性和非线性），但其模型容量或灵活性远不及具有较深层次的网络模型，难以满足对复杂任务求解的需求。

深度学习的研究起源于 2006 年，辛顿（Hinton）使用逐层学习策略对样本数据进行训练，获得了一个效果较好的深层神经网络——深度信念网络，打破了深层网络难以被训练的局面。与此同时，在计算机硬件技术领域，基于 CUDA 的通用 GPU（图像处理单元）大大提升了开放性和通用性，能够很好地满足多层神经网络训练高速度、大规模矩阵运算的需要，为较深层次的神经网络模型的训练提供了良好的硬件计算能力支撑；从应用的角度，数据量的快速提升和模型容量的增加也为深度学习的成功提供了条件，数据量的增加使深度学习有了用武之地，这些因素使得通过大量样本训练构造深层次的复杂神经网络解决复杂现实问题成为可能，人们将研究的重点转向具有较深层次的神经网络模型，由此产生深度学习的相关理论和方法。

从理论上看，虽然神经元数目足够多，多到包含单个隐含层的神经网络可以逼近任意函数，但神经网络模型增加隐含层的层数比直接增加某个隐含层的节点数目更能提高模型的拟合能力。这是因为添加隐含层不仅增加了模型的数据处理神经元数目，还添加了一层嵌套的非线性映射函数。如图 7-16 所示为使用多层模型逼近复杂函数的一个简单实例，若使用单层多节点模型逼近这一复杂函数，则表示形式通常较为复杂。若用多层模型，则可以较为简单地表示该复杂函数。

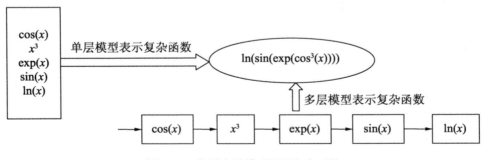

图 7-16　使用多层模型逼近复杂函数

深度神经网络提供了一种简单的学习机制，即直接学习输入与输出的关系，通常把这种机制称为端到端学习（End-to-End Learning）。与传统方法不同，端到端学习并不需要人工定义特征或者进行过多的先验性假设，所有的学习过程都是由一个模型完成。从外面看这个模型只是建立了一种输入到输出的映射，而这种映射具体是如何形成的完全由模型的结构和参数决定。这样做的最大好处是，模型可以更加"自由"地学习。此外，端到端学习也引发了一个新的思考——如何表示问题？这也就是所谓的表示学习（Representation Learning）问题。在深度学习时代，问题的输入和输出的表示已经不再是人类通过简单的总结得到的规律，而是可以让计算机自己进行描述的一种可计算"量"，如一个实数向量。由于这种表示可以被自动学习，因此也大大促进了计算机对语言文字等复杂现象的处理能力。

端到端学习使机器学习不再像传统的特征工程方法一样需要经过烦琐的数据预处理、特征选择、降维等过程，而是直接利用人工神经网络自动从简单特征中提取、组合更复杂的特征，大大提升了模型能力和工程效率。以图像分类为例，在传统方法中，图像分类需要很多阶段的处理。首先，需要提取一些手工设计的图像特征，在将其降维之后，需要利用 SVM 等分类算法对其进行分类。与这种多阶段的流水线似的处理流程相比，端到端深度学习只训练一个神经网络，输入就是图片的像素表示，输出直接是分类类别。

传统的机器学习需要大量人工定义的特征，这些特征的构建往往会带来对问题的隐含假设。这种方法存在三方面的问题：

- 特征的构造需要耗费大量的时间和精力。在传统机器学习的特征工程方法中，特征提取过程往往依赖于大量的先验假设，都是基于人力完成的，这样导致相关系统的研发周期也大大增加。
- 最终的系统性能强弱非常依赖特征的选择。有一句话在业界广泛流传：数据和特征决定了机器学习的上限。但是人的智力和认知是有限的，因此人工设计的特征的准确性和覆盖度会受到限制。
- 通用性差。针对不同的任务，传统机器学习的特征工程方法需要选择出不同的特征，在这个任务上表现很好的特征在其他任务上可能没有效果。

端到端学习将人们从大量的特征提取工作中解放出来，可以不需要太多人的先验知识。从某种意义上讲，对问题的特征提取全是自动完成的，这也意味着哪怕我们不是该任务的"专家"，也可以完成相关系统的开发。此外，端到端学习实际上也隐含一种新的对问题的表示形式——分布式表示（Distributed Representation）。在这种框架下，模型的输入可以被描述为分布式的实数向量，这样模型可以有更多的维度描述一个事物，同时避免传统符号系统对客观事物离散化的刻画。

7.4.2　TensorFlow 概述

深度学习不适合使用 sklearn 编程来实现，通常使用 TensorFlow 来实现。TensorFlow

是一个基于数据流编程（Dataflow Programming）的符号数学系统，被广泛应用于各类机器学习算法中。

任何深度学习网络都由 4 个重要部分组成：数据集、定义模型（网络结构）、训练/学习和预测/评估，这些都可以在 TensorFlow 中得到实现。

TensorFlow 之所以成为最受欢迎的深度学习库，原因如下：

- TensorFlow 是一个强大的库，用于执行大规模的数值计算，如矩阵乘法或自动微分，这两个计算是实现和训练 DNN 所必需的。
- TensorFlow 在后端使用 C/C++，计算速度更快。
- TensorFlow 有一个高级机器学习 API（tf.contrib.learn），可以更容易地配置、训练和评估大量的机器学习模型。

在 TensorFlow 中一般使用高级深度学习库 Keras 进行编程。Keras 是由纯 Python 编写而成的高层神经网络 API，仅支持 Python 开发。它是为了支持快速实践而对 TensorFlow 的再次封装，让开发者不用关注过多的底层细节，能够把想法快速转换为结果。TensorFlow 可以使用 GPU 进行硬件加速，往往比 CPU 运算快很多倍。因此，如果计算机显卡支持 CUDA 的话，建议尽可能利用 CUDA 加速模型训练（当机器上有可用的 GPU 时，代码会自动调用 GPU 进行并行计算）。

目前 Keras 已经被 TensorFlow 收录，成为其默认的框架。Keras 支持各种 DNN，如 RNN（Recurrent Neural Network，循环神经网络）、CNN（Convolutional Neural Networks，卷积神经网络），甚至是两者的组合。

7.4.3　卷积神经网络

卷积神经网络是一类包含卷积计算并且具有深度结构的前馈神经网络，是一种专门用来处理具有网格结构数据的人工神经网络模型，如时间序列数据（可以认为是在时间轴上有规律地采样形成的一维网格）和图像数据（可以看成二维的像素网格）。所谓"卷积"，表示该神经网络使用了卷积这种特殊的线性运算，卷积网络是指那些至少在网络的某一层中使用了卷积运算来代替一般的矩阵乘法运算的神经网络。CNN 诞生于图像处理领域，目前已被广泛应用于计算机视觉、语音识别和自然语言处理等众多领域。

1. 卷积神经网络的特点

为了避免庞大的参数、丢失像素间信息，以及网络深度发展受限等传统神经网络会产生的问题，CNN 不像神经网络那样采用全连接方式，而是以图像矩阵的方式进行排列，并且引入了"局部感知、权值共享、下采样"等思想，使其在性能和应用场景上都得到了极大的提升。CNN 的三大核心特点简单介绍如下：

- 局部感知：CNN 中的每一个神经元不再像传统神经网络那样与下一层中的所有神经元节点进行连接，而是只与其中的部分神经元相连，使得权重参数大大减少。因为对于图像而言，通常是局部像素间联系较为紧密，而距离较远的像素间相关性相对较弱，所以没必要对全局图像进行感知，只需对图像局部信息进行感知即可。随着网络层次的逐渐深入，更深层的网络会对前一层的图像继续提取局部信息，最终得到图像的全局信息。

- 权值共享：CNN 的一组连接或者多组连接可以共享同一个权重参数或同一个卷积核，而不再是每个连接都有独自的权重。因为若一个卷积核在图像的某一小块区域得到了一个特定的纹理特征，那么在该图像其他类似特征的地方也可使用这个卷积核。

- 下采样：CNN 使用下采样技术对原本给卷积层输入的较大图像数据进行了压缩操作，减少了输出的总像素，降低了因权重参数过多造成过拟合的可能性。同时，由于图像空间尺寸被压缩了，减少了计算量，进一步提升了计算速度。

综上所述，CNN 以其局部权值共享的特殊结构，在诸多方面有着独特的优越性。通过局部感知，CNN 能够保留图像像素间的关联信息，便于提取图像的更高维特征，感知图像中更丰富的信息，再经过权值共享和下采样操作，可进一步缩减网络参数的数量，提高模型的鲁棒性，让模型可持续扩展深度，继续增加隐层。CNN 是通过仿造生物的视知觉机制所构建的一种多层的神经网络，每层由多个二维平面组成，而每个二维平面又包含多个独立的神经元。利用卷积层、下采样层（也称池化层）、全连接层等 3 种网络层的排列组合，再加上输入层和输出层，便可以构建出一个完整的 CNN 模型。

2. 卷积神经网络的结构

相比人工神经网络，CNN 模型的布局更加接近实际的生物神经网络，其隐含层内卷积核的参数共享及层间连接的稀疏性大大降低了网络的复杂性，使其可在规定的时间内和有限的内存资源下完成计算。CNN 的强大之处还在于多层网络结构能够自动学习输入数据的深层特征，不同层次的网络可学习到不同层次的特征，从而避免了特征提取的特征工程及特征分类的模式识别过程。在 CNN 的典型网络结构中，输入的原始数据或变换后的数据经过若干个卷积和池化阶段后，进入全连接感知层，最后到达输出层。CNN 的输入层神经元具有宽度、高度和深度三维结构，分别对应输入图像的宽度、高度和通道数。全连接层的结构与人工神经网络结构类似，上层与下层所有神经元相连，即采用全连接方式，由于神经元众多，全连接层参数也是最多的，其主要功能是对卷积层和池化层提取出的特征进行综合。CNN 中最重要的两种网络层是卷积层与池化层，分别介绍如下：

（1）卷积层。卷积是分析数学中一种非常重要的运算，在 CNN 中，卷积的目的在于将某些特征提取出来，这是通过卷积核来实现的。例如，在图像处理时，输出图像中的每个像素是由输入图像的每个小区域中像素的加权平均得到的，这其中加权的权值就是由卷积核定义的，其可以被看作成一个过滤器或者特征扫描器。

卷积层是 CNN 模型中最为核心的部分，一个卷积层一般有多个卷积核，并且每个卷积核可能是高维的，通常与输入维数保持一致。卷积核（Kernel）是单个浮点数矩阵，可以将卷积核的大小和模式想象成一个搅拌图像的方法。卷积核的输出是一幅修改后的图像，在深度学习中经常被称作 Feature Map。对每个颜色通道都有一个 Feature Map。一般 CNN 中两层之间会含有多个卷积核，目的是学习 Input 的不同特征，对应得到多个特征图。

卷积核大小不一样提取的特征就不一样，同一卷积层像素点通过多个卷积核可获得不同形式的特征。强大的特征学习能力是卷积层的最大特点，往往第一层卷积层可能只从原始数据中提取一些较低级的特征，但是更深层次的网络能够从低级特征中迭代提取出更为复杂的特征，这极大地简化了以往烦琐的特征工程。此外，CNN 不同于全连接网络，卷积层的卷积核只与输入中的某些局部区域相连接，并且同一层间相同的卷积核会共享参数，这不仅有效地降低了网络参数的数量，而且还可以获取丰富的结构化特征。

（2）池化层。池化操作是 CNN 的又一个基本操作。通常，经过卷积层提取的特征图会带有大量的冗余信息，而池化就是通过去除这些冗余信息，保留最基本、最重要的信息，从而减小特征图的尺寸，实现降维目的。因此，池化层的功能就是特征降维，并且常插入在连续卷积层中间。

CNN 模型与传统的人工神经网络模型不同，其所有的权重都是通过反向传播算法训练得到，分类或预测完全像被放在一个黑匣子中，通过不断的优化来获得网络所需的参数，可看作一个自动合成其自身的特征抽取器。在 CNN 模型结构中最常见的是卷积层后面的池化层，其目的主要是为了减少下一次卷积时输入的图像像素的大小，然后重复这个过程数次，进一步提取图像的高维特征，最后通过全连接层得到输出类别。最常见的 CNN 模型结构规律如图 7-17 所示。

CNN 模型中的参数定义比传统模型更加复杂，其参数设计一般可遵循如下规律：

- 为了便于卷积层和池化层计算，输入层矩阵的行列数应尽量可以被 2 整除多次，如每次池化层产生的特征图是输入的一半，可减少因约减造成的数据丢失。
- 卷积层尽量使用尺寸小的卷积核，并且网络层数越深，卷积核尺寸应设置得越小。因为从空间上来讲，随着网络层次的不断加深，其输出特征图越小，相对来说感知区域就越大，意味着卷积核越大。卷积核增大又会进一步导致特征图减小，并且图像中的感知区域太大难以提取输入数据的高维度特征。在性能方面，卷积核越小，所需的权重参数越少，可有效地提高运算速度。
- 卷积步长应尽量设置得小一些，更小的步长提取特征的效果更好。例如，当步长设置为 1 时，空间维度的下采样操作由池化层负责，卷积层只负责提取输入数据的特征。

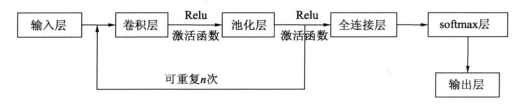

图 7-17　常见的 CNN 模型结构规律

7.5　利用神经网络进行手写数字识别

手写文字或数字识别是常见的图像识别任务。计算机通过手写体图片来识别出图片中的字符，与印刷字体不同的是，不同人的手写字体大小不一且风格迥异，增加了计算机对手写识别任务的一些困难。

与汉字手写识别不同，数字手写识别由于其类别数有限（0～9 共 10 个数字，对应 10个类别），使其成为相对简单的分类任务。为了进行手写数字识别，需要先获取大量的手写数字图片作为训练集。而 DBRHD 和 MNIST 是常用的两个数字手写识别数据集，可为编写手写数字识别程序提供数据支持。

MNIST 是一个包含数字 0～9 的手写体图片数据集，图片已归一化为以手写数字为中心的 28×28 规格的灰度图片，每个像素点的值区间为 0～255，0 表示纯黑色，255 表示纯白色。MNIST 由训练集与测试集两个部分组成，各部分的规模如下：

- 训练集：60,000 个手写体图片及对应标签（0～9）。
- 测试集：10,000 个手写体图片及对应标签。

MNIST 的下载链接为：http://yann.lecun.com/exdb/mnist/。

DBRHD（Pen-Based Recognition of Handwritten Digits Data Set）是 UCI 的机器学习中心提供的数字手写体数据库，下载地址为 https://archive.ics.uci.edu/ml/datasets/Pen-Based+Recognition+of+Handwritten+Digits。

DBRHD 数据集中包含大量的 0～9 的手写体数字图片，这些图片来源于 44 位不同的人的手写数字，图片已归一化为以手写数字为中心的 32×32 规格的图片。DBRHD 的训练集与测试集组成如下：

- 训练集：7,494 个手写体图片及对应标签，来源于 40 位手写者。
- 测试集：3,498 个手写体图片及对应标签，来源于 14 位手写者。

DBRHD 数据集的特点是：去掉了图片颜色等复杂因素，将手写体数字图片转化为训练数据为大小 32×32 的文本矩阵。其中,白色区域使用 0 表示，黑色（字迹）区域使用 1 表示。

　　已有许多模型在 MNIST 或 DBRHD 数据集上进行了实验，有些模型对数据集进行了偏斜矫正，甚至在数据集上进行了人为的扭曲、偏移、缩放及失真等操作以获取更加多样性的样本，使得模型更具有泛化性。

　　目前常用于数字手写体识别的分类器有线性分类器、K-近邻分类器、Boosted Stumps、非线性分类器、SVM、多层感知器和卷积神经网络。

　　手写数字识别是一个多分类问题，共有 10 个分类，每个手写数字图像的类别标签是 0～9 中的一个数。如图 7-18 所示为一些手写数字图片的集合示例。

　　本节的任务是利用 sklearn 来训练一个简单的全连接神经网络，即使用多层感知机识别数据集 DBRHD 中的手写数字。

　　构建一个神经网络需要分别考虑输入层、输出层的节点数及神经网络的结构。下面分别来设计神经网络这几个要素。

　　（1）神经网络输入层节点的确定。对于手写数字识别来说，一般将图像中的每个像素点看成一个特征属性值。由于 DBRHD 数据集的每个图片是一个由 0 或 1 组成的 32×32 的文本矩阵，所以神经网络输入层的节点数为图片矩阵展开后的 1024 个神经元。

图 7-18　手写数字图片集合示例

　　（2）输出层节点数的确定。神经网络输出层节点数等于分类的类别个数，手写数字识别有 10 个类别，故输出层节点数为 10。在本例中，每个类别号采用 one-hot 向量表示。一个 one-hot 向量除了某一位的数字是 1 以外其余各维度数字都是 0。图片标签将表示成一个只有在第 n 维度（从 0 开始）数字为 1 的 10 维向量。例如，标签 0 将表示成向量 $[1,0,0,0,0,0,0,0,0,0]$。

　　（3）神经网络结构的确定。在确定了输入层和输出层的节点数之后，接下来需要设计隐含层。隐含层的层数及其神经元的个数都将影响该神经网络模型预测的准确率和速度。在本实例中，为了提高预测的速度，只设置一层隐含层，而隐含层的节点个数只能通过经验确定。本例将隐藏层的神经元个数分别设置为 50、100 和 200，分别比较这 3 种状态下的预测效果。

　　下面给出使用神经网络进行手写数字识别的编程思路，步骤如下：

　　（1）将所有的手写数字图片文件放在一个文件夹下，文件名形如 5_34.txt，其中，5 表示数字 5 的手写体，34 表示第 34 张“5”的手写体。定义 readDataSet()函数加载所有图片文件作为训练数据，并获取文件名称，将文件名称作为样本的标签，再将样本标签转换为 one-hot 向量。

（2）打开手写数字图片，定义 img2vector 函数，将加载的 32×32 行列值的图片矩阵压扁成一列向量，作为神经网络输入层的特征向量。

（3）调用 readDataSet()和 img2vector()函数加载数据，将训练的图片存放在 train_dataSet 中，对应的标签则存放在 train_hwLabels 元组中。

（4）构建神经网络：在 MLPClassifier()函数中设置网络的隐含层数、各隐含层的神经元个数、激活函数、学习率、优化方法和最大迭代次数。本例设置隐含层含 100 个神经元。其中 hidden_layer_sizes 属性存放的是一个元组，表示第 i 层隐含层里的神经元个数，本例使用 logistic 激活函数和 adam 优化方法，并令初始学习率为 0.0001。

（5）加载测试集。使用训练好的模型对测试集中的数据进行评价，计算并输出正确率。

【程序 7-3】利用神经网络进行手写数字识别。

```python
import numpy as np                              #导入 NumPy 工具包
from os import listdir                          #使用 listdir 模块，用于访问本地文件
from sklearn.neural_network import MLPClassifier

def img2vector(fileName):
    retMat = np.zeros([1024],int)               #定义返回的矩阵，大小为 1×1024
    fr = open(fileName)                          #打开包含 32×32 行列值的数字文件
    lines = fr.readlines()                       #读取文件的所有行
    for i in range(32):                          #遍历文件的所有行
        for j in range(32):                      #将 01 数字存放在 retMat 中
            retMat[i*32+j] = lines[i][j]         #将二维向量转换成一维向量
    return retMat

def readDataSet(path):
    fileList = listdir(path)                     #获取文件夹下的所有文件
    numFiles = len(fileList)                     #统计需要读取的文件数目
    dataSet = np.zeros([numFiles,1024],int)      #存放所有的数字文件
    hwLabels = np.zeros([numFiles,10])           #存放对应的 one-hot 标签
    for i in range(numFiles):                    #遍历所有的文件
        filePath = fileList[i]                   #获取文件的名称/路径
        digit = int(filePath.split('_')[0])      #通过文件名获取标签
        hwLabels[i][digit] = 1.0                 #将对应的 one-hot 标签置 1
        dataSet[i] = img2vector(path +'/'+filePath)  #读取文件内容
    return dataSet,hwLabels

#读取训练数据集合标签
train_dataSet, train_hwLabels = readDataSet('trainingDigits')
#构建模型并设置参数，可在此调整参数
clf = MLPClassifier(hidden_layer_sizes=(100,),
                    activation='logistic', solver='adam',
                    learning_rate_init = 0.0001, max_iter=2000)
# print(clf)
clf.fit(train_dataSet,train_hwLabels)
```

```
#read  testing dataSet
dataSet,hwLabels = readDataSet('testDigits')
res = clf.predict(dataSet)                   #对测试集进行预测
correct_num = 0                              #统计预测正确的数目
num = len(dataSet)                           #测试集的数目
for i in range(num):                         #遍历预测结果
    #比较长度为 10 的数组，返回包含 01 的数组，0 为不同，1 为相同
    #若预测结果与真实结果相同，则 10 个数字全为 1，否则不全为 1
    if np.sum(res[i] == hwLabels[i]) == 10:
        correct_num += 1
print("总样本数:",num," 正确数:", \
    correct_num," 正确率:",correct_num / float(num))
```

程序的运行结果如下：

总样本数：946　正确数：907　正确率：0.9588

　　为了获得神经网络参数对预测性能的影响，找到最合适的参数提高预测正确率，下面来调整程序 7-3 的参数并比较实验结果。方法是找到程序中 clf = MLPClassifier(……)一行，分别调整隐含层的神经元个数、迭代次数和学习率对预测精确率的影响。

　　（1）隐含层神经元个数影响：通过调整 hidden_layer_sizes 参数的值，运行设置了隐含层神经元个数分别为 50、100、200 的程序 7-3，对比实验效果如表 7-2 所示。

表 7-2　隐含层神经元个数影响对比

神经元个数	50	100	200
正确数量	894	907	909
正确率	0.9450	0.9588	0.9609

　　由此可见，随着隐含层神经元个数的增加，MLP 的正确率持上升趋势；但程序计算耗时也明显增加，可见大量的隐含层神经元带来的计算负担与结果的提升并不对等，因此，如何选取合适的隐含层神经元个数需要折中考虑正确率和计算代价。

　　（2）迭代次数影响分析：在设置隐含层神经元个数为 100，初始学习率为 0.0001 的前提下，调整 max_iter 参数的值，设置最大迭代次数分别为 500、1000、1500、2000 时，程序的运行结果如表 7-3 所示。

表 7-3　迭代次数影响分析

迭代次数	500	1000	1500	2000
正确数量	889	907	907	907
正确率	0.9397	0.9588	0.9588	0.9588

　　由此可见，过小的迭代次数可能会使 MLP 早停，从而影响正确率，使正确率降低。只有当最大迭代次数大于 1000 时，正确率基本保持不变，这说明程序在第 1000 次迭代时已经收敛，剩余的迭代次数不再进行。因此，一般应设置较大的最大迭代次数来保证多层

感知机能够收敛，达到较高的正确率。

🔊 **提示**：当设置迭代次数为 1000 或 500 时，会出现警告 ConvergenceWarning，提示还没有达到最佳拟合。

（3）学习率影响分析：改用随机梯度下降优化算法即将 MLPclassifer 的参数设置为 (solver='sgd',)，设隐含层神经元个数为 100，最大迭代次数为 2000，学习率（learning_rate_init）分别设置为 0.1、0.01、0.001、0.0001，结果如表 7-4 所示。

表 7-4 学习率影响分析

学习率	0.1	0.01	0.001	0.0001
正确数量	910	907	898	708
正确率	0.9619	0.9588	0.9493	0.7484

结论：较小的学习率带来了更低的精确率，这并不是因为学习率小，不好，而是因为较小的学习率无法在 2000 次迭代内完成收敛，而步长较大的学习率使得 MLP 在 2000 次迭代内快速收敛达到最优解。因此，较小的学习率一般需要配备较大的迭代次数以保证其收敛。在收敛的情况下，较小的学习率才会有更高的正确率。

7.6 习　　题

1. 人工神经元的公式和逻辑回归的公式相比，逻辑回归的公式中没有（　　　）。

A. 激活函数变换　　　　　　　　　　B. 阈值

C. 权重值　　　　　　　　　　　　　D. 损失函数

2. 以下哪个函数可以对多分类问题的输出值进行归一化处理？（　　　）

A. Sigmoid　　　　B. softmax　　　　C. Relu　　　　D. hinge

3. 如果训练样本的类别值有 4 个，要构建一个神经网络模型训练该组样本，则神经网络的输出层应该有几个节点？（　　　）

A. 4　　　　　　B. 3　　　　　　C. 2　　　　　　D. 1

4. 深度神经网络主要是增加了（　　　）。

A. 隐含层的节点数　　　　　　　　　B. 隐含层的层数

C. 输入层的节点数　　　　　　　　　D. 输入层的层数

5. 在神经网络的训练过程中，第 i 层节点的权重值 w_i 要根据哪一层进行更新？（　　　）

A. $i+1$　　　　　　　　　　　　　B. $i-1$

C. 最后一层　　　　　　　　　　　　D. 所有层

6．神经网络的训练一般采用＿＿＿＿＿＿＿法。

7．神经网络中的＿＿＿＿＿＿＿相当于是一个逻辑回归模型。

8．人工神经网络输入层的节点数目和输出层的节点数目如何确定？

9．人工神经网络的 4 大要素是什么？

10．神经网络是怎样实现非线性分类的？

11．对 sklearn 自带的手写数字数据集（加载方法：load_digits()）使用人工神经网络进行分类。要求首先将该数据集划分为训练集和样本集（比例为 8：2），对该数据集的标签进行二值化处理，然后构建神经网络模型，每层节点数设为[64, 100, 10]，激活函数使用 Sigmoid，最后输出分类的准确率和混淆矩阵。

第 8 章　支持向量机

支持向量机（Support Vector Machine，SVM）是一种非常强大并且具有多种功能的机器学习模型，能够进行线性或者非线性的分类、回归甚至异常值检测。SVM 特别适合用于复杂但可供使用的数据集规模比较小的分类问题。

从实际应用来看，SVM 在处理各种实际问题中的表现都非常优秀。它在手写数字识别和人脸识别中应用广泛，在文本和超文本的分类中举足轻重。因为 SVM 可以大量减少标准归纳（Standard Inductive）和转换设置（Transductive Setting）中对标记训练实例的需求，所以非常适合中小样本集的模型训练。同时，SVM 也可用于图像的分类和分割。实验结果表明，在仅仅三到四轮相关反馈之后，SVM 就能实现比传统的查询细化方案高得多的搜索精度。

从学术角度来看，SVM 是最接近神经网络的机器学习算法。线性 SVM 可以看成神经网络的单个神经元（虽然损失函数的定义与神经网络有所不同），非线性 SVM 则与两层的神经网络相当，非线性 SVM 中如果添加多个核函数，则可模仿多层神经网络。

8.1　支持向量机的理论基础

如果给定训练样本集 $D=\{(x_1, y_1), (x_2, y_2), \ldots, (x_n, y_n)\}$，$y_i \in \{-1, 1\}$，则分类任务的基本思想是基于训练集 D 在样本空间中找到一个分类超平面将不同类别的样本分开。但能将样本分开的分类超平面可能有很多个，我们应该选哪一个呢？

显然，两类不同样本距离分类超平面越远，则该超平面的分类效果就越好（因为这样做泛化效果更好）。SVM 正是基于这个思想对样本数据进行分类的。所谓 SVM 模型，其实就是一个与样本数据集的某个分类超平面相关的决策函数，可使两类样本数据与该分类超平面形成的间隔均为最大。因此，SVM 本质上是一个线性分类器，但与逻辑回归或神经网络模型不同的是，SVM 只能输出样本的类别值，而不能输出样本属于该类别的概率值。

8.1.1　支持向量的超平面

支持向量机所做的工作其实非常容易理解。如图 8-1 所示为一组含有两种标签的数据，两种标签分别用圆和方块表示。支持向量机的分类方法就是在这组分布中找出一个超平面作为决策边界（分类超平面），使模型在数据上的分类误差尽量接近 0，尤其是在未知数据集上的分类误差（泛化误差）尽量小。

支持向量机介绍

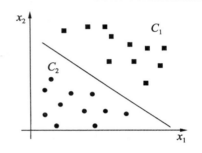

图 8-1　含有 C_1 和 C_2 两种标签的数据

在分类中，决策边界一侧的所有点属于一个类，而另一侧的所有点属于另一个类。如果能够找出决策边界，分类问题就转变成为每个样本对于决策边界的相对位置。比如在图 8-1 中，可以很容易地在方块和圆之间画出一条线，并让所有落在直线上边的样本被分类为方块，落在直线下边的样本被分类为圆。如果把真实的数据当作该分类的训练集，只要直线的一边只有一种类型的数据，就没有分类错误，训练误差就为 0。

但是，对于一个数据集来说，让训练误差为 0 的决策边界可以画出无数条（如图 8-2 中的 B_1，图 8-3 中的 B_2）。对于这么多的决策边界，我们无法保证某条决策边界在未知数据集（测试集）上的表现也会准确。对于现有的数据集来说，假设有 B_1 和 B_2 两条可能的决策边界。可以把 B_1 这条决策边界分别向两边平移，直到碰到离它最近的方块或圆点后停止，从而形成两个新的超平面，即 b_{11} 和 b_{12}，如图 8-2 所示。

将原始的决策边界 B_1 移动到 b_{11} 和 b_{12} 的中间，确保 B_1 到 b_{11} 和 b_{12} 的距离相等。在 b_{11} 和 b_{12} 之间的距离叫作 B_1 这条决策边界的边际（Margin）或间隔，通常记作 d。对 B_2 也执行同样的操作，结果如图 8-3 所示。显然，B_2 的边际比 B_1 小。然后来对比一下两个决策边界。现在两条决策边界右边的数据都被判断为圆，左边的数据都被判断为方块，两条决策边界在现在的数据集上的训练误差都是 0。

接下来引入和原来数据集相同分布的测试样本（如图 8-2 中的空心点所示），此时平面中的样本变多了。可以发现，对于 B_1 而言依然没有一个样本被分错，这条决策边界上的泛化误差也是 0。但对于 B_2 而言却有 3 个圆被误分类成方块，还有 2 个方块被误分类成圆，可见，B_2 这条决策边界上的泛化误差远远大于 B_1。这个例子表明，拥有更大边际的决策边界在分类中的泛化误差更小，这一点可以由结构风险最小化（SRM）定律来证明。如果边际很小，则任何轻微的扰动都会对决策边界的分类产生很大的影响。边际很小的情况是一种模型在训练集上表现很好却在测试集上表现糟糕的情况，因此会"过拟合"。因此，在寻找决策边界的时候，希望边际越大越好。

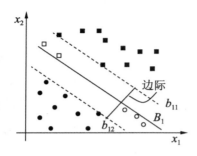

图 8-2　两类数据和超平面 B_1

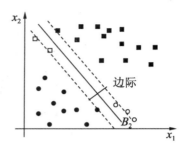

图 8-3　两类数据和超平面 B_2

支持向量机就是通过找出边际（间隔）最大的决策边界来对数据进行分类的分类器。因此支持向量分类器又叫作最大边际分类器。这个过程在二维平面中看起来十分简单，但将上述过程使用数学表达出来就不是一件简单的事情了。

8.1.2　SVM 间隔及损失函数

一个最优化问题通常有两个基本因素：

- 目标函数，也就是希望哪个变量的值达到最优（最大或最小）。
- 优化对象，即期望通过改变哪些自变量来使目标函数的因变量达到优。

支持向量机只能面向二分类任务，其模型结构能够在特征空间上产生最大间隔的超平面。构造 SVM 模型的关键在于找到一个在两种类型样本中边际最大的超平面，如图 8-2 所示。因此在线性 SVM 算法中，目标函数显然就是那个"间隔"，而优化对象则是超平面。通常采用间隔最大的最优化方法来构造超平面。

1. 决策边界的方程

支持向量机的决策边界（分类超平面）和感知机的分类界面很相似，因此 SVM 决策边界可表示为一个非齐次线性方程：

$$w^{\mathrm{T}}X+b=0 \tag{8-1}$$

其中，$w=(w_1, w_2, \cdots, w_k)$ 为参数向量，$X=(x_1, x_2, \cdots, x_k)$ 为特征向量，b 为偏置量。

将样本数据集 D 关于超平面 $w^{\mathrm{T}}X+b=0$ 的函数间隔 d 定义为所有样本数据点到超平面函数间隔的最小值，即：

$$d= \min d_i$$

所谓支持向量，就是与超平面函数间隔距离最近的样本数据点，如图 8-4 所示。

对于给定的训练样本数据集 $D=\{(X_1, y_1), (X_2, y_2), \cdots, (X_n, y_n)\}$，可用 D 上的函数间隔 d

作为优化指标来构造 SVM 模型，即选取合适的 **w**、*b* 值，使函数间隔 *d* 的值最大化。

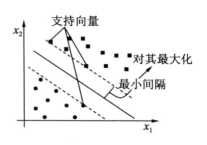

图 8-4 支持向量和最小间隔

2．决策边界方程的推导过程

为了理解 SVM 的损失函数，先来定义决策边界。假设数据集中总共有 *N* 个训练样本，每个训练样本 *i* 可以被表示为(x_i, y_i)，其中 $\boldsymbol{x}_i$ 是(x_{1i}, x_{2i}, $\cdots$, x_{ni})$^\mathrm{T}$ 的一个特征向量，每个样本总共含有 *n* 个特征。二分类标签 y_i 的取值是{-1, 1}。

如果 *n* 等于 2，则有 *i*=(x_{1i}, x_{2i}, y_i)$^\mathrm{T}$，分别由样本 *i* 的特征向量和标签组成。此时可以在二维平面上以 x_1 为横坐标，x_2 为纵坐标，*y* 为类别（用形状表示）来可视化所有样本，如图 8-1 所示。

接下来要在这个数据集上寻找一个决策边界。在二维平面上，决策边界（超平面）就是一条直线。二维平面上的任意一条线可以表示为 $x_1=ax_2+b$。变换一下得 $0=ax_2-x_1+b$。写成向量形式为 $0 = [a,-1] \cdot \begin{bmatrix} x_2 \\ x_1 \end{bmatrix} + b$。

令参数向量 $\boldsymbol{w}^\mathrm{T}=[a,-1]$，特征向量 $\boldsymbol{x}=[x_2, x_1]$，*b*=截距，则决策边界的方程如下：

$$\boldsymbol{w}^\mathrm{T}\boldsymbol{X}+b=0 \tag{8-2}$$

如果在决策边界上任意取两个点 x_a、x_b 并将其代入决策边界的表达式，则有：

$$\boldsymbol{w}^\mathrm{T}x_a+b=0$$
$$\boldsymbol{w}^\mathrm{T}x_b+b=0$$

将两式相减，可以得到：

$$\boldsymbol{w}^\mathrm{T} \cdot (x_a-x_b)=0 \tag{8-3}$$

从公式（8-3）中可见，一个列向量的转置乘以另一个列向量可以获得两个向量的点积（dot product），表示为<**w** · (x_a-x_b)>。而两个向量的点积为 0 表示两个向量的方向是互相垂直的（线性代数中的一个重要常识）。x_a 与 x_b 是一条直线上的两个点，相减后得到的向量方向是由 x_b 指向 x_a，因此 x_a-x_b 的方向是平行于它们所在的直线——决策边界的。而 **w** 与 x_a-x_b 相互垂直，因此参数向量 **w** 的方向必然是垂直于决策边界，如图 8-5 所示。这是参数向量 **w** 的一条重要性质。

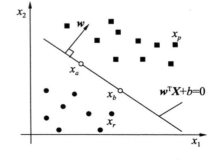

图 8-5 参数向量 *w* 的方向垂直于决策边界

💬 提示：决策边界的表达式 $\boldsymbol{w}^\mathrm{T}\boldsymbol{X}+b=0$ 非常像线性

回归的公式 $y=\theta^{\mathrm{T}}x+\theta_0$，但实际上二者是完全不同的。在线性回归公式中，等号的一边是标签，回归过后会拟合出一个标签，而在决策边界的表达式中却没有标签，是由参数、特征和截距组成的一个等式，等号的一边是 0。在一组数据下，给定固定的 w 和 b，这个式子就可以是一条固定直线，在 w 和 b 不确定的情况下，这个表达式 $w^{\mathrm{T}}X+b=0$ 就可以代表平面上的任意一条直线。在 w 和 b 固定时，给定一个唯一的取值 x_i，这个表达式就可以表示决策边界上一个固定的点。在 SVM 中，使用这个表达式来表示决策边界，目标是求解能够让边际最大化的决策边界，因此要求解参数向量 w 和截距 b。

3．SVM间隔的计算公式

有了决策边界的公式，就可以推导 SVM 间隔的计算公式。例如，对于如图 8-5 所示的样本数据集，可以找到某个分类超平面（决策边界）$w^{\mathrm{T}}X+b=0$，这个超平面可以分别将由方块和圆点表示的两类不同数据完全分离到它的两侧，使得满足 $w^{\mathrm{T}}X+b>0$ 的所有数据属于一类，满足 $w^{\mathrm{T}}X+b<0$ 的所有数据属于另一类。因此该数据集是线性可分的，或者说满足线性可分性。

为此，对于如图 8-5 所示的数据集中任意一个方块 x_p，可以表示为：

$$w \cdot x_p+b=p$$

由于方块所代表的标签 y 是 1，因此规定 $p>0$。同理，对于任意一个圆点 x_r 来说，可以表示为：

$$w \cdot x_r+b=r$$

由于圆点所表示的标签 y 是-1，所以规定 $r<0$。

如果有新的测试数据，则 x_t 的标签就可以根据以下式子来判定：

$$y=\begin{cases}1, & \text{当}\ w\cdot x_t+b>0\\-1, & \text{当}\ w\cdot x_t+b<0\end{cases} \tag{8-4}$$

由于方块 x_p 在决策边界的上方，我们可以将决策边界向上平移形成一条过 x_p 的直线，根据平移的性质，直线向上平移是在截距后加一个正数，移动到等号的右边就是一个负数，假设这个数是-5，则有：

$$[a,-1]\cdot\begin{bmatrix}x_2\\x_1\end{bmatrix}+b=-5$$

将等式两边同时乘以-1，得到：

$$[-a,1]\cdot\begin{bmatrix}x_2\\x_1\end{bmatrix}+(-b)=5$$

令参数向量 $w=[-a,1]$，截距 $b=-b$，则方程可表示为 $w \cdot x+b=5$。由此可见，依旧可以将参数向量表示成 w，只是为原来 w 的负数，将截距依旧表示成 b，只是如果原来是正数，现在就是负数，如果原本就是负数，那么现在就是正数了。在这个调整过程中，将向上平移时产生的负号放入参数向量和截距当中，这不影响方程的求解，只不过求解出的参数向量和截距的符号发生了变化，但决策边界本身没有变化，因此依然可以使用原来的字母来表示这些更新后的参数向量和截距。通过这种方法，可以让 $w \cdot x + b = k$ 中的 k 大于 0。让 k 大于 0，是为了让它的符号能够与样本标签的符号一致，便于后续的计算和推导。

决策边界的两边有两个超平面，这两个超平面在二维空间中就是两条平行线，而它们之间的距离就是 SVM 的边际。既然决策边界位于这两条线的中间，那么这两条平行线必然是对称的。因此，令这两条平行线的表达式为：

$$w \cdot x + b = k$$
$$w \cdot x + b = -k$$

将两个表达式的左右两边同时除以 k，并令 $w = w/k$、$b = b/k$，则可以得到：

$$w \cdot x + b = 1$$
$$w \cdot x + b = -1$$

这就是平行于决策边界的两条线的表达式。此时，可以让这两条线分别过两类数据中距离决策边界最近的点，这些点被称为"支持向量"，而决策边界永远在这两条线的中间。令方块为 x_p，圆点为 x_r，则可以得到：

$$w \cdot x_p + b = 1$$
$$w \cdot x_r + b = -1$$

将两个式子相减，得到：

$$w \cdot (x_p - x_r) = 2$$

如图 8-6 所示，$(x_p - x_r)$ 可表示为两点之间的连线，而边际 d 是平行于 w 的，因此到现在为止相当于得到了三角形中的斜边 $x_p - x_r$，并且知道一条直角边 d 的方向。在线性代数中，向量有这样的性质：向量 a 除以向量 b 的模长 $\|b\|$，可以得到向量 a 在向量 b 的方向上的投影长度。因此，令上述式子两边同时除以 $\|w\|$，则可以得到：

$$d = \frac{w \cdot (x_p - x_r)}{\|w\|} = \frac{2}{\|w\|} \tag{8-5}$$

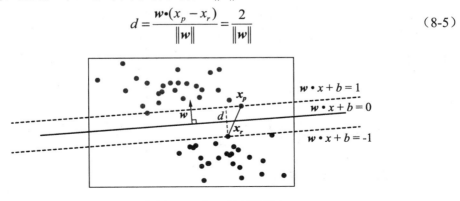

图 8-6 根据 $(x_p - x_r)$ 和 w 计算边际 d

这里$\|\boldsymbol{w}\|$是向量$\boldsymbol{w}$的模长，假如$\boldsymbol{w}=[w_1, w_2]^{\mathrm{T}}$，则$\|\boldsymbol{w}\|=\sqrt{w_1^2+w_2^2}$。可见，模长表示向量在空间中的长度，而向量$\boldsymbol{w}$除以它的模长$\|\boldsymbol{w}\|$等于 1。

4. SVM的损失函数

公式（8-5）就是间隔的计算公式，d就是间隔，而决策边界就是d最大时的边界。要使d最大化，就是要求$\|\boldsymbol{w}\|$的最小值，为了方便计算，通常把求解$\|\boldsymbol{w}\|$的最小值转化为求解以下函数的最小值。

$$f(\boldsymbol{w})=\frac{\|\boldsymbol{w}\|^2}{2} \tag{8-6}$$

公式（8-6）就是 SVM 算法的损失函数，之所以要在模长上加上平方，是因为模长是一个带根号的式子，对它取平方，是为了消除根号从而方便求导，除以 2 也是方便导数前没有常数项。需要注意的是，该损失函数是有约束条件的。图 8-6 中两条虚线表示的超平面是数据边缘所在的点。对于任意样本，可以将决策函数写作：

$$\boldsymbol{w}\bullet x_i+b\geqslant 1,\ \text{当}\ y_i=1$$
$$\boldsymbol{w}\bullet x_i+b\leqslant -1,\ \text{当}\ y_i=-1$$

这两个式子可以整合成：

$$y_i(\boldsymbol{w}\bullet x_i+b)\geqslant 1,\ i=1,2,\cdots,N \tag{8-7}$$

那么，SVM 的损失函数为：

$$\min_{w,b}\frac{\|\boldsymbol{w}\|^2}{2} \tag{8-8}$$

$$\text{满足}\ y_i(\boldsymbol{w}\bullet x_i+b)\geqslant 1,\ i=1,2,\cdots,N$$

其中，约束条件中的N为训练样本的个数。

通过求解上述损失函数的最优解$\boldsymbol{w}^*$和b^*，就能实现对 SVM 模型的构造。由于该最优化问题带有约束条件，因此难以直接求解，一般需要先用拉格朗日乘数法得到其对偶问题进行求解，再用序列最小优化（Sequential Minimal Optimization，SMO）算法求解该对偶优化问题。由于这些方法的数学理论较复杂，这里不做介绍，只给出最终求解结果：

$$\boldsymbol{w}^*=\sum_{i=1}^{n}\alpha_i^* y_i X_i;\ \ b^*=y_j-\sum_{i=1}^{n}\alpha_i^* y_i X_i^{\mathrm{T}} X_j \tag{8-9}$$

其中，$\alpha^*=\left(\alpha_1^*,\alpha_2^*,\cdots,\alpha_n^*\right)$为使用 SMO 算法解出的最优参数向量。

5. 拉格朗日函数与SMO算法

SVM 要求解的目标函数是最小化问题，一个直观的想法是如果能够构造一个函数，使得该函数在可行解区域内与原目标函数完全一致,而在可行解区域外的数值非常大甚至是无穷大,那么这个没有约束条件的新目标函数的优化问题就与原来有约束条件的原始目标函数的优化问题是等价问题。这就是使用拉格朗日方程的目的,它将约束条件放到目标函数中,从而将有约束优化问题转换为无约束优化问题。

对于拉格朗日函数,直接使用求导的方式求解仍然很困难,因此便有了拉格朗日对偶的诞生。在拉格朗日优化环节,需要执行下面两步:

(1) 将有约束的原始目标函数转换为无约束的新构造的拉格朗日目标函数。

(2) 使用拉格朗日对偶性,将不易求解的优化问题转化为易求解的优化问题。

SMO 序列最小优化算法是由 John Platt 于 1996 年提出的专门用于训练 SVM 的一个强大算法。SMO 算法的目的是将大优化问题分解为多个小优化问题来求解。这些小优化问题往往很容易求解,并且对它们进行顺序求解的结果与将它们作为整体来求解的结果完全一致。在结果完全相同的同时,SMO 算法的求解时间短很多。

SMO 算法的目标是求出一系列 α 和 b,其中,α 是拉格朗日乘子(是人为设定的参数),且 $\alpha \geqslant 0$,b 是支持向量的截距。一旦求出了 α,就可以很容易地计算出权重向量 w 并得到分隔超平面。SMO 算法的工作原理是:在每次循环中选择两个 α 进行优化处理,一旦找到一对合适的 α,那么就增大其中一个 α 同时减小另一个 α。这里所谓的合适,是指两个 α 必须符合以下两个条件:

- 这两个 α 必须在间隔边界之外。
- 这两个 α 还没有进行过区间化处理或者不在边界上。

6. 软间隔方法

对于给定的线性可分的训练样本数据集,上述 SVM 模型要求对 S 中的任何训练样本都不能做出错误分类,也就是要求模型的分类超平面 $w^{\mathrm{T}}X + b = 0$ 能够将训练样本集中的两类不同样本完全正确地分离出来,这对训练样本集 S 的线性可分性要求非常苛刻。而实际上,大多数实际样本集中都存在一定的噪声数据,通常只能大致将两类样本用分类超平面分隔开,此时将无法完成对 SVM 模型的构造。

为了解决上述问题,人们提出了一种面向软间隔的 SVM 模型构造方法。软间隔 SVM 模型训练时并不要求所有训练样本都能够被 SVM 正确分类,而是允许模型对少量训练样本出现分类错误。软间隔的具体实现方法是在模型优化的过程中引入一个取值较小的非负松弛变量 ξ_i 来实现放宽约束条件的效果。也就是说,将约束条件转化为:

$$y_i(w^{\mathrm{T}}X_i + b) \geqslant 1 - \xi_i \qquad (8\text{-}10)$$

显然,松弛变量 ξ_i 的取值越大,则 SVM 模型对错误分类的容忍程度就越高。通常将 ξ_i 的取值设为满足训练样本集 S 训练要求的最小值。

8.1.3 非线性 SVM 与核函数

对于存在少量噪声数据但总体上是线性可分的数据集而言，使用软间隔方法为 SVM 模型的构造提供了一个简单且泛化性能较好的模型训练方法。然而，对于线性不可分的数据集来说，软间隔方法显然也不能满足训练需求，此时需要采用一种核函数的技术将样本点变换到适当的高维空间中，使得样本数据集在较高维的空间中满足线性不可分的要求，并由此构造所需的 SVM 模型。

核函数的本质思想就是把数据集从低维空间变换到高维空间，如图 8-7 所示。举例来说，桌子上随意散放着一些黄豆和瓜子（可以把它们想象成二维平面上的一些点），这些黄豆和瓜子是杂乱摆放的，因此无法用一条直线将它们分离开。这时可以用力拍一下桌子，使得黄豆和瓜子都弹起来，由于黄豆弹得高一些，而瓜子弹得低一些，因此在它们弹起来的瞬间，可以在空中划一道平面把它们分隔开。由此可见，在二维空间中线性不可分的问题转换到三维空间之后就可能会变成线性可分的问题。

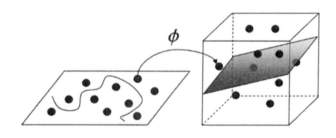

图 8-7　将特征向量从二维空间向高维空间变换

因此，低维空间线性不可分的模式通过非线性映射到高维特征空间后就可以实现线性可分。但是直接采用这种技术在高维空间内进行分类或回归，存在需确定非线性映射函数的形式和参数以及特征空间维数等问题，而最大的障碍是在高维特征空间内运算时存在"维数灾难"，采用核函数技术可以有效地解决这类问题。

1. 核函数的类型和特点

对于支持向量机，采用核函数将样本数据映射到高维空间一般有两种方法。一种是多项式核函数，该函数在一定阶数内计算原始特征中所有可能出现的多项式（如 feature1^2*feature2^5）；另一种是高斯径向基函数（Radial Basis Function，RBF）核，也叫高斯核。高斯核有点难以解释，因为它对应无限维的特征空间。对高斯核的一种解释是：它考虑所有阶数的所有可能的多项式，但阶数越高，特征的重要性越小。支持向量机中常用的核函数如表 8-1 所示。

表 8-1　支持向量机中常用的核函数

输　　入	含　　义	适 用 场 合	核函数表达式	gamma	degree	coef0
linear	线性核	线性	$K(x,y)=x^Ty=x \cdot y$	无	无	无
poly	多项式核	偏线性	$K(x,y)=(\gamma(x \cdot y))+r)^d$	有	有	有
RBF	高斯径向基	偏非线性	$K(x,y)=e^{-\gamma\|x-y\|^2}, \gamma \ 0$	有	无	无
Sigmoid	双曲正切核	非线性	$K(x,y)=tanh(\gamma(x \cdot y)+r)$	有	无	有

事实上，并非所有的函数都可以作为核函数。为此，Mercer 定理给出了一个函数可作为核函数的充分条件，即任意半正定函数都可以作为核函数。具体来说，对于给定的样本数据集合 $D=\{(X_1,y_1),(X_2,y_2),…,(X_n,y_n)\}$，可按如下方式定义一个 $n×n$ 的矩阵 $\mathbf{K}$。

$$\mathbf{K} = \begin{bmatrix} k(X_1,X_1) & k(X_1,X_2) & \cdots & k(X_1,X_n) \\ k(X_2,X_1) & k(X_2,X_2) & \cdots & k(X_2,X_n) \\ \vdots & \vdots & & \vdots \\ k(X_n,X_1) & k(X_n,X_2) & \cdots & k(X_n,X_n) \end{bmatrix} \tag{8-11}$$

若矩阵 $\mathbf{K}$ 为半正定矩阵，则可将函数 $k(\mathbf{u}, \mathbf{v})$ 作为核函数，其中，$\mathbf{u}$ 和 $\mathbf{v}$ 为任意给定的两个多元向量。值得注意的是，Mercer 定理是一个充分而非必要的条件，某些不满足该定理的函数可能也可以作为核函数。

核函数方法具有如下特点：

- 核函数的引入避免了"维数灾难"，大大减少了计算量。而输入空间的维数 n 对核函数矩阵无影响，因此核函数方法可以有效地处理高维输入问题。
- 无须知道非线性变换函数 $\mathbf{\Phi}$ 的形式和参数。
- 核函数的形式和参数的变化会隐式地改变从输入空间到特征空间的映射，进而对特征空间的性质产生影响，最终改变各种核函数方法的性能。
- 核函数方法可以和不同的算法相结合，形成多种不同的基于核函数技术的方法，并且这两部分的设计可以单独进行，可以为不同的应用选择不同的核函数和算法。

2. 非线性SVM的训练过程

非线性 SVM 模型的训练过程需要引入核函数进行特征变换，具体过程如下：

（1）收集和整理样本并进行数据标准化处理。

（2）选择或构造核函数。

（3）用核函数将样本变换为核函数矩阵。这一步相当于将输入数据通过非线性函数映射到高维特征空间。具体方法是，对于一个训练样本 $x(x_1, x_2)$，可以利用 x 的各个特征与预先选定的地标 L_1, L_2, L_3 的近似程度，来选取新的特征 f_1, f_2, f_3。这样就把训练样本的特征映射成了高维空间中线性可分的新特征。

（4）在特征空间中对核函数矩阵实施各种线性算法。

（5）得到输入空间中的非线性模型。

显然，将样本数据转化成核函数矩阵是核函数方法中的关键。注意，核函数矩阵是 $N \times N$ 的对称矩阵，其中 N 为样本数。

8.1.4　支持向量机分类的步骤

支持向量机的目标是找出间隔最大的分类边界，这显然是一个最优化问题，而最优化问题往往和损失函数联系在一起。和逻辑回归中求参数的过程一样，SVM 也是通过最小化损失函数来求解一个用于后续模型使用的重要信息：决策边界。

支持向量机的分类步骤：

（1）定义决策边界的数学表达，并基于此表达定义分类函数。

对于非线性数据，使用非线性转换来升高原始数据的维度，使用核函数在低维空间中进行计算，以求解出高维空间中的决策边界。

（2）为寻找最大间隔，引出损失函数，一般还要添加松弛系数作为惩罚项，以允许部分样本点在边界之内存在。

其中，求解决策边界的参数是 SVM 的最终目标，其过程如下：

（1）为了求解出能够使间隔最大化的 w 和 b，引入拉格朗日因子 α。

（2）引入拉格朗日对偶函数，使求解 w 和 b 的过程转化为对 α 的求解。

（3）使用 SMO 或梯度下降等方法求解 α，再根据 α 解出 w 和 b，最终找出决策边界。

8.2　支持向量机的 sklearn 实现

在 sklearn 的 svm 模块中，SVC 类和 SVR 类分别用于实现支持向量机分类算法和支持向量机回归算法。其中，SVC 类构造函数的语法如下：

```
class sklearn.svm.SVC(C=1.0, kernel='rbf', degree=3, gamma='auto_deprecated',
coef0=0.0, shrinking=True, probability=False, tol=0.001, cache_size=200,
class_weight=None, verbose=False, max_iter=-1, decision_function_shape=
'ovr', random_state=None)
```

SVC 类构造函数的主要参数及其含义如下：

- kernel：核函数的类型。默认值是 rbf（高斯径向基），其他值有 linear（线性）、poly（多项式）、sigmoid 和 precomputed。
- degree：多项式核函数 poly 的维度，默认是 3，选择其他核函数时该参数会被忽略。
- gamma：RBF、poly 或 Sigmoid 核函数的参数。默认值是 auto，表示其值是样本特征数的倒数，即 1/n_features。如果值是 scale，则使用 1/(n_features * X.std())作为 gamma 的取值；值是 auto_deprecated，则表示没有传递明确的 gamma 值（不推荐使用）。

- C：松弛系数的惩罚项系数。如果 C 值设定比较大，那么 SVC 可能会选择边际较小的、能够更好地分类所有训练点的决策边界，不过模型的训练时间相对会更长。如果 C 的设定值较高，那么 SVC 会尽量最大化边界，决策功能会更简单，但代价是训练的准确度变差。换句话说，C 在 SVM 中的影响就像正则化参数对逻辑回归分类的影响一样。
- coef0：核函数的常数项，只对 poly 或 Sigmoid 核函数有用。
- probability：是否启用概率估计，这必须在调用 fit()前启用，并且会使 fit()方法速度变慢。默认为 False。
- shrinking：是否采用启发式收缩方式，默认为 true。
- tol：SVM 训练停止时允许的误差，默认值为 1e-3。
- cache_size：指定训练所需要的内存大小，单位为 MB，默认为 200MB。
- class_weight：表示类别权重，给每个类别分别设置不同的惩罚参数 C，如果没有设置，则所有类别都赋值 C=1。如果给定参数'balance'，即{dict, 'balanced'}，则使用 y 的值自动调整与输入数据中的类频率成反比的权重。
- max_iter：最大迭代次数。默认值为-1，表示无限制。
- decision_function_shape：决策函数类型，'ovo'表示 one vs one（默认值），'ovr'表示 one vs rest。
- random_state：数据洗牌时的种子值，int 类型。

在 sklearn 中实现 SVC 的基本流程如下：

```
from sklearn.svm import SVC          #导入 SVC 的模块
clf = SVC()                          #实例化
clf = clf.fit(X_train,y_train)       #用训练集训练模型
result = clf.score(X_test,y_test)    #导入测试集，评价模型的性能
```

8.2.1 绘制决策边界

【程序 8-1】若有样本点 x_1=(3,3)，x_2=(4,3)，x_3=(1,1)，类别标签 y=(1,1,-1)，求决策边界。

分析：为了求决策边界，需要计算样本点到决策边界的函数距离。这需要使用 SVC 类中提供的 decision_function()函数。该函数返回的是 $wx+b$ 的值，这个值可以是负数，该函数是用来做决策的函数，返回值大于 0 的划分为一类，小于 0 的划分为另一类，返回值的绝对值越大（同除以系数平方和开方），则置信度越高。而 $y_i(w_i+b)$这个值代表的是函数

距离，这个值一定是个正数。

首先，将 $x_1=(3,3)$，$x_2=(4,3)$，$x_3=(1,1)$，$y=(1,1,-1)$代入决策函数 decision_function()，根据该函数即可计算出函数距离为 1、1.5、-1，于是得到分类超平面 $\frac{1}{2}x_1+\frac{1}{2}x_2-2=0$，该函数距离中的(1，-1)刚好在 margin 边缘上，因此 x_1 和 x_3 就是支持向量。

因为 $\boldsymbol{w}^{\mathrm{T}}\boldsymbol{X}+b=\begin{bmatrix} w_0 & w_1 \end{bmatrix}\begin{bmatrix} x_0 \\ x_1 \end{bmatrix}+b=0$ ，解得：$x_1=-\frac{w_0}{w_1}x_0-\frac{b}{w_1}$ （8-12）

下面是绘制决策边界的代码：

```
import numpy as np
import matplotlib.pyplot as plt
from sklearn import svm
np.random.seed(0)
X = np.array([[3,3],[4,3],[1,1]])          #X 为特征向量
Y = np.array([1,1,-1])

clf = svm.SVC(kernel='linear')             #因为是线性分类，所以调用线性 SVM 核函数
clf.fit(X, Y)                              #拟合模型
# 绘制决策边界
w = clf.coef_[0]                           #w 为截距
a = -w[0] / w[1]                           #a 为斜率，即 x0 前面的参数
xx = np.linspace(-5, 5)
#对比公式（8-12），可知 yy 就是 x1，clf.intercept_[0]就是 b
yy = a * xx - (clf.intercept_[0]) / w[1]
# 绘制支持向量经过的边界
b = clf.support_vectors_[0]
yy_down = a * xx + (b[1] - a * b[0])
b = clf.support_vectors_[-1]
yy_up = a * xx + (b[1] - a * b[0])
# 绘制线
plt.plot(xx, yy, 'k-')
plt.plot(xx, yy_down, 'k--')
plt.plot(xx, yy_up, 'k--')
# 绘制散点
plt.scatter(clf.support_vectors_[:, 0], clf.
support_vectors_[:, 1], s=80,
facecolors='none')
plt.scatter(X[:, 0], X[:, 1], c=Y, cmap=plt.
cm.Paired)
plt.axis('tight')
plt.show()                                 # 显示图像
#打印决策函数
print(clf.decision_function(X))
```

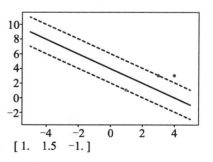

```
[1.   1.5  -1.]
```

程序的运行结果如图 8-8 所示，由图可见，已正确绘制出决策边界。

图 8-8　程序 8-1 的运行结果

8.2.2　绘制 SVM 的分类界面

【程序 8-2】使用高斯核函数对样本集进行非线性分类（样本集中有 12 个二维的样本，保存在 data 数组中），并考察高斯核函数的 gamma 参数对分类性能的影响。

```python
import numpy as np
import matplotlib.pyplot as plt
from sklearn import svm
data = np.array([
    [0.1, 0.7], [0.3, 0.6], [0.4, 0.1], [0.5, 0.4], [0.8, 0.04], [0.42, 0.6],
    [0.9, 0.4],[0.6, 0.5], [0.7, 0.2], [0.7, 0.67], [0.27,0.8], [0.5,
0.72]   ])
target = [1] * 6 + [0] * 6
x_line = np.linspace(0, 1, 100)
y_line = 1 - x_line
plt.scatter(data[:6, 0], data[:6, 1], marker='o', s=100, lw=3)
plt.scatter(data[6:, 0], data[6:, 1], marker='x', s=100, lw=3)
# 定义计算域、文字说明等
C = 0.0001                                       # SVM 正则化参数
# linear_svc = svm.SVC(kernel='linear', C=C).fit(data, target)
# 创建测试点网格
h = 0.002
x_min, x_max = data[:, 0].min() - 0.2, data[:, 0].max() + 0.2
y_min, y_max = data[:, 1].min() - 0.2, data[:, 1].max() + 0.2
xx, yy = np.meshgrid(np.arange(x_min, x_max, h), np.arange(y_min, y_max, h))
plt.figure(figsize=(24, 10))
for i, gamma in enumerate([1, 5, 15, 35, 45, 55]):  #分别设置高斯核的 y 参数值
    rbf_svc = svm.SVC(kernel='rbf', gamma=gamma, C=C).fit(data, target)
    #把 xx 和 yy 两个变量压扁之后变成 x1 和 x2，然后进行判断
    Z = rbf_svc.predict(np.c_[xx.ravel(), yy.ravel()])
    Z = Z.reshape(xx.shape)                          #得到结果 Z 再压缩成一个矩形
     #绘制子图
    plt.subplot(2, 3, i + 1)
    plt.subplots_adjust(wspace=0.1, hspace=0.2)
    plt.contourf(xx, yy, Z, cmap=plt.cm.ocean, alpha=0.6)   #绘制分类界面
    # 绘制样本点
    plt.scatter(data[:6, 0], data[:6, 1], marker='o', color='r', s=100,
lw=3)
    plt.scatter(data[6:, 0], data[6:, 1], marker='x', color='k', s=100,
lw=3)
    plt.title('RBF SVM with $\gamma=$' + str(gamma))
plt.show()
```

运行程序，不同 gamma 值下高斯核的分类效果如图 8-9 所示。

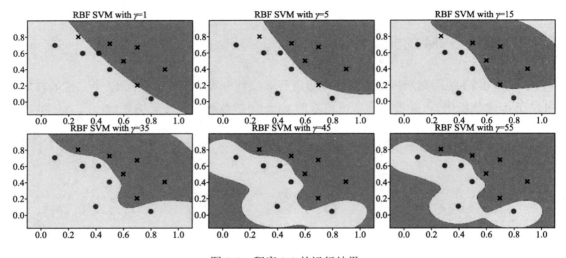

图 8-9   程序 8-2 的运行结果

从图 8-9 中可以看出，高斯核函数的 gamma 值越小，分类界面越接近于线性分类，值越大，越偏向于非线性分类，但值太大时也容易出现过拟合现象，如 gamma 值为 45 和 55 的时候。

8.2.3   支持向量机参数对性能的影响

为了评估支持向量机参数对性能产生的影响，本节首先比较 4 种核函数的分类准确率，然后评估数据标准化对 SVM 分类准确率的影响，最后评估高斯核函数和多项式核函数的参数，以及松弛系数的惩罚项系数 C 对模型预测准确率的影响。

1．比较4种核函数的分类准确率

【程序 8-3】本例选取 datasets 数据集中肺癌发病情况的数据作为模型的数据集，然后分别使用 4 种核函数（线性核、多项式核、高斯核和 Sigmoid 核）对该数据集进行分类，最后比较 4 种核函数的分类准确率。

```
from sklearn.datasets import load_breast_cancer      #引入肺癌数据集
from sklearn.svm import SVC                           #引入 SVC 类
from matplotlib.colors import ListedColormap
from sklearn.model_selection import train_test_split
import matplotlib.pyplot as plt
import numpy as np
from time import time                                 #为了计算法的耗时，引入时间类
import datetime
data = load_breast_cancer()                           #载入肺癌数据集
X = data.data                                         #X 为特征向量
```

```
y = data.target                                    #y 为类别标签
#from sklearn.preprocessing import StandardScaler
#X = StandardScaler().fit_transform(X)
X.shape                          #f 返回 X 的维度(569,30)，有 30 个特征
np.unique(y)                     #查看标签 y 中有几个分类值，将返回 array([0,1])

plt.scatter(X[:,0],X[:,1],c=y)        #取前两个特征向量值绘制散点图
plt.show()
        #分割训练集和测试集
Xtrain, Xtest, Ytrain, Ytest = train_test_split(X,y,test_size=0.3,random_
state=420)
Kernel = ["linear","poly","rbf","sigmoid"]        #使用 4 种核函数
for kernel in Kernel:
    time0=time()                        #为了计算耗时，获取当前时间的时间戳
    clf= SVC(kernel = kernel, gamma="auto"
            , degree = 1            #设置多项式核函数的 d 值为 1 次方
            , cache_size=6000       #设置使用的内存为 6000MB
            ).fit(Xtrain,Ytrain)
    print("The accuracy under kernel %s is %f" % (kernel,clf.score(Xtest,
Ytest)))
    print("耗时: ",datetime.datetime.fromtimestamp(time()-time0).strftime
("%M:%S:%f"))
```

运行程序，输出的图形如图 8-10 所示，输出的文本如下：

```
The accuracy under kernel linear is 0.929825
耗时: 00:00:517616
The accuracy under kernel poly is 0.923977
耗时: 00:00:099731
The accuracy under kernel rbf is 0.596491
耗时: 00:00:048901
The accuracy under kernel sigmoid is 0.596491
耗时: 00:00:005983
```

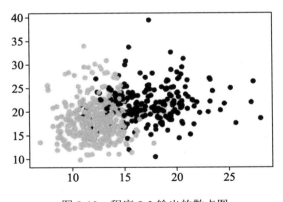

图 8-10　程序 8-3 输出的散点图

由图 8-10 可见，datasets 数据集中的数据偏向线性可分，因此线性核函数和偏线性的多项式核函数的预测准确率很高，而高斯核和 Sigmoid 核函数的预测效果很差。

⌂提示：将多项式核函数的 degree 参数设为 1，则多项式核只能进行线性分类。degree 的默认值为 3，表示核函数的阶数为 3，此时计算耗时非常大。

2. 数据标准化对SVM分类准确率的影响

实际上，数据量纲问题会对 SVM 分类的结果产生巨大的影响。所谓数据量纲，就是指不同特征属性的取值之间存在数量级的差异。为了探索程序 8-3 中的数据是否存在量纲不统一的问题，将如下代码插入程序 8-3 的尾部。

```
import pandas as pd
data = pd.DataFrame(X)
data.describe([0.01,0.05,0.1,0.25,0.5,0.75,0.9,0.99]).T
```

可以发现，每一区间的数据数量级差距最大的为 100 倍以上。为此，必须使用数据标准化消除数据量纲的影响。在程序 8-3 中，将如下两行语句前的注释符去掉即可进行数据标准化处理。

```
from sklearn.preprocessing import StandardScaler
X = StandardScaler().fit_transform(X)
```

重新运行数据标准化之后的程序，结果如下：

```
The accuracy under kernel linear is 0.976608
耗时: 00:00:011002
The accuracy under kernel poly is 0.964912
耗时: 00:00:004958
The accuracy under kernel rbf is 0.970760
耗时: 00:00:007976
The accuracy under kernel sigmoid is 0.953216
耗时: 00:00:003989
```

可以发现，高斯核和 Sigmoid 核的预测准确率都有显著提升。由此可知，高斯核和 Sigmoid 核函数都不擅长处理量纲不统一的数据集。因此，在 SVM 执行之前，一定要先进行数据的标准化处理。

3. RBF核函数和多项式核函数的参数调节

虽然线性核函数的效果目前是最好的，但它没有相关参数可以调整，而 RBF 和多项式核函数都有可以调整的相关参数，接下来对它们的参数进行调整。

（1）RBF 核函数的参数调节。

RBF 核函数只有一个参数 gamma 的值可调节。下面来寻找 RBF 核函数的最优 gamma 参数，将如下代码插入程序 8-3 中分割训练集和测试集的代码下面。

```
score = []
gamma_range = np.logspace(-10, 1, 50)        #返回在对数刻度上均匀间隔的数字
for i in gamma_range:
    clf = SVC(kernel="rbf",gamma = i,cache_size=5000).fit(Xtrain,Ytrain)
    score.append(clf.score(Xtest,Ytest))
```

```
#输出最大分数及最大分数对应的 y 值
print(max(score), gamma_range[score.index(max(score))])
plt.plot(gamma_range,score)
plt.show()
```

程序的运行结果如图 8-11 所示。

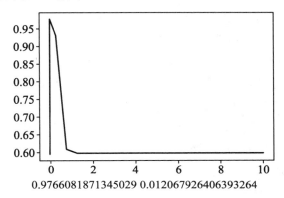

0.9766081871345029 0.012067926406393264

图 8-11 RBF 核函数的最优 γ 参数

由图 8-11 可知，RBF 核函数分类预测的最高准确率能达到 0.9766，与线性核函数达到相同的水平。此时，gamma 参数的取值为 0.012。一般来说，gamma 的取值越大，模型越复杂，容易出现过拟合，泛化能力越差。

（2）多项式核函数参数的调节。

对于多项式核函数来说，它有 3 个参数共同作用在一个公式上从而影响其分类的准确率，因此只能使用网格搜索法共同调整三个对多项式核函数有影响的参数。将如下代码插入程序 8-3 中分割训练集和测试集的代码下面。

```
from sklearn.model_selection import StratifiedShuffleSplit
from sklearn.model_selection import GridSearchCV
time0 = time()
gamma_range = np.logspace(-10,1,20)
coef0_range = np.linspace(0,5,10)
param_grid = dict(gamma = gamma_range ,coef0 = coef0_range)
cv = StratifiedShuffleSplit(n_splits=5, test_size=0.3, random_state=420)
grid = GridSearchCV(SVC(kernel = "poly",degree=1,cache_size=5000),
                param_grid=param_grid, cv=cv)
grid.fit(X, y)
print("The best parameters are %s with a score of %0.5f" % (grid.best_
params_, grid.best_score_))
print(datetime.datetime.fromtimestamp(time()-time0).strftime("%M:%S:%f"))
```

程序的运行结果如下：

```
The best parameters are {'coef0': 0.0, 'gamma': 0.18329807108324375} with
a score of 0.96959
耗时: 00:07:221709
```

可以发现，网格搜索为我们返回了参数 coef0=0，gamma=0.1833，但整体的分数只有

0.96959，虽然比调参前略有提高，但依然没有超过线性核函数和 RBF 的结果。由此可见，多项式核函数的预测结果一般不如 RBF 和线性核函数好。

4. 松弛系数惩罚项 C 的调整

在实际应用中，松弛系数惩罚项 C 和核函数的相关参数（gamma、degree 等）往往搭配在一起进行调整，这是 SVM 调参的重点。与 gamma 不同，C 没有在对偶函数中出现，并且是明确了调参目标的，因此必须先明确是否需要训练集上的高精度来调整 C 的方向。默认情况下 C 为 1，通常来说这是一个合理的参数。如果数据很嘈杂（有很多噪声点），则需要减小 C 值。当然，也可以使用网格搜索或者学习曲线来调整 C 的值。

使用学习曲线调节松弛系数惩罚项 C 和 γ 参数的程序如下：

```
#将如下代码插入程序 8-3 中分割训练集和测试集的代码下面
score = []
C_range = np.linspace(0.01,30,50)
#C_range = np.linspace(5,7,50)
for i in C_range:
#调节线性核函数的 C 值
    clf = SVC(kernel="linear",C=i,cache_size=5000).fit(Xtrain,Ytrain)
#调节 RBF 核函数的 C 值
# clf = SVC(kernel="rbf",C=i, cache_size=5000, gamma = 0.01274).fit(Xtrain,
Ytrain)
    score.append(clf.score(Xtest,Ytest))
print(max(score), C_range[score.index(max(score))])
plt.plot(C_range,score)
plt.show()
```

运行程序，调节线性核函数的 C 值，运行结果如图 8-12 所示。

0.9766081871345029　　　　　　　1.2340816326530613

可以发现，当 C 值为 1.2341 时，线性核函数的分类准确率达到最优值 0.9766。

接下来换成 RBF 核函数，将上述代码 SVC 函数中的 kernel 值设为 rbf，重新运行程序，运行结果如图 8-13 所示。

0.9824561403508771　6.130408163265306

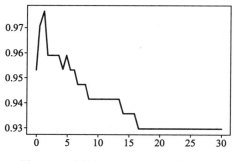

图 8-12　线性核函数的 C 值与准确率

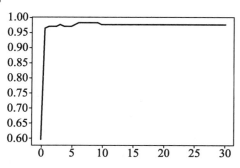

图 8-13　RBF 核函数的 C 值与准确率

可以发现，当 C 值为 6.13 时，RBF 核函数的分类准确率达到了最优值 0.9825。这个值一举超过了线性核函数的最优值。接下来，将 C_range 的范围缩小为 5～7，重新运行程序，结果如图 8-14 所示。可以发现，RBF 核函数的 C 值取值在 6～7 都能达到最优值。

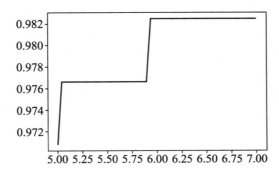

图 8-14　RBF 核函数的 C 值与准确率（缩小范围）

可以看到，线性核函数和多项式核函数在非线性数据上的表现并不稳定，如果数据相对线性可分，则表现不错，如果数据是像环形数据那样彻底不可分的，则表现糟糕。在线性数据集上，线性核函数和多项式核函数即便有干扰项也可以得到较好的效果，由此可知，多项式核函数虽然也可以处理非线性情况，但更偏向于线性的分类。

Sigmoid 核函数就比较"尴尬"了，它在非线性数据上的效果强于两个线性核函数，但明显不如 RBF，它在线性数据上的效果又完全比不上线性的核函数，对干扰项的抵抗也比较弱，因此它的功能比较弱，很少被用到。

RBF 核函数基本上在任何数据集中的表现都不错，属于比较"万能"的核函数。因此，无论何种情况都建议先试试 RBF 核函数，它适用于核转换到很高维的空间的情况，而且效果往往都不错。如果 RBF 核函数的效果不好，那么可以再试试其他的核函数。另外，多项式核函数多被用于图像处理领域中。

8.3　利用支持向量机实现人脸识别

人脸识别是基于人的脸部特征信息进行身份识别的一种生物识别技术。人脸识别具有图像获取途径简单、成本较低，并且用于身份识别的过程中完全不需要接触目标等优点，因此应用范围越来越广。例如，罪犯识别、智能视频监控、人机交互、人证比对、社交和娱乐等领域。人脸识别的任务是给定一张人脸图片，识别该图片属于人脸图片库中的哪一个人，这是一个多分类问题。与之不同的问题是人脸比对，人脸比对的任务是对给定的一张人脸照片，识别该照片是否属于某个特定的人，这是一个二分类问题。

为了方便开发者编写人脸识别应用程序，在 sklearn.datasets 模块中提供了一个 fetch_lfw_people()函数，调用该函数就能加载 sklearn 自带的名人人脸数据集。这个数据集中共存放了 5749 位名人的 13233 张的人脸照片，每个人有一张到多张照片，其中的 1680 人在数据集中有两张或更多张不同的照片。这些照片分别保存在每个人名对应的目录中。每张照片的原始大小为 250×250 像素，但默认切片和调整大小参数会将它们减少到 62× 47 像素，将每个像素看成一个特征值，则该数据集共有 2914 个特征属性，有 13233 条记录，有 5749 个类别。

传统的人脸识别算法可分为基于特征、基于模板匹配、基于子空间、支持向量机和人工神经网络算法。其中，支持向量机对于小样本、非线性、高维问题有较好的分类效果。

本节实例将使用支持向量机对名人人脸库中的照片进行识别，判断该照片属于哪位名人。具体编程思路如下：

（1）使用 fetch_lfw_people()函数载入人脸照片数据集，该数据集约 200MB，第一次加载时会自动从网上下载到硬盘中，默认保存在 C:\用户\用户名\scikit_learn_data\lfw_home\ lfw_funneled 文件夹下。由于名人太多，本实例使用该函数的 min_faces_per_person 属性只识别至少有 60 张照片的名人，并输出符合此条件的所有名人的姓名。

（2）使用 PCA 算法降维。由于本实例特征属性过多，有 2914 个，而筛选后的样本数只有 1348 条。特征属性多于样本数且 SVM 不适合特征太多的情形，因此必须先使用 PCA 降维算法减少特征维数，将特征维数降低到 150 个。

（3）使用 GridSearchCV（网格搜索类）寻找模型的最优参数。本实例使用 RBF 核函数，为了确定模型最优的 C 值和 gamma 值，使用 sklearn.model_selection 模块中的 GridSearchCV 类实现模型的自动调参，该方法能自动获取模型最优化的参数和结果。由于在网格搜索中需要使用管道，因此还要调用 make_pipeline()函数创建管道，将网格搜索和使用 SVC 模型绑定在一起。

（4）使用 SVC()函数调用支持向量机分类模型，该 SVC 模型将使用上一步搜索到的最优参数训练模型进行人脸识别的预测，最后将预测结果以分类报告的形式输出。

【程序 8-4】 利用支持向量机实现人脸识别。

```python
from sklearn.datasets import fetch_lfw_people  # 人脸照片数据集
import matplotlib.pyplot as plt
# 只识别至少有 60 张照片的人的人脸
faces = fetch_lfw_people(min_faces_per_person=60)
print(faces.target_names)                       #输出符合条件的人的姓名
print(faces.images.shape)                       #输出照片尺寸
fig, ax = plt.subplots(3,5)                     #以 3 行 5 列的形式显示照片
for i,axi in enumerate(ax.flat):
  axi.imshow(faces.images[i],cmap = 'bone')
  axi.set(xticks=[],yticks=[],xlabel=faces.target_names[faces.target[i]])
fig.show()
```

```
from sklearn.svm import SVC
from sklearn.decomposition import PCA
from sklearn.pipeline import make_pipeline
#PCA 降维，维数降到 150
pca = PCA(n_components=150,whiten=True, random_state=42)
svc = SVC(kernel='rbf',class_weight='balanced')          # 使用 RBF 核函数
model = make_pipeline(pca, svc)              #流水线处理，先降维，再进行 SVC 分类

from sklearn.model_selection import train_test_split
Xtrain, Xtest,ytrain,ytest = train_test_split(faces.data, faces.target,
random_state=40)
from sklearn.model_selection import GridSearchCV          #自动寻找最优参数
param_grid = {'svc__C': [1, 5, 10], 'svc__gamma': [0.0001, 0.0005, 0.001]}
grid = GridSearchCV(model, param_grid)
print(Xtrain.shape, ytrain.shape)     #特征集 1011 行，2914 列，标签集 1011 行
grid.fit(Xtrain, ytrain)                     #建立模型
print(grid.best_params_)                     #输出模型的最优参数组合

model = grid.best_estimator_           #获得最好的模型
yfit = model.predict(Xtest)            #用当前最好的模型进行预测
fig, ax = plt.subplots(4, 6)
for i, axi in enumerate(ax.flat):
    axi.imshow(Xtest[i].reshape(62, 47), cmap='bone')#每个图像大小是 62×47
    axi.set(xticks=[], yticks=[])
    axi.set_ylabel(faces.target_names[yfit[i]].split()[-1],
                color='black' if yfit[i] == ytest[i] else 'red')
fig.suptitle('Predicted Names; Incorrect Labels in Red', size=14)
fig.show()
from sklearn.metrics import classification_report
print(classification_report(ytest, yfit, target_names=faces.target_names))
```

程序输出的图形如图 8-15 所示，输出的文本如下：

```
['Ariel Sharon' 'Colin Powell' 'Donald Rumsfeld' 'George W Bush'
 'Gerhard Schroeder' 'Hugo Chavez' 'Junichiro Koizumi' 'Tony Blair']
(1348, 62, 47)
(1011, 2914) (1011,)
{'svc__C': 5, 'svc__gamma': 0.001}
```

	precision	recall	f1-score	support
Ariel Sharon	0.50	0.50	0.50	16
Colin Powell	0.69	0.81	0.75	54
Donald Rumsfeld	0.83	0.85	0.84	34
George W Bush	0.94	0.88	0.91	136
Gerhard Schroeder	0.72	0.85	0.78	27
Hugo Chavez	0.81	0.72	0.76	18
Junichiro Koizumi	0.87	0.87	0.87	15
Tony Blair	0.85	0.76	0.80	37
accuracy			0.82	337
macro avg	0.78	0.78	0.78	337
weighted avg	0.83	0.82	0.82	337

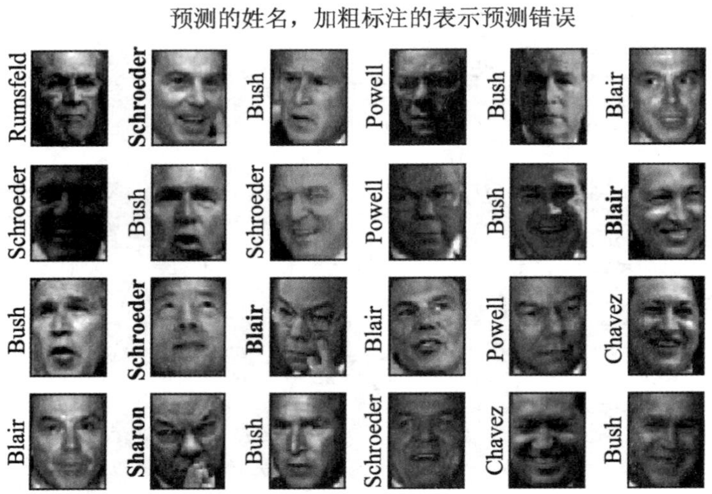

预测的姓名，加粗标注的表示预测错误

图 8-15　程序 8-4 的人脸识别结果

由运行结果可知，人脸识别的预测准确率为 0.5~0.94，加权准确率为 0.83。预测准确率最高的是 George W Bush，预测准确率最低的是 Ariel Sharon，寻找到的 SVM 模型最优参数是 svc__C: 5, svc__gamma: 0.001。

本例是一个最简单的人脸识别程序，实际的人脸识别程序还需要考虑面部遮挡、光照强度变化、用户不配合等问题。

8.4　习　题

1．使用支持向量机进行非线性分类，需要用到的关键技术是（　　）。

A．拉格朗日函数　　　　　　　　　　B．SMO 算法

C．核函数　　　　　　　　　　　　　D．软间隔方法

2．松弛变量惩罚项系数在 sklearn 中用哪个参数进行设置？（　　）

A．C　　　　　　B．degree　　　　C．tol　　　　　D．coef0

3．如果要对环形分布的数据集进行分类，使用哪种核函数的效果最好？（　　）

A．linear　　　　B．poly　　　　　C．RBF　　　　D．Sigmoid

4．下列哪种核函数只能设置 gamma 参数？（　　）

A．linear　　　　B．poly　　　　　C．RBF　　　　D．Sigmoid

5．SVM 分类的目标是_____最大。

6．SVM 间隔的计算公式为_____。

7．所谓支持向量是指距离间隔最_____（填写远或近）的点。

8．如果多项式核函数的_____参数设置为 1，则相当于线性分类。

9．为什么 SVM 的目标函数必须用拉格朗日对偶法来求解？

10．简述使用 SVM 进行分类的基本步骤。

11．对 sklearn 自带的手写数字数据集（加载方法：load_digits()）使用支持向量机进行分类。要求首先将该数据集划分为训练集和样本集（比例为 8∶2），然后构建支持向量机分类模型，核函数使用 RBF，参数 gamma 设置为 0.001，C 设置为 100，最后输出分类的准确率和混淆矩阵。

参 考 文 献

[1] 雷明. 机器学习：原理、算法与应用 [M]. 北京：清华大学出版社，2019.

[2] 王衡军. 机器学习：Python+sklearn+TensorFlow 2.0 [M]. 北京：清华大学出版社，2020.

[3] 黄红梅，张良均. Python 数据分析与应用 [M]. 北京：人民邮电出版社，2018.

[4] 刘波，等. 机器学习实用教程：微课版 [M]. 北京：清华大学出版社，2021.

[5] 周志华. 机器学习[M]. 北京：清华大学出版社，2016.

[6] 汪荣贵，杨娟，薛丽霞. 机器学习及其应用 [M]. 北京：机械工业出版社，2019.

[7] 斎藤康毅. 深度学习入门：基于 Python 的理论与实现 [M]. 陆宇杰，译. 北京：人民邮电出版社，2018.

[8] Aurélien Géron. 机器学习实战：基于 scikit-learn 和 TensorFlow [M]. 王静源，等译. 北京：机械工业出版社，2018.

[9] Andreas C Muller，Sarah Guido. Python 机器学习基础教程 [M]. 张亮，译. 北京：人民邮电出版社，2018.

[10] 林耀进，张良君. Python 机器学习编程与实践 [M]. 北京：人民邮电出版社，2020.